U0283208

国家出版基金项目

“十三五”国家重点图书出版规划项目

“十四五”时期国家重点出版物出版专项规划项目

中国水电关键技术丛书

复杂砂砾石地层原位试验与测试技术

周恒　赵志祥　何小亮　唐兴华 等 著

· 北京 ·

内 容 提 要

本书系国家出版基金项目《中国水电关键技术丛书》之一，系统介绍了复杂砂砾石地层原位试验与测试技术的基本原理、试验仪器设备及测试方法，其中：物理力学性质试验主要有载荷试验、原位直剪试验、旁压试验、动力触探试验、标准贯入试验等；水文地质参数测试主要采用现场注水试验、钻孔抽水试验、同位素示踪法、自由振荡法等；地球物理勘探方法主要有探地雷达法、高密度电法、瑞利波法、可控音频大地电磁测深法等。书中对这些试验与测试技术的操作步骤和资料分析方法均进行了详细说明，并列举了典型工程原位试验与测试应用实例。

本书可供水利水电工程、岩土工程、地质工程等专业的勘察、试验、设计、施工人员日常工作和大中专院校相关专业的实验教学参考使用。

图书在版编目（CIP）数据

复杂砂砾石地层原位试验与测试技术 / 周恒等著
. -- 北京 : 中国水利水电出版社, 2022.8
（中国水电关键技术丛书）
ISBN 978-7-5226-0860-0

Ⅰ. ①复… Ⅱ. ①周… Ⅲ. ①水利水电工程－砾石－地层－原位试验②水利水电工程－砾石－地层测试 Ⅳ. ①P641.72

中国版本图书馆CIP数据核字(2022)第134227号

书　　名	中国水电关键技术丛书 **复杂砂砾石地层原位试验与测试技术** FUZA SHALISHI DICENG YUANWEI SHIYAN YU CESHI JISHU
作　　者	周恒　赵志祥　何小亮　唐兴华　等 著
出版发行	中国水利水电出版社 （北京市海淀区玉渊潭南路 1 号 D 座　100038） 网址：www. waterpub. com. cn E－mail：sales@mwr. gov. cn 电话：(010) 68545888（营销中心）
经　　售	北京科水图书销售有限公司 电话：(010) 68545874、63202643 全国各地新华书店和相关出版物销售网点
排　　版	中国水利水电出版社微机排版中心
印　　刷	北京印匠彩色印刷有限公司
规　　格	184mm×260mm　16 开本　16.25 印张　402 千字
版　　次	2022 年 8 月第 1 版　2022 年 8 月第 1 次印刷
定　　价	**158.00** 元

《中国水电关键技术丛书》编撰委员会

编 委 会 办 公 室

《中国水电关键技术丛书》组织单位

中国大坝工程学会
中国水力发电工程学会
水电水利规划设计总院
中国水利水电出版社

丛书序

历经70年发展，特别是改革开放40年，中国水电建设取得了举世瞩目的伟大成就，一批世界级的高坝大库在中国建成投产，水电工程技术取得新的突破和进展。在推动世界水电工程技术发展的历程中，世界各国都作出了自己的贡献，而中国，成为继欧美发达国家之后，21世纪世界水电工程技术的主要推动者和引领者。

截至2018年年底，中国水库大坝总数达9.8万座，水库总库容约9000亿m^3，水电装机容量达350GW。中国是世界上大坝数量最多、也是高坝数量最多的国家：60m以上的高坝近1000座，100m以上的高坝223座，200m以上的特高坝23座；千万千瓦级的特大型水电站4座，其中，三峡水电站装机容量22500MW，为世界第一大水电站。中国水电开发始终以促进国民经济发展和满足社会需求为动力，以战略规划和科技创新为引领，以科技成果工程化促进工程建设，突破了工程建设与管理中的一系列难题，实现了安全发展和绿色发展。中国水电工程在大江大河治理、防洪减灾、兴利惠民、促进国家经济社会发展方面发挥了不可替代的重要作用。

总结中国水电发展的成功经验，我认为，最为重要也是特别值得借鉴的有以下几个方面：一是需求导向与目标导向相结合，始终服务国家和区域经济社会的发展；二是科学规划河流梯级格局，合理利用水资源和水能资源；三是建立健全水电投资开发和建设管理体制，加快水电开发进程；四是依托重大工程，持续开展科学技术攻关，破解工程建设难题，降低工程风险；五是在妥善安置移民和保护生态的前提下，统筹兼顾各方利益，实现共商共建共享。

在水利部原任领导汪恕诚、张基尧的关心支持下，2016年，中国大坝工程学会、中国水力发电工程学会、水电水利规划设计总院、中国水利水电出版社联合发起编撰出版《中国水电关键技术丛书》，得到水电行业的积极响应，数百位工程实践经验丰富的学科带头人和专业技术负责人等水电科技工作者，基于自身专业研究成果和工程实践经验，精心选题，着手编撰水电工程技术成果总结。为高质量地完成编撰任务，参加丛书编撰的作者，投入极大热情，倾注大量心血，反复推敲打磨，精益求精，终使丛书各卷得以陆续出版，实属不易，难能可贵。

21世纪初叶，中国的水电开发成为推动世界水电快速发展的重要力量，形成了中国特色的水电工程技术，这是编撰丛书的缘由。丛书回顾了中国水电工程建设近30年所取得的成就，总结了大量科学研究成果和工程实践经验，基本概括了当前水电工程建设的最新技术发展。丛书具有以下特点：一是技术总结系统，既有历史视角的比较，又有国际视野的检视，体现了科学知识体系化的特征；二是内容丰富、翔实、实用，涉及专业多，原理、方法、技术路径和工程措施一应俱全；三是富于创新引导，对同一重大关键技术难题，存在多种可能的解决方案，并非唯一，要依据具体工程情况和面临的条件进行技术路径选择，深入论证，择优取舍；四是工程案例丰富，结合中国大型水电工程设计建设，给出了详细的技术参数，具有很强的参考价值；五是中国特色突出，贯彻科学发展观和新发展理念，总结了中国水电工程技术的最新理论和工程实践成果。

与世界上大多数发展中国家一样，中国面临着人口持续增长、经济社会发展不平衡和人民追求美好生活的迫切要求，而受全球气候变化和极端天气的影响，水资源短缺、自然灾害频发和能源电力供需的矛盾还将加剧。面对这一严峻形势，无论是从中国的发展来看，还是从全球的发展来看，修坝筑库、开发水电都将不可或缺，这是实现经济社会可持续发展的必然选择。

中国水电工程技术既是中国的，也是世界的。我相信，丛书的出版，为中国水电工作者，也为世界上的专家同仁，开启了一扇深入了解中国水电工程技术发展的窗口；通过分享工程技术与管理的先进成果，后发国家借鉴和吸取先行国家的经验与教训，可避免少走弯路，加快水电开发进程，降低开发成本，实现战略赶超。从这个意义上讲，丛书的出版不仅能为当前和未来中国水电工程建设提供非常有价值的参考，也将为世界上发展中国家的河流开发建设提供重要启示和借鉴。

作为中国水电事业的建设者、奋斗者，见证了中国水电事业的蓬勃发展，我为中国水电工程的技术进步而骄傲，也为丛书的出版而高兴。希望丛书的出版还能够为加强工程技术国际交流与合作，推动“一带一路”沿线国家基础设施建设，促进水电工程技术取得新进展发挥积极作用。衷心感谢为此作出贡献的中国水电科技工作者，以及丛书的撰稿、审稿和编辑人员。

中国工程院院士

2019年10月

丛书前言

水电是全球公认并为世界大多数国家大力开发利用的清洁能源。水库大坝和水电开发在防范洪涝干旱灾害、开发利用水资源和水能资源、保护生态环境、促进人类文明进步和经济社会发展等方面起到了无可替代的重要作用。在中国，发展水电是调整能源结构、优化资源配置、发展低碳经济、节能减排和保护生态的关键措施。新中国成立后，特别是改革开放以来，中国水电建设迅猛发展，技术日新月异，已从水电小国、弱国，发展成为世界水电大国和强国，中国水电已经完成从“融入”到“引领”的历史性转变。

迄今，中国水电事业走过了70年的艰辛和辉煌历程，水电工程建设从“独立自主、自力更生”到“改革开放、引进吸收”，从“计划经济、国家投资”到“市场经济、企业投资”，从“水电安置性移民”到“水电开发性移民”，一系列改革开放政策和科学技术创新，极大地促进了中国水电事业的发展。不仅在高坝大库建设、大型水电站开发，而且在水电站运行管理、流域梯级联合调度等方面都取得了突破性进展，这些进步使中国水电工程建设和运行管理技术水平达到了一个新的高度。有鉴于此，中国大坝工程学会、中国水力发电工程学会、水电水利规划设计总院和中国水利水电出版社联合组织策划出版了《中国水电关键技术丛书》，力图总结提炼中国水电建设的先进技术、原创成果，打造立足水电科技前沿、传播水电高端知识、反映水电科技实力的精品力作，为开发建设和谐水电、助力推进中国水电“走出去”提供支撑和保障。

为切实做好丛书的编撰工作，2015年9月，四家组织策划单位成立了“丛书编撰工作启动筹备组”，经反复讨论与修改，征求行业各方面意见，草拟了丛书编撰工作大纲。2016年2月，《中国水电关键技术丛书》编撰委员会成立，水利部原部长、时任中国大坝协会（现为中国大坝工程学会）理事长汪恕诚，国务院南水北调工程建设委员会办公室原主任、时任中国水力发电工程学会理事长张基尧担任编委会主任，中国电力建设集团有限公司总工程师周建平、水电水利规划设计总院院长郑声安担任丛书主编。各分册编撰工作实行分册主编负责制。来自水电行业100余家企业、科研院所及高等院校等单位的500多位专家学者参与了丛书的编撰和审阅工作，丛书作者队伍和校审专家聚集了国内水电及相关专业最强撰稿阵容。这是当今新时代赋予水电工作者的一项重要历史使命，功在当代、利惠千秋。

丛书紧扣大坝建设和水电开发实际，以全新角度总结了中国水电工程技术及其管理创新的最新研究和实践成果。工程技术方面的内容涵盖河流开发规划，水库泥沙治理，工程地质勘测，高心墙土石坝、高面板堆石坝、混凝土重力坝、碾压混凝土坝建设，高坝水力学及泄洪消能，滑坡及高边坡治理，地质灾害防治，水工隧洞及大型地下洞室施工，深厚覆盖层地基处理，水电工程安全高效绿色施工，大型水轮发电机组制造安装，岩土工程数值分析等内容；管理创新方面的内容涵盖水电发展战略、生态环境保护、水库移民安置、水电建设管理、水电站运行管理、水电站群联合优化调度、国际河流开发、大坝安全管理、流域梯级安全管理和风险防控等内容。

丛书遵循的编撰原则为：一是科学性原则，即系统、科学地总结中国水电关键技术和管理创新成果，体现中国当前水电工程技术水平；二是权威性原则，即结构严谨，数据翔实，发挥各编写单位技术优势，遵照国家和行业标准，内容反映中国水电建设领域最具先进性和代表性的新技术、新工艺、新理念和新方法等，做到理论与实践相结合。

丛书分别入选"十三五"国家重点图书出版规划项目和国家出版基金项目，首批包括50余种。丛书是个开放性平台，随着中国水电工程技术的进步，一些成熟的关键技术专著也将陆续纳入丛书的出版范围。丛书的出版必将为中国水电工程技术及其管理创新的继续发展和长足进步提供理论与技术借鉴，也将为进一步攻克水电工程建设技术难题、开发绿色和谐水电提供技术支撑和保障。同时，在"一带一路"倡议下，丛书也必将切实为提升中国水电的国际影响力和竞争力，加快中国水电技术、标准、装备的国际化发挥重要作用。

在丛书编写过程中，得到了水利水电行业规划、设计、施工、科研、教学及业主等有关单位的大力支持和帮助，各分册编写人员反复讨论书稿内容，仔细核对相关数据，字斟句酌，殚精竭虑，付出了极大的心血，克服了诸多困难。在此，谨向所有关心、支持和参与编撰工作的领导、专家、科研人员和编辑出版人员表示诚挚的感谢，并诚恳欢迎广大读者给予批评指正。

《中国水电关键技术丛书》编撰委员会

2019年10月

前言

原位试验与测试是在砂砾石地层天然所处的位置上或基本上在原位状态和应力条件下对砂砾石地层性质进行的测试，即在基本保持天然结构、天然含水量以及天然应力状态下，测定砂砾石地层的工程力学性质指标。该类技术可避免取样过程中应力释放的影响，具有测试范围广、代表性强等优势。

我国地域辽阔，不同流域自然地理环境各不相同，砂砾石地层的种类多种多样，其工程地质性质也千变万化。砂砾石地层是第四系土体中常见的一种粗粒土，广泛分布在大江大河、中小河流中上游地带的河床中，部分分布在河谷两岸阶地上，成因以冲积为主，是水利水电工程建设经常遇到的地层之一。

均匀分布、密实的砂砾石地层承载力较高、压缩性较低，是良好的天然坝基材料，采用砂砾石地层作为天然坝基持力层，能大大节省工程投资。如何正确地测定砂砾石地层的工程性质，并提供可靠的参数指标，对于水利水电工程的成功建设至关重要，而且也是首先必须要解决的问题。所以，水利水电工程地质勘察中，不仅要查明砂砾石地层作为坝基持力层的承载与变形特性，而且还需查明卵石的粒径、强度等施工特性，同时还需掌握砂砾石地层的渗透性、场地内库水和地下水及其与水工建筑物的水力联系等。

我国多数水利水电工程坝址河床砂砾石地层厚度不大，坝基处理多采取清除为主的工程措施。但是，也有不少水电站坝址河床砂砾石地层深厚，若采取清除措施必将造成工期、投资等的不合理、不经济，尤其是清除超过100m厚砂砾石地层的技术在国内外未有先例，不但增加坝高，增长施工周期，增大工程投资，且技术风险大。

由于砂卵石地层岩性不均、软硬不一，有的级配均匀，有的级配无规律，粒间充填着砾石、砂和黏性土，利用普通取样技术难以取得保持原级配、原结构状试样，也就难以查明砂卵石地层的物理、力学、水文地质等特征，因此其工程地质特性指标通常是通过现场原位试验或测试获得。

开展砂砾石地层原位试验与测试，查明砂砾石地层的分布特征、颗粒级配、承载特性、地层强度及动参数、透水特性，为水利水电工程枢纽建筑物的设计及施工提供详细的岩土工程参数，是砂砾石地层勘察的重要工作内容。开展超深、复杂结构砂砾石地层的原位试验与测试研究非常必要。

本书系统介绍了复杂砂砾石地层原位试验与测试技术的基本原理、试验仪器设备及测试方法等内容，主要包括物理力学性质试验、水文地质参数试验、地球物理勘探方法。书中对每项试验和测试的操作步骤和资料分析方法进行了详细说明，并列举了典型工程原位试验与测试应用实例。每章内容相对独立，由于内容多少不一，篇幅有较大的差异。

本书为作者多年的工作心得和实践经验总结。根据砂砾石地层原位试验和测试的特点，本书强调指导性、实用性、先进性、可靠性，叙述力求简明、易懂和完整。每种试验和测试不仅有方法原理，还有详尽的操作步骤，充分展示了砂砾石地层原位试验和测试方法的全过程。

本书共有14章，主要由中国电建集团西北勘测设计研究院有限公司周恒、赵志祥、何小亮和成都空港建设管理有限公司唐兴华共同编写完成，青海大学孙新建审阅了全书的内容。另外，中国电建集团西北勘测设计研究院有限公司狄圣杰、陈楠、严耿升、赵悦、王有林、曹钧恒、杨天俊、杨贤、包健、陈卫东、王文革、韦振新，成都理工大学左三胜，以及水利部质量管理与质量安全中心庞晓岚提供了宝贵的资料，并参与了部分章节的编写，为完善本书的内容付出了艰辛的劳动；水电水利规划设计总院有限公司正高级工程师袁建新对全书进行了审核。在此一并对他们表示诚挚的感谢。

本书在编写过程中，引用了许多专家、学者在勘察设计、试验测试、科研教学中积累的成果资料文献，在此一并表示感谢。

本书内容广泛，涉及许多专门问题，有些问题在学术界和工程界观点不一。限于作者的水平、能力和经验，书中难免存在疏漏和不妥之处，恳请读者批评指正。

作者

2022年1月

目录

第 1 章

绪论

1.1 砂砾石地层的分布与特征

河床砂砾石是指厚度大于 40m 的第四纪河床松散堆（沉）积物。经多年的研究和实践，本书进一步根据砂砾石层深度加以区分：40m 以内为一般深度砂砾石层，40～100m 为深厚砂砾石层，100～200m 为大埋深砂砾石地层，大于 200m 为超深砂砾石地层。

砂砾石地层成因复杂、厚度变化大，其成因主要为冲积堆积。这类堆积物具有结构松散、颗粒级配悬殊、分布不连续、物理力学性质不均匀等特点。因此，砂砾石地层是一种地质条件差且复杂的地质体。

我国的西南、西北尤其是青藏高原地区的高山峡谷河流中深厚砂砾石层分布广泛，厚度一般为数十米，部分可达数百米。在水利水电工程的勘测设计中多遇到深厚砂砾石层问题，如大渡河金川、九龙河溪古、开都河察汗乌苏、白龙江汉坪嘴、尼洋河多布及其支流的老虎嘴和雪卡、四川宝兴等水利水电工程，其地基覆盖层深度一般均较大。如大渡河支流南桠河冶勒水电站砂砾石层最大厚度超过 420m，多布水电站砂砾石层厚度达 360m，老虎嘴水电站砂砾石层厚度达 180m，西藏雅鲁藏布江河床砂砾石层最大厚度超过 500m，青海洼沿水库砂砾石层厚度为 100m。

深厚砂砾石层不仅在我国，而且在全球范围的河流中也广泛分布。如巴基斯坦的塔贝拉（Tarbela）大坝坝基砂砾石层最大厚度为 230m，埃及的阿斯旺（Aswan）大坝坝基砂砾石层最大厚度达 225m，法国谢尔-蓬松（Serre - Poncon）大坝坝基砂砾石层厚度为 110m，加拿大马尼克 3 号（Manic - 3）大坝坝基砂砾石层厚度达 130m。

复杂砂砾石地层原位试验与测试是水利水电工程、岩土工程、地质工程中的重要内容之一。我国地域辽阔，不同流域自然地理环境各不相同，砂砾石地层的种类各种各样，其工程地质性质也千变万化，因此，如何正确地测定砂砾石地层的工程性质，并提供相应可靠的参数指标，对于水利水电工程的成功建设是至关重要的，而且也是首先必须要解决的问题。

对砂砾石地层进行试验的目的是了解砂砾石层的物理力学性质，研究在外部荷载与内部应力重分布条件下砂砾石层的变形过程和破坏机制，为工程地质条件和问题评价提供基础资料，为水工建筑物设计提供砂砾石层的物理和力学参数。

复杂砂砾石地层是自然界的产物，其形成过程、物质成分以及工程特性是极为复杂的，并且随河流发育历史、受力状态、应力分布、加载速率和排水条件等的不同而变得更加复杂。所以，在进行水利水电工程勘察设计和施工之前，必须对所在场地内复杂的砂砾石地层进行室内试验和原位测试，以充分了解和掌握砂砾石地层物理和力学性质，从而为地质勘察、工程设计提供必要的依据。

1.2 室内试验与原位测试对比

1.2.1 室内试验与原位测试的特点

原位测试是指在工程现场通过特定的测试仪器对测试对象进行试验，并运用岩土力学的基本原理对测试数据进行归纳、分析、抽象和推理，以判断其状态或得出其性状参数，是一项综合性试验技术。该技术是对砂砾石地层的局部施加荷载测定土的反应，以估计其强度指标、变性指标等。现场试验是在比较大的范围内施加荷载，测定砂砾石地层的综合反应，估计宏观的指标范围，用于检验设计计算的正确性，进而以校正原位测试或室内试验的结果。由此可见，原位测试与现场试验都是在现场进行的，与土体的原始物理状态、应力状态等有关。其基本原理大部分基于土力学、水文地质学的理论，为土力学的计算提供参数，其发展离不开土力学的支撑。

一般而言，砂砾石地层工程测试包含室内试验和原位测试两大部分。室内试验包含常规的土工试验和模型试验，其主要优点是可以控制试验条件，便于得出测试结果。通常砂砾石地层的物理性质指标、力学性质指标、渗透性质指标以及动力性质指标等是通过该类试验工作获取，从而为工程设计和施工提供参数，是正确评价工程地质条件不可缺少的依据。室内试验根本性的缺陷在于试验对象难以反映其天然条件下的性状和赋存环境，抽样的数量也相对有限，由于取样、运输、测试等环节较多，以至于所测的结果容易失真，一般也费时费力。

室内试验与原位测试对比结果见表 1.2－1。从表中可见，室内试验与原位测试的特点是互补的、相辅相成的。

表 1.2－1 室内试验与原位测试对比结果

试验类别	原位测试与现场试验	室 内 试 验
试验对象	测定土体范围大，能反映微观、宏观结构对土性的综合影响，代表性好	试验土体尺寸小，不能反映宏观结构、非均质性对土性的影响，代表性差
	测试土体边界条件不明显	试验土样边界条件明显
	测试设备进入土层对土有一定的扰动	无法避免钻进取样对土样的扰动
	对难以取样的土层仍能试验	对难以或无法取样的土层无法试验，只能人工制备土样进行试验
	有的能给出连续的土性变化剖面，可用以确定分层界限	只能对有限的若干点取样试验，点间土样变化是推测的，分界线不清楚
应力条件	基本上在原位应力条件下进行试验，但原位应力条件不是很明确	在明确、可控制的应力条件下进行试验
	试验应力路径无法很好控制	试验应力路径可以确定
	排水条件不能很好控制	排水条件能严格控制
	试验时主应力方向与实际工程不一致	可模拟实际工程的主应力方向进行试验
应变条件	应变场不均匀，应变速率大于实际	应变场均匀，应变速率可以控制
岩土参数	多建立在经验公式或半经验半理论公式的基础上	可直接测定
试验周期	周期短、效率高	周期较长、效率较低

室内土工试验结果会由于试样扰动而受到影响，因此，在利用室内试验得出的砂砾石地层参数时必须慎重对待。

原位测试可避免取土扰动对试验结果的影响，但是，原位测试也有其难以克服的局限性。首先，原位测试的应力条件复杂，一般很难直观地确定砂砾石地层的某个参数，因此在选择计算模型和确定边界条件时将不得不采取一些简化假设，由此引起的误差也可能使得出的砂砾石地层参数不能理想表征实际砂砾石地层的性状，特别是当原位测试中的土体变形和破坏模式与实际工程不一致时。例如：十字板剪切试验的剪切和破坏模式与土坡或地基的实际破坏形式是大相径庭的，事实上，已有资料表明十字板剪切试验得出的强度高于室内无侧限压缩试验结果。其次，原位测试一般只能测定现场载荷条件下的砂砾石地层参数，而无法预测载荷变化过程中的发展趋势。因此，对于砂砾石地层参数的测定，仅仅依靠原位测试也是不行的。

对室内试验结果影响最大的是取土扰动。目前，取土技术已经引起业界足够的重视，并且业界一致认为，在软土中采用薄壁取土器可以取得质量较好的原状土。现有的取土技术已经足以使取土扰动的影响降到最小程度，但是，由于其操作过于烦琐，在推广应用过程中遇到一定困难。取土时无法避免的应力释放引起的土样扰动，需要通过室内再固结等方法予以减轻甚至消除。

1.2.2 室内试验与原位测试的作用

砂砾石地层原位测试技术是水利水电工程勘察设计工作的重要组成部分。无数实践经验和理论计算表明，砂砾石地层的工程性质试验成果和精度，会因其种类、状态、试验方法和技巧的不同而有较大的出入。和室内试验相比，原位测试的代表性好、测试结果精度较高，因而较为可靠。在岩土工程中，选用正确的参数远比选用计算方法重要，可靠的土质参数只能通过原位测试取得，因而砂砾石地层工程的原位测试在岩土工程中占据了重要的地位。

由此可见，砂砾石地层原位测试技术的地位越来越重要。而且，砂砾石地层原位测试技术的应用范围并不限于勘察设计阶段，在施工和施工验收阶段，原位测试也有重要的应用。

1.3 国内外砂砾石地层试验与测试技术研究应用现状

砂砾石层的物理力学特性测试与试验技术在过去几十年中发展较快，可以分为室内测试技术和原位测试技术两大类。

1.3.1 砂砾石室内测试技术研究与应用现状

20世纪50年代，一般单位仅能做简单的物理力学试验。当前，很多单位已掌握土动三轴试验技术，以测定土的动强度、液化和动应变等动力工程特性。国内已有较多的实验室拥有动三轴仪和共振柱仪，此两种仪器国内均可生产制造。此外，电液伺服控制动单剪仪也已试制成功。

20世纪50—60年代，我国相继自主开发研制出一批土流变学测试仪器，如单剪仪、压缩仪、三轴仪、现场十字板流变仪、渗压仪等，尔后又开发了多力扭转流变仪、土壤疲劳剪切仪、土大三轴仪、土动三轴仪和孔隙水压力测量系统等。90年代在土的细观力学研究中，研制了一种可配装在光学显微镜下的小型剪切仪，提出了用热针法测定土的热导率，在普通大三轴仪上进行土的应力路径试验等。

目前国内常用的室内测试手段主要有振动三轴试验、振动扭剪及振动单剪试验、共振柱试验、振动台试验和离心模型试验等5种。

（1）振动三轴和周期扭剪耦合的新型多功能三轴仪。该仪器分别在河海大学和大连理工大学研制成功，其特点是能够模拟复杂应力条件下的土体动力特性，特别是模拟地震作用下动主应力轴偏转的影响。

（2）振动台试验。该试验是20世纪70年代发展起来的专门用于液化性状研究的室内大型动力试验。目前，可制备模拟现场状态饱和砂土的大型均匀试样，可测量出液化时砂土中实际孔隙水压力的分布和地震残余位移，而且在振动时能够用肉眼观察试样。目前国内外常用的振动台主要有单向振动台和双向振动台。

（3）离心模型试验。该试验是一种研究土体动力特性的重要方法，目前国内外诸多研究机构已能够在离心机上模拟单向地震运动，模拟双向振动的离心机也已在香港科技大学研制成功并投入使用。

1.3.2 原位测试技术研究与应用现状

随着我国水利水电建设事业的飞速发展，对复杂超深砂砾石层原位试验技术提出了更高的要求。常见的砂砾石层原位试验技术包括动力触探、静力触探、载荷试验、现场直剪试验和旁压试验等。

20世纪60年代，随着微电传感技术如电阻应变、振弦应变测试新技术的出现，我国从根本上解决了深层原位测试技术的瓶颈，成功创制电阻式静力触探技术，并在1966年全国测试技术会议上获得推广，这一技术较国外同类技术领先6年。

动力触探是在静力触探试验的基础上发展而来的。对于粗颗粒土或贯入阻力大的地基土，需要用动力才易于将探头贯入。从20世纪50年代后期开始使用的动力触探，主要是锤重10kg的轻型动力触探，多用于基坑检验。70年代初，为确定粗颗粒土地基的基本承载力，开展了重型动力触探与卵石土地基承载力的对比试验，并利用大型真模试验坑对动力触探贯入破坏机理和影响因素进行观察分析。2003年动力触探被纳入《铁路工程地质原位测试规程》（TB 10018—2018），试验成果可用于评价地基土的密实度、承载力和变形模量等。

载荷试验是在天然地基上通过承压板向地基施加竖向荷载，观察所研究地基土的变形和强度规律的一种原位试验，被公认为试验结果最准确、最可靠，被列入各国桩基工程规范或规定中，可根据荷载-沉降曲线确定地基力的承载力和变形模量。平板载荷试验适用于地表浅层地基，特别适用于各种填土、含碎石的土类，其影响深度范围不超过两倍的承压板宽度（或直径），故只能用于了解地表浅层地基土的特性。

现场直剪试验可用于砂砾石地层本身、砂砾石地层沿软弱结构面和岩体与其他材料接触面的剪切试验，国内外用现场剪切试验对土体抗剪强度进行了广泛研究。大型现场剪切试验有应变控制式和应力控制式两种方式。目前广泛使用的是应变控制式大型剪切试验，水平荷载大多靠千斤顶或变频减速系统通过螺杆施加。

旁压试验仪器——旁压仪于20世纪50年代研制成功，60年代开始推广使用。我国在70年代又研制成功了自钻式动功能横压仪，这一新技术领先国际水平3～5年。目前工程应用比较多的旁压仪是法国生产的梅纳旁压仪以及我国生产的PY型、PM型旁压仪（70年代我国开始探索用冲击能量修正法对这两种测试设备进行改进）。20世纪90年代，我国自主研制开发了DBM型动态变形模量测试仪，用于测试土的承载能力。该设备能够直接综合测试压实土层的力学参数，是一种全新的砂砾石坝基土层力学特性测试技术。通过不断改进，我国又自主研发了自钻式原位摩擦剪切试验方法。该方法较好地保持了土中的应力，尽可能避免了对土体的扰动，可直接测出不同深度土的抗剪强度、变形模量等力学参数。扁铲侧胀试验仪（DMT）出现后，我国将其应用于密实的深厚砂砾石层、黏土和砂土等土体应力状态、变形特性和抗剪强度的测试分析中。

1.3.3 物探测试技术应用现状

20世纪50年代后期，以直流电法勘探为主的地球物理勘探新技术开始应用于砂砾石层坝基勘察。目前对砂砾石层厚度、形态和规模进行探测的物探方法较多，国内外不同行业（特别是水利水电勘测）采用的物探方法主要有电测深法、浅层地震反射波法、浅层地震折射波法、高密度电法、面波勘探法、探地雷达法、高频大地电磁法、瞬变电磁法、地震层析成像（地震CT）法等，另外还有诸如综合测井等辅助方法。在实际工作中，如采用单一物探方法进行探测，其探测成果的可靠程度和精度都相对较低。利用γ射线散射法原位测定土的密度在我国已取得成功并推广使用。70年代，紧随国际多项动、静测试新技术的开发，我国水利水电行业及时掌握了波速法动测技术和地震法测定砂砾石地层结构及动参数的技术。目前，我国在砂砾石地层物探测试方法处于国际先进行列。

1.3.4 水文地质参数测试技术应用现状

水文地质作为工程地质条件的一个重要方面，其参数测试技术在过去的几十年中也取得了长足的发展。通过“六五”“七五”“八五”期间的研究，新的测试技术及仪器相继问世，如钻孔地下水动态长期监测系统、钻孔水位测量和渗透压力测量的新型钻孔渗压计等，有效解决了地下水自动观测问题。

（1）常规观测试验技术。为确定砂砾石层的水文地质参数，通常需要进行大量测试研究。常规的方法主要有现场钻孔（井）抽水试验、注水试验、微水试验，以及地下水水压、水量、水质、水温及水位动态观测等。

（2）环境同位素测龄技术。利用放射性同位素可测定地下水年龄，利用稳定环境同位素可研究地下水起源与形成过程以及水中化学组分等；采用示踪试验及人工放射源可测定河床地下水的流向、渗透流速、渗透系数和导水系数等水文地质参数。

（3）渗流场模拟试验技术。近年来，渗流场模拟多采用电网络模拟法。该方法具有容量大、稳定性不受限制和解题过程中不产生累积误差等特点，不仅可以清晰地反映渗流场，还可以反求某一个水文地质参数或修正某一个边界条件，具有较好的适应性，目前仍是求解大型复杂渗流场的有效工具。

1.4 砂砾石地层原位试验与测试内容

水利水电工程砂砾石地基多为隐蔽性工程，由于砂砾石地层性质的复杂多变，加之水工建筑物结构体与砂砾石地层之间的相互作用难以把握，故砂砾石地基基础工程中发生事故的概率很大而且难以发现和补救。因此，重视和强化原位测试（检测）是实际工作中最常用的也是最直观可靠的技术手段。

原位测试可分为定量方法和半定量方法。定量方法是指在理论上和方法上能形成完整体系的原位测试方法，如静力载荷试验、现场直接剪切试验、旁压试验、十字板剪切试验、渗透试验等。半定量方法是指由于试验条件限制或方法本身还不具备完整的理论用以指导试验，因此必须借助于某种经验或相关关系才能得出所需成果的原位测试方法，如静力触探试验、圆锥动力触探试验、标准贯入试验等。

1.4.1 砂砾石层现场试验

深厚砂砾石层的现场试验主要有物理性质和力学性质试验等方面。砂砾石层物理性质试验名称和方法见表1.4-1。砂砾石层力学性质试验主要有现场直接剪切试验（表1.4-2）、载荷试验（表1.4-3）、钻孔的各类原位试验（表1.4-4）等。

现场直接剪切试验主要采用应力控制平推法，也可用于测定混凝土与砂砾石接触面的抗剪强度。载荷试验的反力常用堆载法或锚拉桩法等形式提供。

表1.4-1 砂砾石层物理性质试验

试验名称	试验方法	试验得出的指标			指标的应用
		名称	单位	符号	
含水率试验	酒精燃烧法、炒干法	含水率	%	ω	计算干密度、饱和度等其他指标
密度试验	灌砂法、灌水法	（湿）密度	g/cm³	ρ	（1）计算干密度、孔隙比等其他指标。 （2）评价土的紧密程度。 （3）土压力、应力应变、稳定性计算
颗粒分析试验	筛分法	各粒组质量			各粒组质量占总质量的百分数

表1.4-2 砂砾石层直接剪切试验

试验方法	试验得出的指标			指标的应用
	名称	单位	符号	
现场直接剪切试验	内摩擦角	(°)	φ	（1）评价土的抗剪能力。 （2）计算坝基的稳定性、土压力、变形及承载能力
	黏聚力	MPa	c	

表 1.4-3　　砂砾石层载荷试验

试验方法	试验得出指标			指标的应用
	名称	单位	符号	
平板载荷试验	承载力	MPa	f_0	计算坝基的稳定性、土压力、变形及承载能力
	变形模量	MPa	E_0	

表 1.4-4　　砂砾石层钻孔力学性质试验项目

试验名称	试验适用范围、结果及应用
十字板剪切试验	一般用于测定饱和软黏土的不排水抗剪强度 c_u 和灵敏度 S_t，用于估算土的承载能力和计算土的稳定性、土压力、变形及承载能力
标准贯入试验	适用于不含砾石的细粒类土和砂类土，测得标贯器贯入土中所需的击数，用于：①计算砂类土的内摩擦角 φ、黏性土的不排水强度 c_u；②黏性土的无侧限抗压强度 q_u；③评价砂类土的紧密程度和黏性土的稠度状态；④评定土的承载力和变形模量；⑤判定土液化的可能性
静力触探试验	适用于不含砾石的细粒类土和砂类土，试验时通过施加压力将贯入器探头在一定速率下匀速贯入土中，同时测定贯入阻力和孔隙水压力，计算贯入阻力、锥头阻力、孔隙水压力、固结系数等指标，用于：①土的分类；②估算黏性土的不排水抗剪强度 c_u；③评定土的固结程度；④判定土液化的可能性；⑤土的沉降计算
动力触探试验	试验分为轻型、重型和超重型三种，分别适用于细粒类土、砂类土和砾类土、砾类土和卵石类土。试验时测定探头锤击进入一定深度土层所需的击数，用于：①确定土的承载力和变形模量；②评定土的紧密程度；③判定土液化的可能性
旁压试验	旁压试验的仪器分为预钻式和自钻式两种。试验时将旁压器放入土中，施加压力后测定土在水平向的应力应变关系，试验结果除了得出土的承载力基本值 f_0、旁压模量 E_m、不排水抗剪强度 c_u、静止土压力系数 K_0 外，还可用于估算土的变形模量 E_0 和沉降计算以及评价土的稠度状态和紧密程度
波速试验	波速试验分为单孔法、跨孔法和面波法。通过测定压缩波、剪切波及瑞利波在土中的传播速度，计算得出土的动剪切模量 G_d、动弹性模量 E_d、动泊松比 ν_d 等动力特性参数，用于场地类别划分和土动力分析等

1.4.2　砂砾石层物探测试的主要方法

采用物探方法对复杂深厚砂砾石层进行探测和测试，主要目的是解决砂砾石层的厚度和分层问题。砂砾石层厚度探测与分层常采用的物探方法主要有浅层地震法、电法、电磁法、水声法、综合测井法、弹性波 CT 法等。砂砾石地层物性参数测试常采用的物探方法主要有地球物理测井法、地震波 CT 法、速度检层法等。砂砾石层厚度探测与分层应结合测区物性条件、地质条件和地形特征等综合因素，合理选用一种或几种物探方法，所选择的物探方法应能满足其基本应用条件，以达到较好的检测效果。

通常以电测深做全面探测，以地震剖面做补充探测，地面地震排列方向与电测深布极方向相同。电测深可使用直流电法，在存在高阻电性屏蔽层的测区宜使用电磁测深法，地面采用对称四极装置。探测砂砾石层厚度、基岩面起伏形态一般使用折射波法，采用多重相遇时距曲线观测系统；在不能使用炸药震源和存在高速屏蔽层或深厚砂砾石层的测区，宜采用纵波反射法；进行浅部松散含水地层分层时，宜采用横波反射法或瞬时瑞利波法。浅层反射波法多采用共深度点叠加观测系统；瑞利波法多采用瞬态面波法，单端或两端激发、多道观测方式。

砂砾石层探测常用的物探方法见表1.4-5。

表1.4-5　　砂砾石层探测常用的物探方法

方法名称			物性参数	应用范围	适用条件
电法勘探	电阻率法	电剖面法	电阻率	探测地层在水平方向的电性变化，解决与平面位置有关的地质问题	目标地质体具有一定的规模，与周围介质电性差异显著；地形平缓
		电测深法	电阻率	探测地层在垂直方向的电性变化，适宜于层状和似层状介质，解决与深度有关的地质问题，如覆盖层厚度、基岩面起伏形态	目标地层有足够厚度，相邻地层电性差异显著，水平方向电性稳定；地形平缓
		高密度电法	电阻率	电测深法自动测量的特殊形式，适用于详细探测浅部不均匀地质体的空间分布，如洞穴、裂隙、墓穴、堤坝隐患等	目标地质体与周围介质电性差异显著，其上方无极高阻或极低阻的屏蔽层；地形平缓
电磁法勘探	频率测深法		电阻率	探测砂砾石层地层界面	目标地质体与周围介质电性差异显著，砂砾石层电阻率不能太低
	瞬变电磁法		电阻率	探测砂砾石层地层界面	目标地质体具有一定的规模，且相对呈低阻，上方没有极低阻屏蔽层；测区电磁干扰小
	可控音频大地电磁测深法		电阻率和阻抗相位	探测砂砾石层地层界面	目标地质体具有一定的规模，与周围介质电性差异显著；测区地形平缓，测区电磁干扰小
	探地雷达		介电常数和电导率	适用于探测砂砾石层地层分层	目标地质体与周围介质的介电常数差异显著
地震勘探	直达波法		波速	测定砂砾石地层的纵、横波速度，计算砂砾石地层的动力学参数	适用于表层或钻孔、平洞、探坑、探槽等砂砾石地层
	反射波法		波速	探测砂砾石层地层厚度及不同深度的地层界面	地层之间具有一定的波阻抗差异
	折射波法		波速	探测砂砾石层地层厚度及下伏基岩波速	下伏地层波速大于上覆地层波速
	瑞利波法		波速	探测砂砾石层地层厚度及不良地质体，砂砾石层地层分层	目标地层或地质体与围岩之间存在明显波速和波阻抗差异
放射性探测	γ-γ测量		γ射线	测试砂砾石层地层的原状密度和孔隙度	适用于钻孔内测量
综合测井	电测井		电阻率或电位	划分地层，区分岩性，测定地层电阻率	无套管，有井液孔段

1.4.3 砂砾石层水文地质参数试验与测试

1. 现场试验

目前常规确定渗透系数的现场试验主要有抽水试验、注水试验、压水试验、自振法抽水试验、示踪法试验、渗透变形试验等。这些方法的主要缺点是试验周期长，耗费人力和物力多，受野外作业条件制约大。有些砂砾石层勘察具有距离远、条件差、勘察难度大等特点，因此需要开发应用测试方式简单、操作速度快的水文地质试验技术。常用现场砂砾石层渗透试验方法见表 1.4-6。

表 1.4-6　　常用现场砂砾石层渗透试验方法

试验方法		试验得出的指标			指标的应用
		名称	单位	符号	
注水试验	试坑法	渗透系数	cm/s	k	（1）判别土的渗透和抗渗透变形的能力。 （2）降水、排水及沉降计算。 （3）防渗等设计
	单环法				
	双环法				
钻孔注水试验	常水头试验（无黏性土）				
	变水头试验（黏性土）				
渗透变形试验		渗透系数	cm/s	k	
		临界坡降		i_k	
		破坏坡降		i_f	

2. 物探测试

多年来，物探技术测试水文地质参数这一方法得到普遍应用。常用工程物探方法测试砂砾石水文地质参数的适用范围及条件见表 1.4-7。

表 1.4-7　　常用工程物探方法的适用范围及条件

方法名称		物性参数	适用范围	适用条件
电法勘探	电阻率法	电阻率	探测地层在垂直方向的电性变化，适宜于层状和似层状介质，解决与深度有关的地质问题，如覆盖层厚度、基岩面起伏形态、地下水水位，以及测定岩（土）体电阻率	目标地层有足够厚度，地层倾角小于20°；相邻地层电性差异显著，水平方向电性稳定；地形平缓
	充电法	电位	用于钻孔或井中测定地下水流向、流速，以及了解低阻地质体的分布范围和形态	含水层埋深小于50m，地下水流速大于1m/d；地下水矿化度小，覆盖层电阻率均匀
	自然电场法	电位	用于探测地下水的活动情况	地下水埋藏较浅，流速足够大，矿化度较高
	激发极化法	极化率	探测地下水，测定含水层的埋深和分布范围，评价含水层的富水程度	测区地层存在激电效应差异，无游散电流干扰
	瞬变电磁法	电阻率	调查地下水和地热水源，圈定和监测地下水污染	目标地质体具有一定的规模，且相对呈低阻，上方没有极低阻屏蔽层；测区电磁干扰小

续表

方法名称		物性参数	适　用　范　围	适　用　条　件
放射性探测	α射线测量	α射线	地下水	适用于探测具有较好透气性和渗水性的构造破碎带
	自然γ射线测量	γ射线	地下水	适用于探测具有较好透气性和渗水性的构造破碎带
综合测井	电测井	电阻率或电位	划分地层，区分岩性，确定软弱夹层、裂隙破碎带的位置及厚度；确定含水层的位置、厚度，划分咸、淡水分界面；测定地层电阻率	无套管，有井液孔段

第 2 章

载荷试验

载荷试验是在原位条件下，向真型基础或缩尺模型基础逐级施加荷载，并同时观测地基（或基础）随时间而发展的变形（沉降）的一项原位测试方法。

载荷试验是确定天然地基、复合地基、桩基础承载力和变形特性参数的综合性测试手段，也是确定某些特殊性土特征指标的有效方法，还是某些原位测试手段（如静力触探、标准贯入试验等）赖以进行对比的基本方法。

尽管载荷试验机理复杂，应力状态难以简单描述，试验状态反映的深度范围有限，但因试验直观、实用，在砂砾石地层工程实践中仍广为应用。

按试验目的和适用范围等，载荷试验大体分类见表 2.0-1。

表 2.0-1　载荷试验主要类别、适用范围

类别	试验目的	适用范围
平板载荷试验	确定地基砂砾石地层的承载力；计算地基土的变形模量；预估建筑物地基的沉降量	各类地基土
螺旋板载荷试验	确定地基土的承载力、变形模量；计算地基土的固结系数、不排水抗剪强度	砂土、粉土、黏性土，尤其适用于难以采取原状土样的砂土和灵敏度高的软土
动载荷试验	实测基础竖向加速度 a 基底动压力 p_d，供基础设计用	承受地震荷载、机器震动荷载等动荷载的重要基础

2.1　基本理论

2.1.1　什塔耶曼夫的理论公式

根据什塔耶曼夫的理论公式，竖向均布荷载作用于刚性圆形板，板下各点的沉降可根据下式进行计算：

$$s=1.57\frac{1-\nu^2}{E_0}rp \text{ 或 } s=0.79\frac{1-\nu^2}{E_0}dp \qquad (2.1-1)$$

当为刚性的方形板时，板下各点的沉降为

$$s=0.88\frac{1-\nu^2}{E_0}bp \qquad (2.1-2)$$

以上式中：s 为刚性圆形板或方形板下各点的沉降，mm；r、d 分别为刚性圆形板的半径、直径，mm；b 为刚性方形板的宽度，mm；ν 为地基土的泊松比（侧膨胀系数）；E_0 为地基土的变形模量，kPa；p 为刚性圆形板或方形板上的平均压力，kPa。

为此，可利用载荷试验所获得的 $p-s$ 关系曲线计算出地基的变形模量，确定地基承载力和其他特性指标。

2.1.2 半无限空间表面作用局部荷载时的弹性理论解

假定地基为各向同性半无限体，地表荷载作用在地基中引起的应力，可用弹性理论求解。

1. 竖直集中荷载作用下的应力分布

当竖直集中荷载 P 作用在地表面上，在地基中任一点 N 所引起的应力已于1885年由布西内斯克解出。设坐标原点选在着力点上，如采用圆柱坐标，则 z 轴向下为正，土中任一点 $N(r, \theta, z)$ 离原点 O 的距离为 R，R 矢径与 z 的夹角为 β。可以看出，这是一个轴对称问题，只要 z 和 r 不变，在任何 θ 位置上一点的应力状态都应是相等的（图2.1-1）。

布西内斯克的解答为

$$\sigma_z = \frac{3}{2}\frac{P}{\pi R^2}\cos^3\beta = \frac{P}{z^2}k \tag{2.1-3}$$

式中：k 为地基应力系数，无量纲，可直接计算或查表确定；其他符号意义同前。

类似的，可以写出其他应力分量。通过物理方程转换后可得到应变表达式，对整个地基积分后得到地基表面的变形分布。

当地基表面作用有局部分布荷载时，可对式（2.1-3）改写后进行积分求解。

2. 刚性压板下的地基反力分布

考虑圆形刚性压板，在中心荷载的作用下，压板的沉降将是均匀的，压板下的地基反力的分布必然对称于竖直中心轴，是一个轴对称问题。因为地基中的位移分布复杂且未知，难以用函数表达，可用拟合法求解，即假设一个地基反力分布，该应力分布的合力大小与作用荷载相同。运用上述过程求解压板的沉降，然后根据计算结果对地基反力分布进行修正，再进行新一轮试算，直到计算的压板沉降接近均匀时为止（图2.1-2）。理论表达式为

$$\sigma(x) = \frac{P}{2\pi R\sqrt{R^2 - x^2}} = \frac{p}{2\pi\sqrt{1-(x/R)^2}} \tag{2.1-4}$$

式中各符号的含义见图2.1-1、图2.1-2。

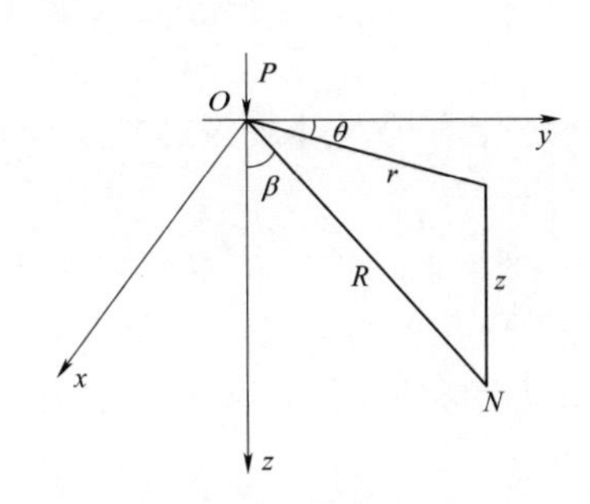

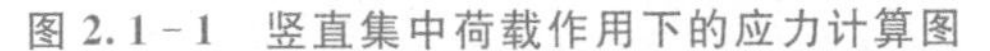

图2.1-1 竖直集中荷载作用下的应力计算图

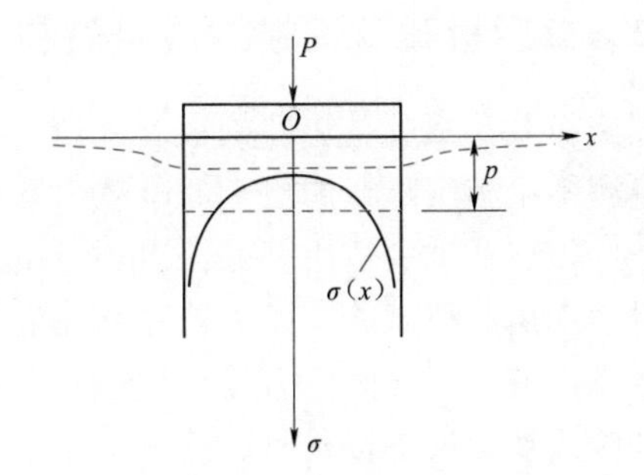

图2.1-2 压板沉降与压板下的应力分布

方形刚性压板下的应力分布还要复杂一些，但其形状与此类似。

3. 刚性压板的平均沉降与荷载的关系

上述计算过程除了能获得压板下的应力分布以外，还可以得到压板下的平均沉降。总体来看，该问题可以归结为一个非线性数学规划问题。

在相关规范和技术手册中已经列出了刚性压板的沉降 s 与压板下平均应力 p 之间的关系式。

圆形刚性压板（D 为直径）： $$s=\frac{\pi}{4}\frac{1-\nu^2}{E_0}pD \qquad (2.1-5)$$

方形刚性压板（B 为边长）： $$s=\frac{\sqrt{\pi}}{2}\frac{1-\nu^2}{E_0}pB \qquad (2.1-6)$$

以上式中：ν 为泊松比；E_0 为地基土的变形模量；其他符号意义同前。

上列公式说明，当地基的特性确定时，压板的沉降与荷载集度及板的宽度成正比。通过载荷试验确定地基土的变形模量，式中的泊松比 ν 根据经验或手册的建议值确定。

上述结果所依据的是弹性理论，而实际上砂砾石地层并不是理想弹性体，所以实际的地基反力分布并不完全如此。

2.2 载荷试验的适用范围

载荷试验可用于测定承压板下应力主要影响范围内砂砾石地层的承载力和变形模量，包括平板载荷试验和螺旋板载荷试验。一般而言，每个场地试验点不宜少于 3 个，砂砾石地层土体不均匀时，必须适当增加试验点。

2.2.1 平板载荷试验的适用范围

平板载荷试验是在砂砾石地层原位、用一定尺寸的承压板施加竖向荷载，同时观测承压板沉降，测定砂砾石地层承载力和变形特性。

平板载荷试验方法除适用于复杂砂砾石地层外，也广泛适宜于各类地基土。试验反映了承压板下 1.5～2.0 倍承压板直径或宽度的深度范围内地基土的强度、变形的综合性状，因而只用于浅层地基和地下水水位以上的地层；浅层平板载荷试验适用于浅层地基土，且承压板影响范围内的土层应均一；深层平板载荷试验适用于试验深度不小于 5m 的深层地基土和大直径桩的桩端土，也适用于地下水水位以上的一般土和硬土。这种方法已经积累了一定的工程经验。

2.2.2 螺旋板载荷试验的适用范围

螺旋板载荷试验是将螺旋板旋入地下预定深度，通过传力杆向螺旋板施加竖向荷载，同时量测螺旋板沉降，测定土的承载力和变形特性。

螺旋板载荷试验适用于黏土和砂土地基，用于深层地基土或地下水水位以下的地基土。对于深层载荷试验，以往曾在钻孔底部进行，但由于孔底土体的扰动，板与土体之间的接触难以控制，同时应力复杂、难以分析，限制了试验成果的应用，因此，常用螺旋板载荷试验代替深层平板载荷试验。

2.3 平板载荷试验

2.3.1 试验仪器

1. 承压板

平板载荷试验一般采用圆形或正方形钢质板，也可采用现浇或预制混凝土板，但应具有足够的刚度。土的浅层平板载荷试验承压板的面积不应小于 0.25m^2，对于软土和粒径较大的填土，不应小于 0.50m^2；对于含碎石的土类，承压板宽度应为最大碎石直径的 10～20 倍，加固后复合地基宜采用大型载荷试验。深层平板载荷试验承压板面积宜选用 0.5m^2，紧靠承压板周围外侧的土层高度不应小于 80cm。

对于承压板面积的选择：载荷试验所得的荷载与沉降曲线的形状取决于承压板的大小、土层的组成以及加载的特性、速率和频率等。承压板的尺寸效应，包括形状和大小，是主要影响因素之一。在试验土层和加载条件一定时，承压板的大小影响地基土体的破坏形式。以往许多不同面积的承压板载荷试验成果表明：当承压板面积在一定范围内，沉降量 s 随承压板直径 D（或宽度 B）的增大而增大；当承压板面积大到一定尺寸后，沉降量不随承压板直径的增大而增大。当承压板面积太小时，沉降量随承压板直径的减小反而增大。上述两个转折点所对应的承压板直径分别为 30cm 和 500cm。

国外采用的标准承压板直径为 0.305m（1 英尺）。国内采用的承压板面积为 0.25～0.50m^2。根据目前试验条件，将 0.25m^2 作为承压板面积的下限是合理的。在多数情况下，用面积 0.25m^2 以上的承压板进行试验所获得的成果是可靠的，但对于砂砾石地层而言，承压板直径应大于砂砾石粒径的 5 倍，但最大直径不应大于 1m。

从浅基承载力的理论计算来说，承压板的形状对其极限承载力是有影响的，但方形和圆形的影响承载力的形状系数是相同的，因而，承压板的形状可以采用相同面积的方形或圆形。

2. 加荷装置

加荷装置包括压力源、载荷台架或反力构架。

压力源可用液压装置或重物，出力最大允许误差为±1%F. S.（F. S. 为最大量程）；安全过负荷率应大于 120%。载荷台架或反力构架必须牢固稳定、安全可靠，其承受能力不小于试验最大荷载的 1.5～2.0 倍。

3. 沉降观测装置

其组合必须牢固稳定、调节方便。位移仪表可采用大量程百分表或位移传感器等，其量测最大允许误差应为±1%F. S.。

对液压荷载源来说，沉降观测装置要求具有良好的稳压效果。因此，压力稳定性必须考虑液压系统的密封性、液压脉动及迟滞爬行等因素的影响。

2.3.2 试验步骤

(1) 在有代表性的地点，整平场地，开挖试坑。浅层平板载荷试验的试坑宽度不应小于承压板直径或宽度的 3 倍，深层平板载荷试验的试井直径应等于承压板直径，当试井直径大于承压板直径时，紧靠承压板周围土的高度不应小于承压板直径。

关于试坑底面宽度，我国多数标准规定试坑底面宽度不小于承压板宽的 3 倍。在影响范围的试验土层，应属于同一土层，即从工程地质观点出发，土层的地质年代、成因类型、地基土类别、主要物理力学性质方面属于同一层次。对于非均匀土层，如冲积相的多层地层或人工改良的复合地基，在分析和应用载荷试验成果时，需借助理论知识和实践经验慎重对待。

(2) 试验前应保持试坑或试井底的土层避免扰动，在开挖试坑及安装设备中，应将坑内地下水水位降至坑底以下，并防止因降低地下水水位而可能产生破坏土体的现象。试验前应在试坑边取原状土样2个，以测定土的含水率和密度。

(3) 设备安装应符合图2.3-1和图2.3-2的要求，具体步骤如下：

1) 安装承压板前应整平试坑面，铺设不超过20cm厚的中砂垫层找平，使承压板与试验面平整接触，并尽快安装设备。

2) 安放载荷台架或加荷千斤顶反力构架，其中心应与承压板中心一致。当调整反力构架时，应避免对承压板施加压力。

3) 安装沉降观测装置。其固定点应设在不受变形影响的位置处。沉降观测点应对称设置。

(4) 试验点应避免冰冻、曝晒、雨淋，必要时设置工作棚。

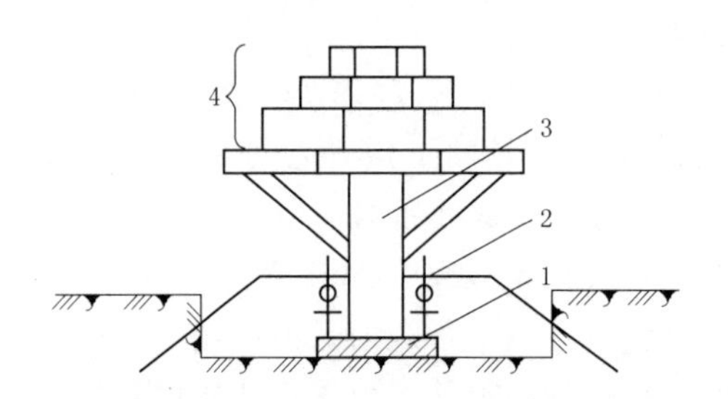

图2.3-1 重物式装置示意图

1—承压板；2—沉降观测装置；3—荷载台架；4—重物

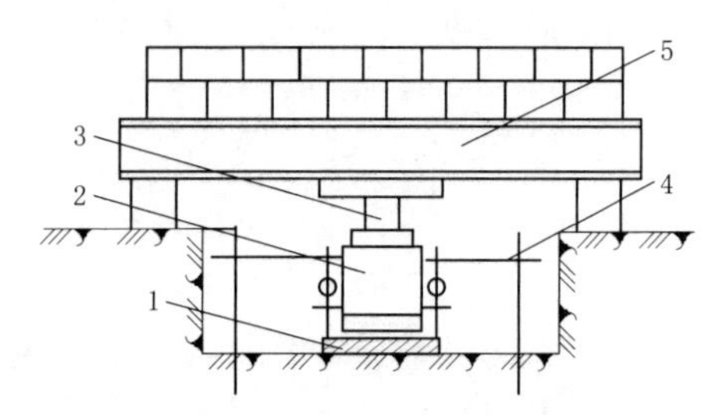

图2.3-2 反力式装置示意图

1—承压板；2—加荷千斤顶门；3—荷重传感器；4—沉降观测装置；5—反力装置

(5) 载荷试验加荷方式应采用分级维持荷载沉降相对稳定法（常规慢速法），有地区经验时，可采用分级加荷沉降非稳定法（快速法）或等沉降速率法。加荷等级宜取10～12级，并不应少于8级，最大加载量不应小于设计要求的2倍，荷载测量最大允许误差应为±1%F.S.。每级荷载增量一般取预估试验土层极限压力的1/10左右，当不易预估其极限压力时，可参考表2.3-1所列增量选用。

表2.3-1 荷载增量表

试验土层特征	荷载增量/kPa
淤泥、流塑状黏质土、饱和或松散的粉细砂	≤15
软塑状黏质土、疏松的黄土、稍密的粉细砂	15～25
可塑～硬塑状黏质土、一般黄土、中密～密实的粉细砂	25～100
坚硬的黏质土、中粗砂、碎石类土、软质岩石	50～200

(6) 每级荷载作用下都必须保持稳压，由于地基土的沉降和设备变形等都会引起荷载的减小，试验中应随时观察压力变化，使所加的荷载保持稳定。

1) 加荷方式和等级。载荷试验的加载方式有等级加荷相对稳定法、沉降非稳定法（快速法）和等沉降速率法。加载方式取决于载荷试验的目的。若仅确定地基承载力，可以采用沉降非稳定法（快速法）或等沉降速率法。它所反映的是不排水或不完全排水条件的变形特性，但必须有比对的资料。加载等级从整理分析 $p-s$ 曲线的需要来看，一般情况下，一个试验有8～10级，便能较好地反映 $p-s$ 特征，同时，也可有4～5个试验点在似弹性变形段内。现行国家标准《岩土工程勘察规范》（2009年版）（GB 50021—2001）规定："加荷等级宜取10～12级，并不应少于8级"，因此试验时应与其保持一致。

2）第一级荷载量。在不考虑挖除试坑土的自重压力时，其理由同室内压缩试验的荷载不考虑土自重压力一样。土自重的影响会反映在 $p-s$ 曲线上，但设备的重量应计入荷载中。

（7）稳定标准可采用相对稳定法，即每施加一级荷载，待沉降速率达到相对稳定后再加下一级荷载。

（8）应按时、准确观测沉降量，其目的在于获得沉降随时间发展的过程，以便确定加荷时间。每级荷载下观测沉降的时间间隔一般采用下列标准：对于慢速法，每级荷载施加后，间隔5min、5min、10min、10min、15min、15min测读1次沉降，以后每隔30min测读1次沉降，当连续2h每小时沉降量不大于0.1mm时，可以认为沉降已达到相对稳定标准，施加下一级荷载。

（9）试验宜进行至试验土层达到破坏阶段终止。当出现下列情况之一时，即可终止试验，前三种情况所对应的前一级荷载即为极限荷载：

1）承压板周围土出现明显侧向挤出，周边土体出现明显隆起和裂缝。

2）本级荷载沉降量大于前一级荷载沉降量的5倍，荷载-沉降曲线出现明显陡降段。

3）在本级荷载下，持续24h沉降速率不能达到相对稳定值。

4）总沉降量超过承压板直径或宽度的6%。

5）当达不到极限荷载时，最大压力应达预期设计压力的2.0倍或超过第一拐点至少3级荷载。

上述破坏标准，是参考了现行国家标准《建筑地基基础设计规范》（GB 50007—2011）和《岩土工程勘察规范》（2009年版）（GB 50021—2001）进行了改写，明确了极限荷载的取法。

（10）当需要卸载观测回弹时，每级卸载量可为加载增量的2倍，每卸一级荷载后，间隔15min观测一次，1h后再卸第二级荷载，荷载卸完后继续观测3h。

（11）对于深层平板载荷试验，加荷等级可按预估承载力的1/15～1/10分级施加，当出现下列情况之一时，可终止加荷：

1）在本级荷载下，沉降急剧增加，荷载-沉降曲线出现明显的陡降段，且沉降量超过承压板直径的4%。

2）在本级荷载下，持续24h沉降速率不能达到相对稳定值。

3）总沉降量超过承压板直径或宽度的6%。

4）当持力层土层坚硬，沉降量很小时，最大加载量不应小于设计要求的2倍。

2.3.3　资料整理

（1）对原始数据检查、校对后，整理出荷载与沉降值、时间与沉降值汇总表。

（2）绘制 $p-s$ 曲线（图2.3-3），必要时绘制 $s-t$ 曲线或 $s-\lg t$ 曲线，如果 $p-s$ 曲线的直线段延长不经过（0，0）点，应采用图解法或最小二乘法进行修正。p 坐标单位为kPa，s 坐标单位为mm。

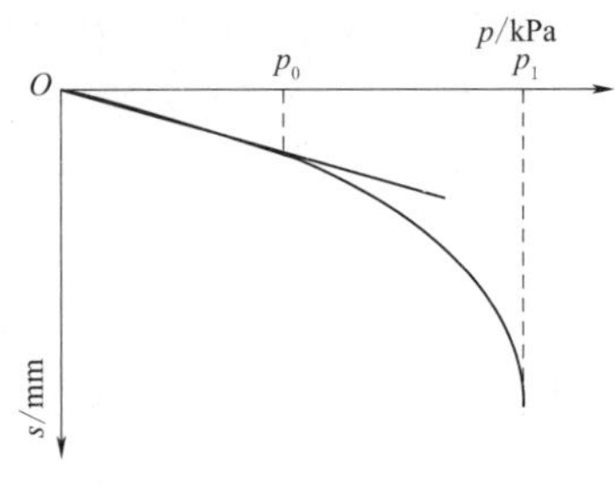

图 2.3-3　典型 $p-s$ 曲线

关于 $p-s$ 曲线的校正问题。在载荷试验中，由于各种因素的影响，使 $p-s$ 曲线偏离坐标原点。我国各系统有的标准以及苏联 1979 年的标准提出，不论 $p-s$ 曲线的形态如何，一律按 $p-s$ 曲线前段呈线性关系用平均直线法进行校正。欧美各国的标准并没有明确规定要进行校正。

本书认为，$p-s$ 曲线是否校正，主要看对变形模量、临塑压力和极限压力影响的程度。从临塑压力和极限压力来看，校正与否影响不大；对于变形模量，p 值规定得比较灵活，即按实际所需的压力取值，而 s 值则为所需压力 p 相对应的沉降量，同时，零点的校正实质上应该是对第一级荷载下相应的沉降量校正问题。鉴于上述理由，校正与否对变形模量的计算影响也是不大的。因此没有明确规定对 $p-s$ 曲线必须进行校正，工程实际中可根据具体情况和要求选择。

如果 $p-s$ 曲线用于进行其他分析研究，需对其进行校正时，可以参考有关文献所建议的方法，如平均直线法、三点法及高次多项式拟合法等进行校正。

（3）特征值的确定方法如下：

1）当曲线具有明显直线段及转折点时，以转折点所对应的荷载定为比例界限压力和极限压力。

2）当曲线无明显直线段及转折点时，可按极限荷载值，或取对应于某一相对沉降值（即 s/d，d 为承压板直径）的压力评定砂砾石地层地基土的承载力。

确定临塑压力及极限压力的方法，除对曲线具有明显直线段及转折点的 $p-s$ 曲线规定可直接用转折点确定临塑压力外，对其他形状的曲线现行规范中并未作规定。本书认为，为了便于确定转折点，可绘制 $\lg p-\lg s$ 曲线、$p-\Delta s/\Delta p$ 曲线等其他辅助曲线。

（4）承载力基本值 f_0 可按现行国家标准《建筑地基基础设计规范》（GB 50007—2011）确定。

1）比例界限明确时，取该比例界限所对应的荷载值，即 $f_0=p_f$。

2）当极限荷载能确定时（且该值小于比例界限荷载值 1.5 倍时），取极限荷载值的一半，即 $f_0=p_1/2$。

3）不能按照上述两点确定时，以沉降标准进行取值，若压板面积为 $0.25\sim0.50\text{m}^2$，对低压缩性土和砂土，取 $s=(0.01\sim0.015)b$（b 为承压板直径）对应的荷载值；对中、高压缩性土，取 $s=0.02b$ 对应的荷载值。

（5）变形模量的计算。变形模量在地基土可侧向变形条件下，由弹性理论求得，仅适用于所试验砂砾石地层属于同一层次的均匀地基。实际上土体的应力应变关系是非线性的，因此，不少研究者探索用割线模量、弦线（或切线）模量计算地基变形。

1）浅层平板载荷试验法计算公式为

承压板为圆形：

$$E_0=0.785(1-\mu^2)D_c\frac{p}{s} \tag{2.3-1}$$

承压板为方形：
$$E_0=0.886(1-\mu^2)a_c\frac{p}{s} \tag{2.3-2}$$

2）深层平板载荷试验法计算公式为

$$E_0=\omega' D_c\frac{p}{s} \tag{2.3-3}$$

以上式中：E_0为试验土层的变形模量，kPa；μ为土的泊松比，碎石取0.27，砂土取0.30，粉土取0.35，粉质黏土取0.38，黏土取0.42；D_c为承压板的直径，cm；p为单位压力，kPa；s为对应于施加压力的沉降量，cm；a_c为承压板的边长，cm；ω'为与试验深度和土类有关的系数，可按表2.3-2选用。

表2.3-2　深层载荷试验计算系数ω'

土类（d/z值）	碎石土	砂土	粉土	粉质黏土	黏土
0.30	0.477	0.489	0.491	0.515	0.524
0.25	0.469	0.480	0.480	0.506	0.514
0.20	0.460	0.471	0.471	0.497	0.505
0.15	0.444	0.454	0.454	0.479	0.487
0.10	0.435	0.446	0.446	0.470	0.478
0.05	0.427	0.437	0.437	0.461	0.468
0.01	0.418	0.429	0.429	0.452	0.459

注　d为承压板直径；z为试验深度。

2.4　螺旋板载荷试验

2.4.1　试验设备

仪器设备（图2.4-1）主要由螺旋承压板、加荷装置、位移观测装置组成：

（1）螺旋承压板尺寸参数及测力传感器的最大允许压力应该符合现行国家标准《岩土工程仪器基本参数及通用技术条件》（GB/T 15406—2007）的规定。

（2）加荷装置包括压力源和反力构架，其技术条件与上述要求基本相同。

（3）位移观测装置也与上述要求基本相同。

仪器设备由螺旋承压板、加荷装置、位移观测装置组成。由于螺旋板的尺寸系列比较多，工程中应采用现行国家标准《岩土工程仪器基本参数及通用技术条件》（GB/T 15406—2007）的规定，根据不同土层及现有仪器的尺寸规格选用。

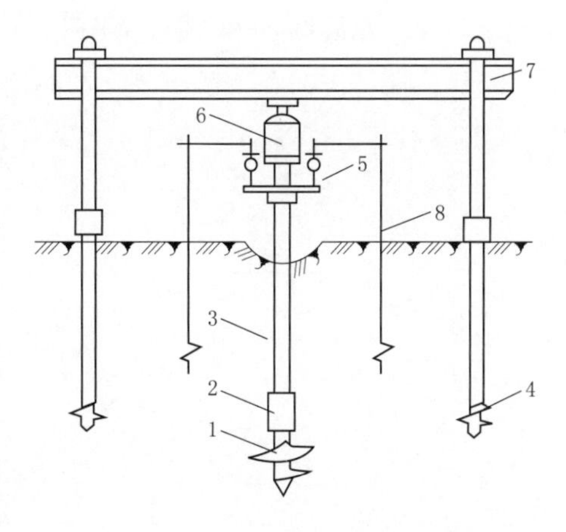

图2.4-1　螺旋板载荷试验装置示意图
1—螺旋承载板；2—测力传感器；3—传力杆；4—反力地锚；5—位移计；6—油压千斤顶；7—反力钢梁；8—位移固定锚

为了消除压杆与土的摩擦力对成果的影响，在紧接螺旋板上端与压杆之间连接一个测力传感器，直接测量施加于螺旋板上的荷载。

2.4.2 试验步骤

(1) 将试验场地平整，设置反力装置及位移计的固定地锚。

(2) 选择适宜尺寸的螺旋承压板旋钻至预定深度，旋钻时应控制每旋转一周钻进一螺距，尽可能减小对土体的扰动程度。(螺旋板载荷试验的可靠性主要取决于螺旋板旋钻时对土体的扰动，为尽量保证土体的原有状态，应控制螺旋板每旋转一周钻进一个螺距。)

(3) 安装加荷千斤顶，其中心应与螺旋承压板中心一致；安装位移计，并调整零点。

(4) 按下列方式加荷：

1) 当采用应力控制式时，按等量分级施加，荷载增量应根据工程实际及相关标准规范的规定，每级荷载确保稳压。

2) 当采用应变控制式时，应连续加荷，控制沉降速度应为0.25～2.00mm/min。

3) 试验的加荷等级、试验结束条件应符合相关规范和标准的规定。

4) 加荷时应进行沉降观测。应力控制式加荷沉降观测的时间顺序一般采用0.10min、0.25min、1.00min、2.25min、4.00min等按$\sqrt{t}$读取，直至沉降基本稳定，再加下一级荷载，该时间顺序用于绘制$s-\sqrt{t}$曲线；应变控制式加载沉降观测每隔30s等间距读取1次，试验至土体破坏。

5) 土体破坏后，卸除加荷和位移观测装置，再将螺旋承压板旋钻至下一个预定的试验深度。

试验点沿深度方向间距一般为1m，对均匀土层也可以每2～3m间距设1个试验点。根据已有的试验，最大试验深度达30m。

2.4.3 资料整理

(1) 计算并绘制$p-s$曲线（图2.4-2）。

(2) 根据各级荷载下的沉降s与时间t的数据，绘制$s-\sqrt{t}$曲线（图2.4-3）。

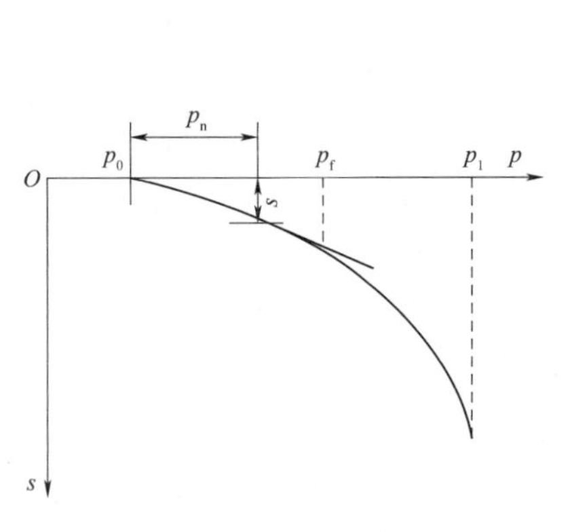

图2.4-2 $p-s$曲线

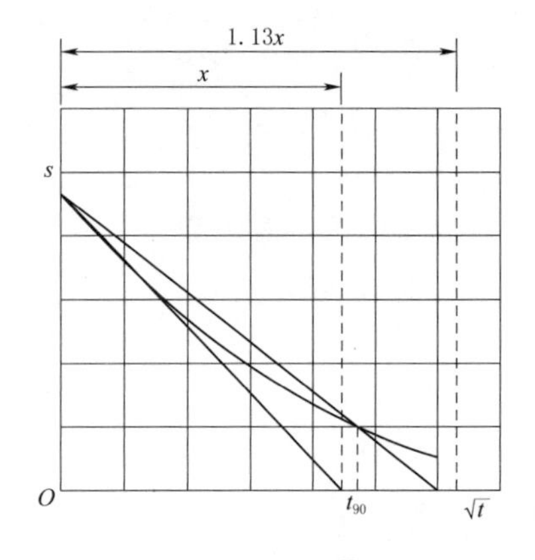

图2.4-3 $s-\sqrt{t}$曲线

（3）特殊值的选取。

1）原位有效自重压力 p_0：取 $p-s$ 曲线的直线段与 p 轴的交点作为 p_0 值。

2）临塑压力 p_f：相应于 $p-s$ 曲线的直线段终点的压力。

3）极限压力 p_1：相应于 $p-s$ 曲线末尾直线段起点的压力。

4）固结度达90%所需时间 t_{90}：以 $s-\sqrt{t}$ 曲线初始直线段与沉降坐标（纵坐标）的交点作为理论零点，其延长段交于沉降稳定值的渐近线（横坐标）上，见图2.4-3的 x 段，再作与初始直线斜率1.13倍的直线，该直线与 $s-\sqrt{t}$ 曲线的交点所对应的时间为 t_{90}。

从理论上讲，在原位有效自重压力 p_0 之前，螺旋板没有或只有很小的沉降，但实际上往往有少量沉降产生，这可能与土体的扰动有关。因此，取 $p-s$ 曲线的直线段与 p 轴的交点作为 p_0 值。

（4）变形模量计算式：

$$E_{sc}=m_{sc}p_a\left(\frac{p}{p_a}\right)^{1-a_p} \tag{2.4-1}$$

可根据 $p-s$ 曲线求得变形模量系数 m_{sc}：

$$m_{sc}=\frac{A_p}{s}\frac{p-p_0'}{p_a}D_{sc}=\frac{A_p}{s}\frac{p_n}{p_a}D_{sc} \tag{2.4-2}$$

式中：E_{sc} 为螺旋板试验土的变形模量，kPa；m_{sc} 为变形模量系数，对正常饱和黏土一般为5～50；p_a 为标准压力，取100kPa；p 为单位压力，取直线段内任一压力值，kPa；a_p 为应力指数，超固结饱和土取1，砂与粉土取1/2，正常固结饱和黏土取0；A_p 为无量纲沉降系数，与 p_0、p_n 有关，查图2.4-4确定；s 为对应于施加压力的沉降量，cm；p_0' 为原位有效自重压力，kPa；D_{sc} 为螺旋承压板直径，cm。

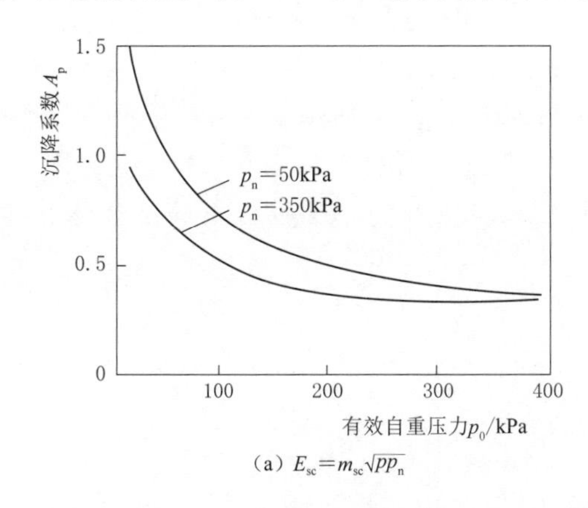

（a）$E_{sc}=m_{sc}\sqrt{pp_n}$

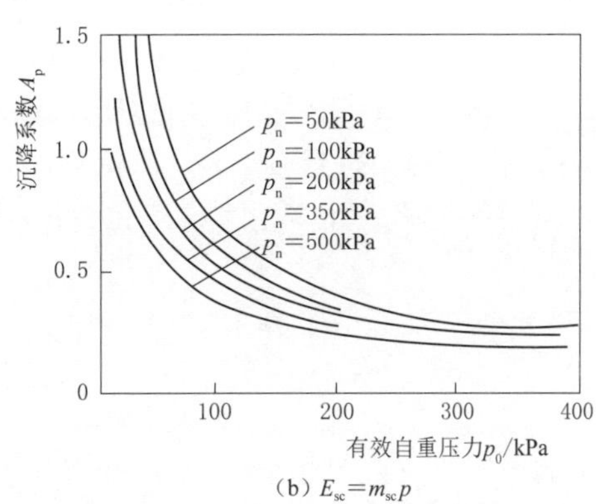

（b）$E_{sc}=m_{sc}p$

图2.4-4 沉降系数 A_p 值

在地层内部用螺旋板载荷试验的结果计算变形模量的理论模式如图2.4-5所示：螺旋板处于某一深度，该处的上覆有效自重压力为 p_0，作用在螺旋板上的附加压力为 p_n。在该种应力条件下，螺旋板下一直径为 D、厚度为 d_z 土体的变形量（即螺旋板的沉降量）s 应是有效上覆力 p_0、附加压力 $p_n=p-p_0$、螺旋板直径 D 和土的模量 E_{sc} 的函数，即

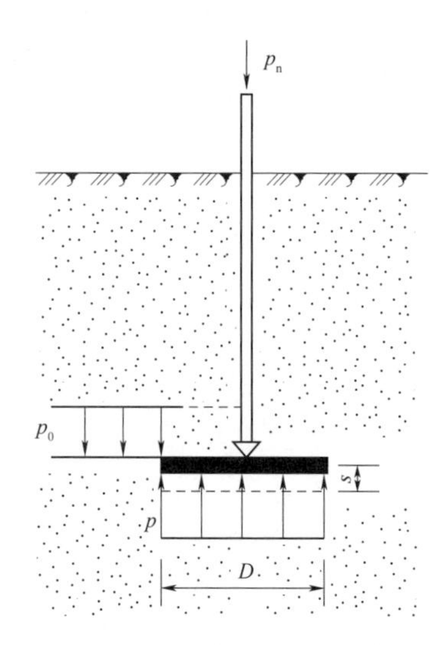

图 2.4-5 地层内圆盘沉降计算模式

$$s=\frac{A_p}{m_{sc}}\frac{(p'-p'_0)}{p_a}D=\frac{A_p}{m_{sc}}\frac{p_n}{p_a}D$$

或

$$m_{sc}=\frac{A_p}{s}\frac{(p'-p'_0)}{p_a}D=\frac{A_p}{s}\frac{p_n}{p_a}D \qquad (2.4-3)$$

式中：m_{sc} 为无因次的模量系数；A_p 为无因次的沉降系数，与 p_0、p_n 有关，可查标准图 2.4-4 (A_p)。

由于土的变形模量与土的类别、应力状态和应力水平有关，因而用一沉降系数 A_p 来统一沉降表达式；同时，用理想化的应力条件来定义模量而用无因次的模量系数 m_{sc} 来表示。这样，变形模量的普遍表达式即为

$$E_{sc}=m_{sc}p_a\left(\frac{p}{p_a}\right)^{1-a} \qquad (2.4-4)$$

一定的应力指数 a 对应于一定的土类和土的状态。若将应力指数 a 取值为 1、1/2、0 三个值，则相应的土类和土的状态如下：

1) $a=1$，则 $E_{sc}=m_{sc}p_a$。这意味着沉降系数 A_p 近似常数，约等于 0.72。常模量的概念显示土体具有弹性性质。这类土包括岩石、硬冰碛土、超固结土以及饱和黏性土的初始不排水条件。

2) $a=1/2$，相应于模量 $E_{sc}=m_{sc}\sqrt{p_a p}$。可以看出：沉降系数 A_p 随着 p_n 和 p'_0 的增加而减小，这种模量很大程度上相应于砂质土和粉质土，模量系数 m_{sc} 从 50 开始达到几百。

3) $a=0$，则 $E_{sc}=m_{sc}p$。可以看出，沉降系数 A_p 随着 p_0 的增加而急速减小。该种线性模量相应于正常固结的饱和黏土和很细的粉质土，模量系数 m_{sc} 可从 5 变化到 50。

上述三种典型土类的模量与应力状态的关系如图 2.4-6 所示。

根据地层内螺旋板载荷试验，测得载荷 p_n 与螺旋板的沉降值 s，再依据土类从图 2.4-4 中查得沉降系数 A_p，即可求得地层的变形模量系数 m_{sc}，最后利用 m_{sc} 求得变形模量 E_{sc}。

(5) 径向固结系数估算公式：

$$C_r=T_{90}\frac{R_{sc}^2}{t_{90}}=0.335\frac{R_{sc}^2}{t_{90}} \qquad (2.4-5)$$

式中：C_r 为径向固结系数，cm²/s；T_{90} 为相应于 90%固结度的时间因数，$T_{90}=0.335$；R_{sc} 为螺旋承压板半径，cm；t_{90} 为固结度达 90%所需的时间，s。

利用螺旋板载荷试验所观测的沉降随时间变化的曲线计算固结系数，即

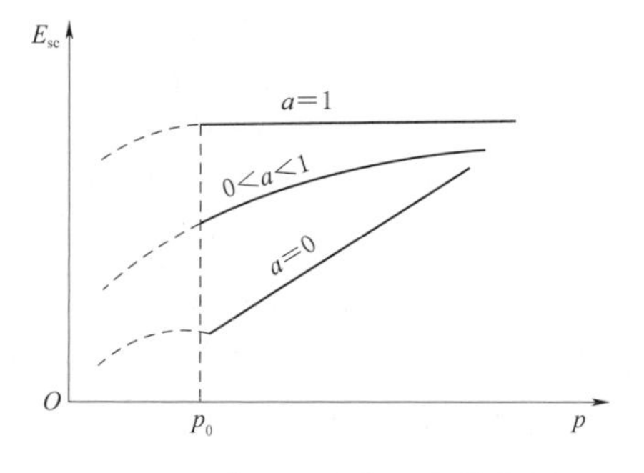

图 2.4-6 典型土类状态与模量关系

$$T_r = \frac{C_h}{R_{sc}^2} t \text{ 或 } C_h = \frac{T_r}{t} R_{sc}^2 \tag{2.4-6}$$

式中：T_r 为径向排水时间因数，为无因次数；C_h 为水平向固结系数，cm^2/s；R_{sc} 为螺旋承压板半径，cm；t 为荷载增加后的历时，s。

假定承压板下土层的边界条件如图 2.4－7 所示，则对已有的固结微分方程进行求解，得到固结度 U_r 与径向排水时间因数 T_r 的关系。因 T_r 与 U_r 都是无因次的，如将 U_r 与 T_r 的理论关系曲线同试验所得的 $s-\sqrt{t}$ 曲线相比较，就可以得出 T_r 与 t 的相应值，从而求得 C_h。

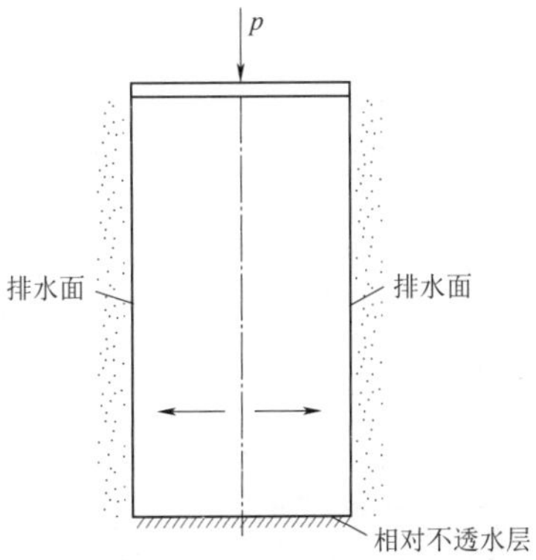

U_r 与 T_r 的理论关系，在固结度达 60%之前近似于抛物线，其表达式为

$$U_r^2 = C_r T_r \text{ 或 } U_r = C_r \sqrt{T_r} \tag{2.4-7}$$

固结度大于 60%时，时间因数 T_r 与固结度 U_r 的关系为

$$U_r = 1 - 0.692 e^{-5.78 T_r} \tag{2.4-8}$$

图 2.4－7　试验土层边界条件

当固结度 $U_r = 90\%$时，$T_r = 0.335$，因此有

$$C_r = T_{90} \frac{R_{sc}^2}{t_{90}} = 0.335 \frac{R_{sc}^2}{t_{90}} \tag{2.4-9}$$

2.5　工程应用实例

西藏尼洋河某坝址区河床砂砾石层由上至下可分为崩坡积块石碎石土层、冲积块石砂砾卵石层和冲积砂砾卵石层。按照设计要求，上面两层予以挖除，对第三层进行载荷试验。试验布置了 3 组试验点，其中 2 组试验点选择在河床平趾板的上游，1 组试验点选择在河床平趾板的下游。

试验层分布于河床底部，组成物质主要为卵石和砾石，干密度一般为 2.05～2.12g/cm^3。根据钻孔动力触探、抽水试验、声波测试和旁压试验，该层的物理力学参数指标为：允许承载力 0.5～0.6MPa，渗透系数 30～80m/d，变形模量 40～60MPa，剪切波速 410～480m/s，剪切模量 35.3～48.38MPa，泊松比 0.38～0.39，孔隙比 0.26～0.32，呈密实～中等密实状态。

2.5.1　试验方案

（1）试验最大压力确定。根据设计最大坝高确定载荷试验的最大压力不小于 3.0MPa。

（2）试验设备。试验采用堆载法，试验中采用的基本设备如下：

1）承压板。采用了直径 1.0m（面积 0.785m^2）、厚度 30mm 的两块圆形承压板，承压板具有足够的刚度。

2）载荷台。根据载荷试验最大压力，载荷台上堆载的重量接近 300t，搭建了 6.5m×9m 的载荷台。

3）加荷及稳压系统。采用 3 个 150t 和 1 个 300t 的千斤顶。将千斤顶、高压油泵、稳压器分别用高压油管连接构成一个油路系统，通过传力柱将压力稳定地传递到承压板上。

4）观测系统。采用 2 根长 6m 工字钢作为基准梁，利用 4 套百分表（带磁性表座）观测承压板的沉降量。

5）荷载。借用其他分项工程使用的钢板做荷载，提高了加载效率。

（3）加载方式及试验过程控制。载荷试验加荷方式采用分级沉降相对稳定法的加载模式，加荷等级分 10 级，每级施加 0.3MPa。在试验大纲中初步确定。当出现下列情况之一时终止试验：

1）承压板周边的土层出现明显的侧向挤出，周边的土层出现明显隆起或径向裂缝持续发展。

2）本级荷载产生的沉降量大于前级荷载的沉降量的 5 倍，荷载与沉降量（$p-s$）曲线出现明显陡降。

3）达到最大试验应力 3.0MPa（由于试验土石料层模量较高，3 组试验最终均达到最大试验应力 3.0MPa 才中止）。

2.5.2 试验结果

（1）获取的 3 组试验的 $p-s$ 曲线如图 2.5-1～图 2.5-3 所示。

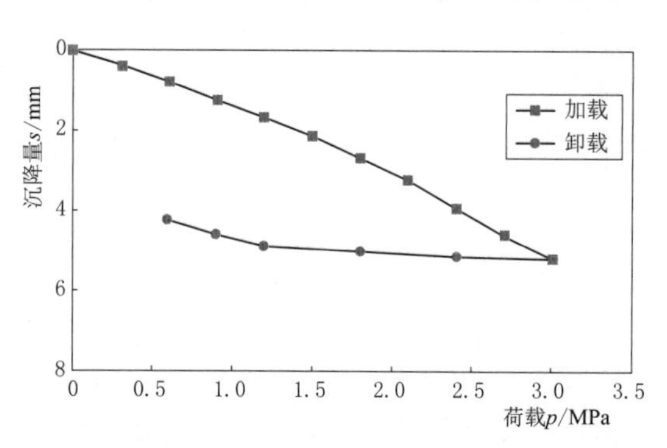

图 2.5-1　1 号试验点 $p-s$ 曲线

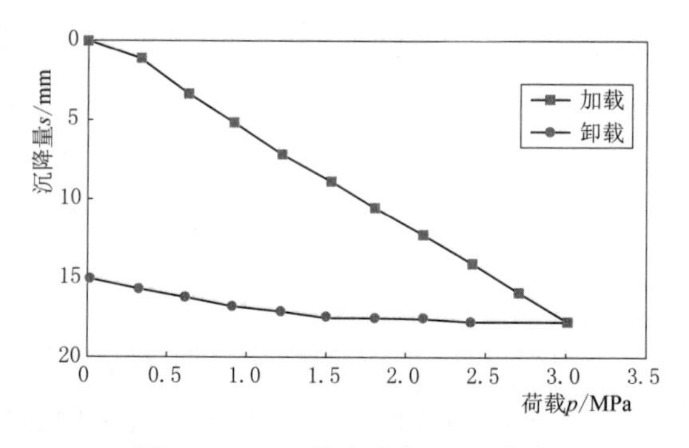

图 2.5-2　2 号试验点 $p-s$ 曲线

（2）试验 $p-s$ 曲线分析。根据试验成果绘制 $p-s$ 曲线。按照曲线确定出粗粒土的比例极限、屈服极限和极限荷载，并根据比例极限计算粗粒土的变形模量值，计算公式为

$$E_0=\frac{\pi}{4}\cdot(1+\nu^2)\cdot\frac{p_d}{W_0} \tag{2.5-1}$$

式中：E_0 为砂砾石层变形模量，MPa；p_d 为作用于试验面上的比例极限，MPa；ν

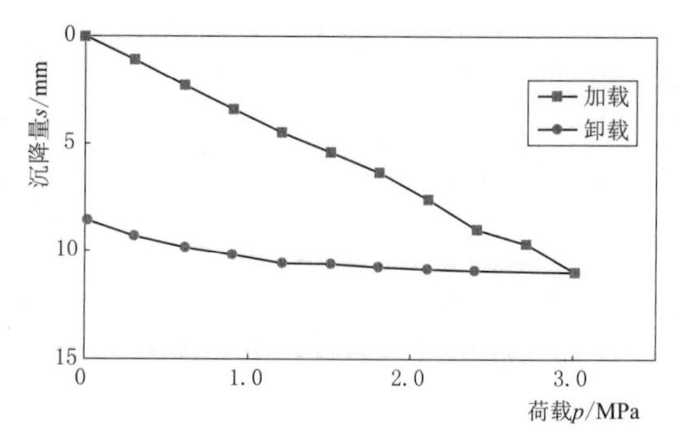

图 2.5-3　3 号试验点 $p-s$ 曲线

为泊松比；W_0 为砂砾石层对应于比例极限的变形，cm。

从 $p-s$ 曲线可以看出，在进行的3组试验中，0～3MPa 加载范围内 $p-s$ 曲线基本呈线性变化，并没有出现明显的拐点，即在设计荷载3MPa内，可以采用最大值3MPa计算其变形模量。

关于承载力特征值的确定，《建筑地基基础设计规范》（GB 50007—2011）有下列要求：

1）当 $p-s$ 曲线上有比例极限时，应取该比例极限所对应的荷载值。

2）当极限荷载小于对应比例极限的荷载值的2倍时，取极限荷载值的一半。

3）当不能按上述两项要求确定时，压板面积为 $0.25\sim0.50m^2$ 时可取 $s/b=0.01\sim0.015$ 所对应的荷载，但其值不应大于最大加载量的一半。

直接使用上述规定有一定的困难，而且不一定合理。《建筑地基基础设计规范》（GB 50007—2011）是针对建筑基础的规定，其对载荷板面积的基本要求为 $0.25\sim0.50m^2$。《土工试验规程》（SL 237—1999）虽然是针对水利工程的规定，但对载荷板面积的要求仍沿用了 $0.25\sim0.50m^2$ 的要求。

本书认为，由于砂砾石层的粒径大，且水利水电试验要求的荷载往往为3MPa甚至更高。当确定承载力特征值无法按比例荷载或极限荷载确定时，深厚砂砾石层大型平板载荷试验其控制值采用"最大加载量的一半"，这是明显保守的。

建筑地基确定承载力时，须考虑条形基础或复合地基的变形稳定性。而对于水利水电高坝工程，其坝体部分受到坝肩的约束，坝基更接近于半无限体，在自重与水压力的作用下虽然可能发生一定的沉降量，但并不能造成不可控制的变形失稳。因此，取承载力特征值为"最大加载量的70%"较合理，也能够保证工程的安全。根据上述分析，该工程平板载荷试验结果见表2.5-1。

表2.5-1　　平板载荷试验结果

试验点编号	最大荷载/MPa	最大沉降量 s/mm	变形模量/MPa	荷载 p（最大荷载的70%）/MPa
1	3.0	5.12	431	2.10
2	3.0	18.04	123	1.65*
3	3.0	10.85	204	2.10

* 2号试验点当 $p=1.65$MPa 时，沉降量 $s=10$mm。

根据表2.5-1可知：在所进行的3组试验中，0～3MPa 加载范围内，$p-s$ 曲线基本呈线性变化，并没有出现明显的拐点，即在设计荷载3MPa内，以最大值3MPa的70%计算其变形模量，得出3个点的变形模量分别为431MPa、123MPa、204MPa，与以往由旁压试验得出的变形模量值相当。

由于试验采用的砂砾料强度较高，无法按照比例荷载与极限荷载确定承载力，取试验最大加载值的50%，即1.5MPa为承载力标准值，此值大大高于以往由重型动力触探试验得出的承载力。

第 3 章

原位直剪试验

3.1 适用范围

砂砾石地层原位直剪试验适用于承受水平作用力较大的闸、坝的水利水电工程；对于其他类似工程，如挡土建筑物等，应根据实际情况决定试验方法，如浸水时间和剪切方式等。当砂砾石地层为不均匀土层时，还应注意沿软弱层的抗滑稳定性，比如在计算软基上混凝土闸、坝的稳定性时，除分析砂砾石地层中软弱土层的浅层或深层滑动外，还应核算建筑物沿地基表面的水平滑动，这时必须要有混凝土和砂砾石地基土之间的抗滑强度指标。

原位直剪试验根据工程地质条件、工程荷载特点、可能发生的剪切破坏模式、剪切面的位置及方向、剪切面的应力条件，选择相应的试验方法。

通常砂砾石地层的原位剪切试验可分为沿剪切面剪切破坏的抗剪断试验（图 3.1-1）和抗切试验（法向应力为 0，图 3.1-2）。原位直剪试验由于试验的砂砾石地层试体比室内试样大，能包含宏观结构的变化，所以试验条件接近工程实际情况。

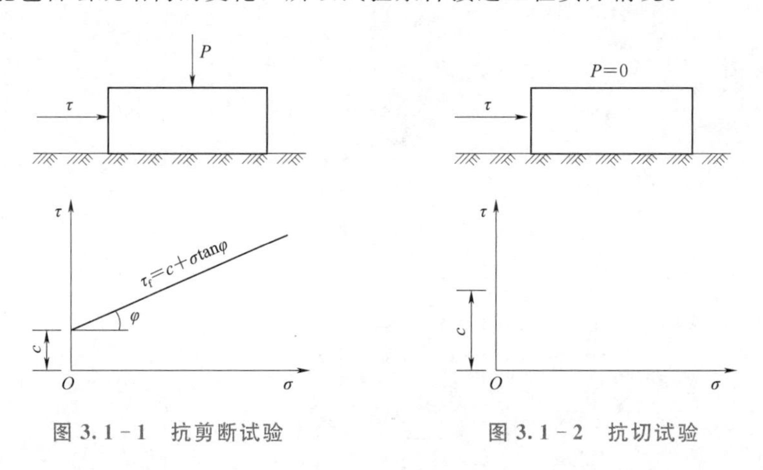

图 3.1-1 抗剪断试验　　图 3.1-2 抗切试验

原位直剪试验可在试坑、探槽或大口径钻孔内进行。同一组试验体的砂砾石地层应基本相同，受力状态应与地层在工程中的实际受力状态相近。

3.2 仪器设备

（1）试验所用的仪器设备主要有垂直加荷装置、水平推力（拉力）装置、剪切盒、水平及垂直位移计。

（2）试验所用的仪器设备具体要求如下：

1）附压力表的千斤顶 4～6 个，出力为 150～200kN，压力表为 1.5 级，经称量的加重物若干块。

2）拉力计：量程为0～100kN，最大允许差值为±1.0%F.S.。

3）百分表2～4个，量程10～25mm，分度值0.01mm。

4）牵引及导向设备：钢丝绳、滑轮、三脚架、锚座等。

5）其他设备：加荷台、起重葫芦、秒表、土锚、工字梁、槽钢、垫块、滚珠轴承、链条钳。

3.3 操作步骤

（1）同一组试验体的土性要求基本相同，受力状态必须与土体在工程中的受力状态相近。

（2）开挖试坑时，不可对试体产生扰动，尽量保持土体结构及含水率不产生显著变化。在地下水水位以下进行试验时，应避免水压力及渗流对试体的影响。保持砂砾石地层试体的原状结构不被扰动是非常重要的，这是原位直接剪切试验的最主要的优点。

（3）每组试验土体不少于3个。剪切面积不小于0.3m^2，高度不小于20cm或为最大土粒粒径的4～8倍，剪切面开缝为最小粒径的1/4～1/3。土体试样一般以圆柱体为宜，也可采用方柱体，其尺寸可根据土的不均匀程度及最大粒径确定。

（4）将修整好的试体在顶面放上盖板，周边套上剪切盒，剪切盒与试样间的间隙采用膨胀快凝水泥砂浆填充，剪切盒底边在剪切面以上留适当的间隙。（注：给削好的试体套上剪切盒，试体与剪切盒之间的间隙采用砂或砂浆填充密实，这样能更好地传递垂直压力和剪切力。）

（5）施加的法向压力、剪切压力须位于剪切面、剪切缝的中心，或使法向压力与剪切压力的合力通过剪切面的中心，并保持法向压力不变。

（6）最大的法向压力应大于设计荷载，并按等量分成4～5个压力进行试验。法向压力施加方法如下：

1）当采用重物加荷时，可先在土试体上搁置加荷平台，均匀地逐渐加上重物。避免加荷时发生偏心现象。

2）当采用千斤顶加荷时，安装好反力装置，按顺序装上千斤顶和滚轮及滑轨，必须保证试验全过程中作用力位于试体的中心。

（7）施加法向压力后，让土体在此压力下进行压缩，并用百分表量测法向变形量。当法向变形量每小时小于0.01mm时，即达到相对稳定后，架设测试剪向位移的百分表后即可开始剪切。

（8）剪切时，适当选择施加剪应力的速率。施加每级剪切压力一般是按预估最大压力的8%～10%分级等量施加，或按法向压力的5%～10%分级等量施加，一般每隔30s施加一级剪切荷载。

（9）在施加每一级剪应力时，均须测记剪切力和土试块的剪向位移量及法向位移量，且位移量在加下一级剪应力前测试，同时观察周围土的变形现象。当剪切变形急剧增长或剪切变形量达试体尺寸的1/10时，即认为土体已经破坏，此时停止试验。

（10）试验停止后，掀开剪切盒及试样土块，记录剪切面的形态、土体的结构特征或软弱面的发育特点，并进行素描或照相。

（11）测定不同垂直压力下试块的抗剪强度。当需要时可沿剪切面继续进行摩擦试验。

3.4 资料整理与分析

（1）作用于试块上的法向应力 σ 的计算方法。

1）采用重物加载法计算：

$$\sigma=\frac{W}{A_0}\times 10 \tag{3.4-1}$$

式中：σ 为作用于试块上的法向压力，kPa；W 为作用于加荷台上的轴向总荷载，N；A_0 为试体或混凝土试块的面积，cm^2。

2）采用千斤顶加载法计算：

$$\sigma=\frac{pa_h}{A_0} \tag{3.4-2}$$

式中：p 为单位压力，即垂直千斤顶上压力表的读数，kPa；a_h 为千斤顶活塞面积，cm^2。

（2）土体的剪应力 τ 或抗滑强度 S 计算：

$$\tau=\frac{F_H}{A}\times 10 \text{ 或 } S=\frac{F_H}{A}\times 10 \tag{3.4-3}$$

式中：F_H 为试体或地基土破坏时的剪切力（当采用滑轮组加荷时，根据滑轮组合计算求得，当用千斤顶加载时，则为水平千斤顶上压力表的读数乘千斤顶活塞面积），kN；A 为试体（混凝土试块）的面积，cm^2。

（3）绘制剪应力与剪切位移（$\tau-\Delta L$）曲线（图 3.4-1），根据曲线特征，确定有关强度参数。按现行国家标准《岩土工程勘察规范》（2009 年版）（GB 50021—2001）的规定，确定比例强度 τ_e、残余强度 τ_p 和峰值强度 τ_f。

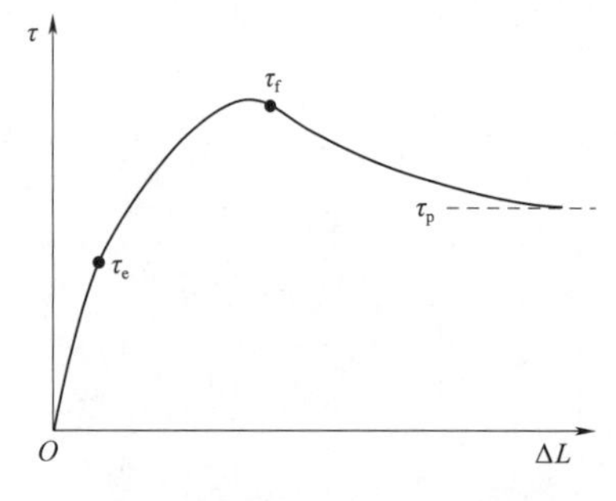

图 3.4-1 剪应力与剪切位移曲线

比例强度定义为 $\tau-\Delta L$ 曲线直线段的末端相应的剪应力。在比例强度前，剪切位移很小，比例强度后，剪切位移增加很大，用该特性来确定比例强度。

如果 $\tau-\Delta L$ 曲线没有直线段，这时应确定屈服强度。可以用剪切位移和垂直位移曲线特征来辅助确定，如图 3.4-2 所示，其中有两种情况：①垂直位移逐渐变小，当增量接近于 0 时相应的剪应力值，即为屈服强度，如图 3.4-2（a）所示；②垂直位移从正值（试体压缩）变为负值（试样剪胀）时相应的剪应力值，即为屈服强度，如图 3.4-2（b）所示。峰值强度和残余强度是容易确定的。

关于抗滑混凝土试块开始滑动的水平力的选择问题，原则上是按 $\tau-\Delta L$ 曲线上的峰点确定。但是曲线上有时没有明显的峰值或转折点。一般以出现下列情况作为试块开始滑

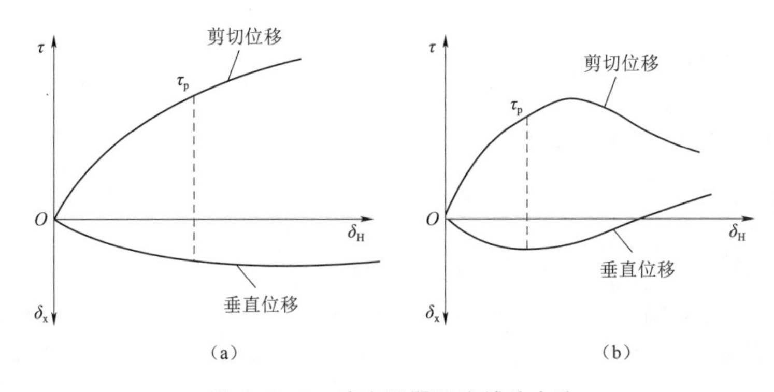

图 3.4-2　确定屈服强度辅助方法

动的特征：①水平力不增大，而水平位移呈直线增加，此点以前无明显位移。②水平力不断增大的同时，水平位移突然猛增；或水平力减小，而位移继续增大，在曲线上呈现明显的弯曲部段。③当曲线上有两个以上明显的弯曲部段，则参照重复试验曲线作综合分析。

（4）根据不同垂直压力的试验，以抗剪强度（一般为峰值强度）为纵坐标，垂直压力为横坐标，绘制抗剪强度与垂直压力关系曲线（图 3.4-3），确定相应的强度参数 c、φ。

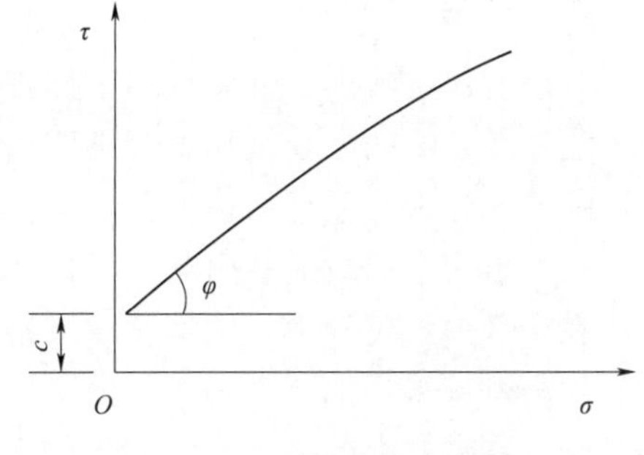

图 3.4-3　抗剪强度与垂直压力关系曲线

原位直接剪切试验表明：土体在剪切力作用下发生破坏的过程一般分为三个阶段：第一阶段是剪应力从 0 到比例强度 τ_e，这一阶段为弹性（或准弹性），剪应力和位移曲线为直线（或接近直线），试体开始产生裂隙；剪应力从 τ_e 一直增加到 τ_f（峰值强度）属于第二阶段，这一阶段是剪切破裂面发展和增长，当剪应力达到 τ_f 时，剪切面上就达到完全破坏；第三阶段，从 τ_f 开始强度不断降低，最终达残余强度，如图 3.4-4 所示。将不同垂直压力（即正应力 σ）条件下所得的不同强度值绘制成相应的曲线，即可得出相应的强度参数 c、φ。从图 3.4-4 可以看出：残余强度是失去黏聚力而仅有摩擦力的强度。

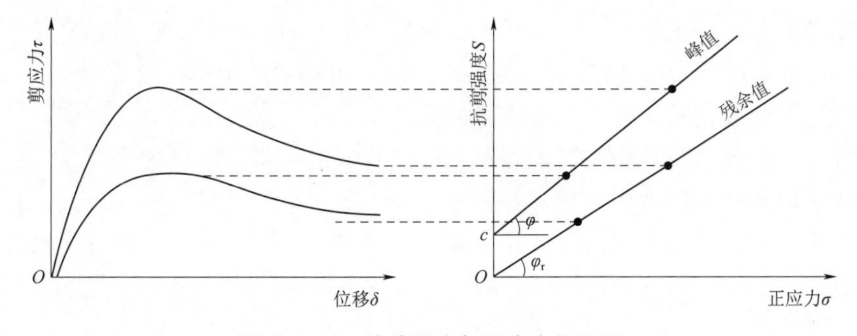

图 3.4-4　抗剪强度与正应力的关系

3.5 工程应用实例

选取兰州城市轨道交通 1 号线一期工程地层进行试验。

3.5.1 试验地层

（1）全新统砂砾石（Q_4）。杂色，泥质微胶结，结构密实，局部夹有薄层或透镜状砂层。该层漂石和卵石含量占 50%～65%，一般粒径 3～7cm，漂石含量较少；圆砾含量占 10%～20%，中粗砂充填。卵石、圆砾母岩成分主要为砂岩、花岗岩、石英岩、硅质岩、燧石等。级配不良，磨圆度较好、分选性较差。

（2）下更新统砂砾石（Q_1）。杂色，泥质微胶结，结构密实，局部夹薄层或透镜状砂层。该层漂石和卵石含量占 50%～62%，一般粒径 3～7cm，漂石含量较少；圆砾含量占 10%～25%；中粗砂充填。卵石、圆砾母岩成分主要为砂岩、花岗岩、石英岩、硅质岩、钙质泥岩、燧石等。级配不良，磨圆度较好、分选性较差。

3.5.2 试验方法

砂砾石层抗剪强度试验采用平推直剪法（图 3.5－1），即剪切荷载平行于剪切面施加的方法。在每组的 4 个试样上分别施加不同的竖直荷载，等变形稳定开始施加水平荷载，水平荷载的施加按照预估最大剪切荷载的 8%～10%分级均匀等量施加，当所加荷载引起的水平变形为前一级荷载引起变形的 1.5 倍以上时，减荷按 4%～5%施加，直至试验结束。在全部剪切过程中，垂直荷载应始终保持为常数。

加力系统采用油泵（装有压力表）和千斤顶，位移用百分表测量。通过加力系统压力表和安装在试样上的测表分别记录相应的应力和位移，图 3.5－2 为原位剪切试验仪器布置情况。

考虑试验加载系统和计量系统的复杂性，且智能性较低，下一步将对加压系统、位移测量和测力系统进行数字化改良和集成，提高原位剪切试验工作效率和降低成本，达到对砂卵砾石层抗剪强度指标快速、高效获取的目的。

3.5.3 试验过程

（1）试样制备：开挖加工新鲜试样，试样尺寸为 50cm×50cm×30cm，其上浇注规格为 60cm×60cm×35cm 的加筋混凝土保护套。同一组试样的地质条件应尽量一致。

（2）仪器安装及试验：首先安装垂直加荷系统，然后安装水平加荷系统，最后布置安装测量系统。检查各系统，安装妥当即可开始试验，记录各个阶段的应力及位移量。

（3）试验成果整理：试验完成后根据剪应力（τ）及剪应变（ε）绘制 $\tau-\varepsilon$ 曲线，再根据曲线确定抗剪试验的比例极限（直线段）、屈服极限（屈服值）、峰值，然后分别按照各点的正应力（σ）绘制各阶段的 $\tau-\sigma$ 曲线，最后由库仑公式：

$$\tau=f\cdot\sigma+c \tag{3.5-1}$$

确定出土体抗剪过程中各阶段的内摩擦系数（f）及黏聚力（c）。

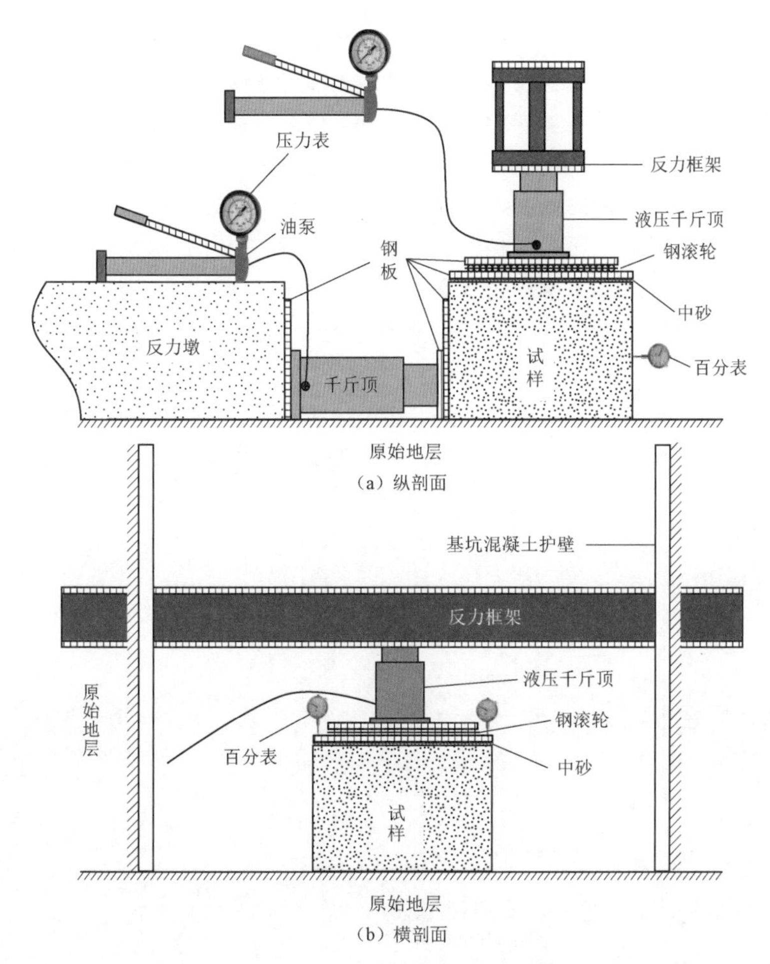

图 3.5-1　原位剪切试验示意图

图 3.5-2　原位剪切试验仪器布置

3.5.4　试验结果

1. 应力应变特性

对砂砾石层进行不同深度原位剪切试验，试验剪应力-剪切位移曲线如图 3.5-3 所示。从图 3.5-3 中可以看出，随着试验深度的增加，砂砾石层发生屈服破坏时，剪切位移逐渐减小。这是由于土体发生破坏前所能产生位移的空间随深度增加而减小，即随着深度增加，土体的孔隙减小，密实度增加。由此推断出，砂砾石层随着深度增加，更易发生塑性变形破坏。图 3.5-3 曲线显示，砂砾石层的剪应力随剪切位移增加而增加，但增加速率越来越慢，最后逼近一条渐近线。在塑性理论中，试验砂砾石层的应力-应变曲线属于位移硬化型。由于砂砾石层在沉积过程中，长宽比大于 1 的片状、棒状颗粒在重力作用下倾向于水平方向排列而处于稳定的状态；另外，在随后的固结过程中，竖向的上覆土体重力产生的竖向应力与水平土压力产生的水平应力大小是不等的。在试验中，体应变只能是由剪应力引起的，由于剪应力引起土颗粒间相互位置的变化，使其排列发生变化而使颗粒间的孔隙加大，从而发生了剪胀。而平均主应力增量 Δp 在加载过程中总是正的，土颗粒趋于恢复到原来的最小能量的水平状态，剪切过程中剪应力要克服砂砾石层的原始状态，在达到峰值强度后，剪应力未随应变增加而下降。

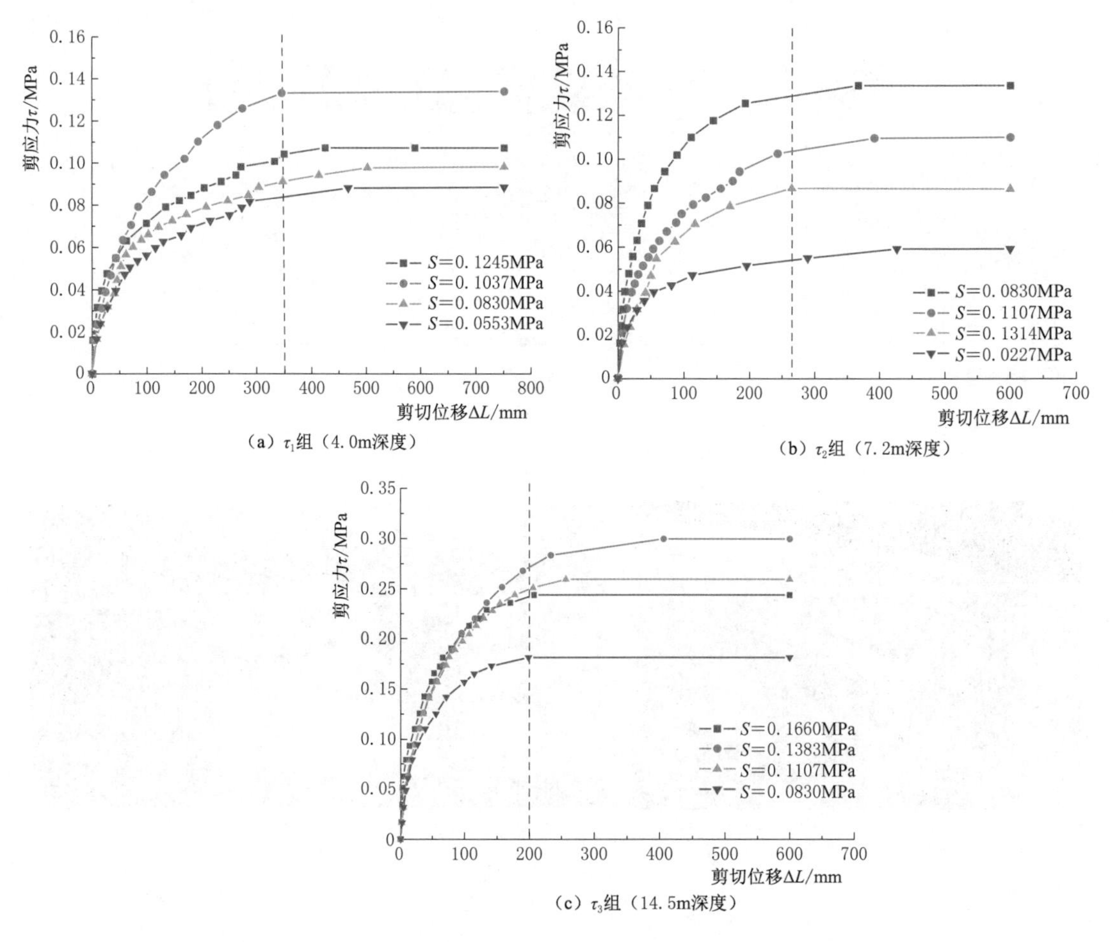

图 3.5-3　不同深度砂砾石抗剪试验 $\tau-\Delta L$ 曲线（S 为垂直压力）

2. 抗剪强度特性

砂砾石层是卵砾石等粗颗粒作为骨架、细颗粒填充其中的堆积体。当其受到剪切应力的时候，砂砾石沿着剪应力的方向相互挤压、错动，在剪应力达到一定程度时，其原有土体结构遭到破坏。图 3.5－4 为三组砂砾石剪切试验的 $\tau-\sigma$ 曲线，通过曲线可以获得三组试验的砂砾石抗剪强度参数，见表 3.5－1。

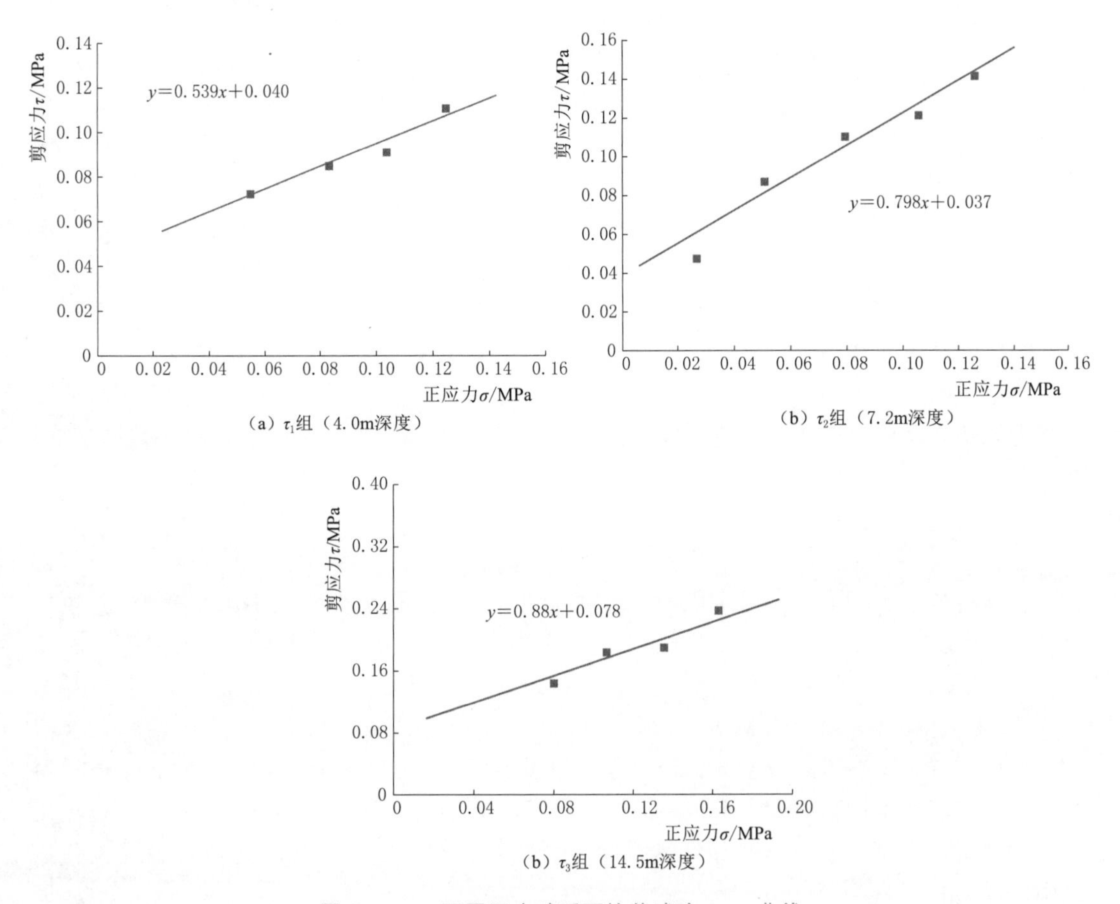

图 3.5－4　不同深度砂砾石抗剪试验 $\tau-\sigma$ 曲线

表 3.5－1　抗剪强度试验成果汇总表

试验编号	试验深度 /m	含水量 ω/%	天然密度 ρ/(g/cm^3)	干密度 ρ_d/(g/cm^3)	孔隙比 e	饱和度 S_r/%	抗剪参数		初始剪切应力 τ_0/kPa
							f	c/kPa	
τ_1	4.0	3.1	2.19	2.12	0.274	30.5	0.54	40.0	25.6
τ_2	7.2	3.0	2.17	2.11	0.282	28.9	0.80	37.0	36.7
τ_3	14.5	8.0	2.28	2.11	0.279	77.4	0.88	78.0	36.2

一般散体材料都有一定的黏结性，由于土体表观黏聚力，即由吸附强度或土颗粒之间的咬合作用形成的不稳定黏聚力，本身就具有一个初始的剪切应力 τ_0。在理想的散体材料中，$\tau_0=0$ 时，抗剪角等于内摩擦角。在一般土体中，根据具有黏结性的散体材料应力图，可以求得初始剪切应力 τ_0。

$$\tau_0=\frac{h_0\rho g}{2}\tan\left(45°-\frac{\varphi}{2}\right)=\frac{h_0\rho g}{2(f+\sqrt{1+f^2})} \tag{3.5-2}$$

式中：h_0 为材料垂直壁的最大高度，m，反映材料黏性；ρ 为堆积密度，kg/m^3；g 为重力加速度，m/s^2；φ 为摩擦角，(°)；f 为抗剪系数。

表 3.5-1 中的数据显示，采用上式计算出的 τ_0 明显小于由图解法得到的土体表现黏聚力 c 值，且试验深度在 4.0m 和 14.5m 时，明显小于 c 值。假定砂砾石中含的黏粒、含水率一定时，土体中的黏聚力变化不大，当砂砾石离地面越近，密实度越小，颗粒的接触面积相对较小，其表观黏聚力中由咬合作用形成的不稳定黏聚力占的比例较大；当土层深度较大时，密实度越大，颗粒的接触面积相对较大，但颗粒咬合得更加紧密，其表观黏聚力中由咬合作用形成的不稳定黏聚力也会占较大比例。这表明在抗剪切强度参数中咬合力在砂砾石松散和密实两个情况下对表观黏聚力影响较大。影响抗剪强度的因素取决于颗粒之间的内摩擦阻力和黏聚力。对于砂砾石等粗粒土的黏聚力问题，一般认为颗粒间无黏聚力。但由于颗粒大小相差悬殊，充填中颗粒间相互咬合嵌挂，在剪切过程中外力既要克服摩擦力做功，又要克服颗粒间相互咬合嵌挂作用做功，所以无黏性粗粒土在剪切过程中存在咬合力。

3.5.5 理论分析

砂砾石地层实际上是一种非典型的“混合土”，即乱石土中粒径小于 0.075mm 颗粒含量小于 25%，但部分中间粒径缺乏的土。作为一类混合土，其砂砾石地层试验方法及力学参数取值是土力学和工程领域中的一个重要问题。

1. 粗粒土与细粒土孔隙结构的理想模式

粗粒土有其不同于细粒土的结构特征：粗粒径的卵、砾石形成骨架，细粒径的砂和粉粒、黏粒充填在粗粒孔隙中，形成基质。卵、砾石和砂主要提供摩擦力；粉粒、黏粒主要提供黏聚力，摩擦力很小。两种粒径范围不同的颗粒混合时，细颗粒充填在粗颗粒孔隙之中。

图 3.5-5 为不同含量粗粒土与细粒土孔隙结构的理想模式图。当混合土完全由粗粒组成时，颗粒直接接触，颗粒之间为空气孔隙 [图 3.5-5 (a)]，此时混合土的抗剪强度为粗粒土颗粒的摩擦强度。当细粒土含量达到某一临界值时，细粒土全部充填在粗粒土颗粒之间的大孔隙中，粗粒土颗粒处于准接触状态，接触点上存在局部细粒土膜，该土膜得到强烈压实 [图 3.5-5 (b)]，此时，混合物的抗剪强度受到粗粒土和细粒土的共同控制。继续增大细粒土含量，细粒土会占据粗粒土颗粒接触点之间的空间，粗粒土颗粒将彼此膨胀分离，处于“悬浮”状态 [图 3.5-5 (c)]，此时混合物的强度主要由细粒土控制，粗粒土颗粒间因为不接触，几乎不提供摩擦力。

2. 粗颗粒含量对混合土强度的影响

已有的抗剪强度试验结果表明，混合土强度控制因素变化不是一个阈值，而是一个区间，见表 3.5-2。粗颗粒含量对混合土强度的影响反映了混合土结构形式对强度指标的影响，随着粗颗粒含量的增长，混合土的结构从典型的悬浮密实结构逐步转变为骨架密实结构，并最终变为骨架孔隙结构。不同结构形式的混合土强度存在明显的差异。许多学者

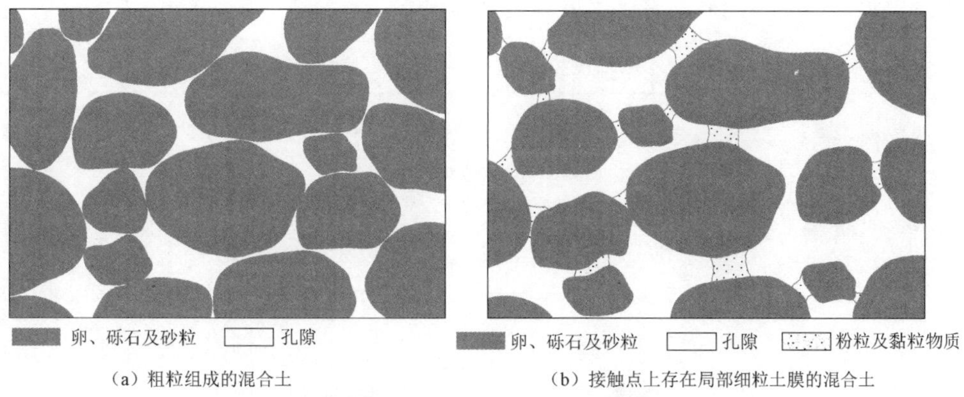

(a) 粗粒组成的混合土　　(b) 接触点上存在局部细粒土膜的混合土

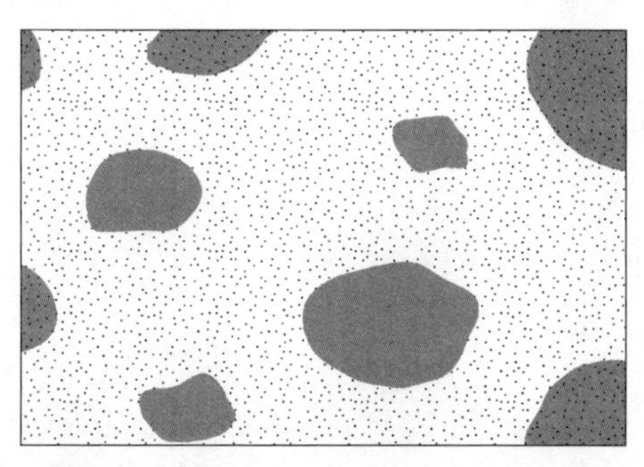

(c) 粗粒土颗粒分离的混合土

图 3.5-5 不同含量粗粒土与细粒土孔隙结构的理想模式图

的研究指出，在同等条件下，强度指标随大粒径颗粒所占的比例增大而增大。当粗粒含量小于30%时，混合土处于图3.5-5 (c) 的悬浮密实结构状态，即使有少量的大颗粒，对强度指标的影响也不大；当粗粒含量为30%～70%时，混合土处于图3.5-5 (b) 骨架密实结构，混合土的强度指标随大颗粒含量增长而增长；当粗粒含量大于70%时，混合土的抗剪强度主要由粗颗粒的摩擦强度提供。

表 3.5-2 影响抗剪强度指标变化的粗颗粒含量界限值

试验编号	粗颗粒含量低值	粗颗粒含量高值	试验编号	粗颗粒含量低值	粗颗粒含量高值
1	30%	60%	4	40%	—
2	30%	70%	5	—	65%～70%
3	50%	70%	6	20%	60%

3. 兰州城市轨道交通1号线一期工程沿线卵石层剪切强度对比分析

在勘察成果中，砂卵石地层的抗剪强度参数一般来源于地区经验、规范和手册的建议值、室内大型剪切试验和原位剪切试验。地区经验、规范和手册都是在大量统计数据基础上总结出来的，基本满足大部分工程对抗剪强度参数的需要。室内试验破坏了地层原始应力环境和结构，一般情况下得出的参数偏于保守。原位剪切试验基本保持了砂砾石的天然状态和原始结构，试验结果比较符合实际，可信度高。表3.5-3是规程和手册中给出的部分水电工程和兰州当地卵砾石层强度参数经验值。

表 3.5-3　　部分水电工程和兰州当地卵砾石层强度参数

工程名称	土类名称	变形模量/MPa	抗剪强度	
			c/kPa	φ/(°)
锦屏二级水电站	含孤块石卵砾石层（Q_4）	42～46	0	29～30
	含漂卵砾石层（Q_3）	52～56	0	30～31
桐子林水电站	含漂卵砾石层（Q_4）	50～60	0	27～29
	含漂卵砾石层（Q_3）	50～60	0	27～29
双江口水电站	砂卵砾石	30～35	0	26～28
	漂卵砾石	50～55	0	30～32
福堂水电站	漂卵砾石	55～65	0	30～31
阴坪水电站	砂卵石	40～50	0	30～32
	含漂砂卵石	50～60	0	30～35
兰州市基坑规程建议值	稍密卵石土	—	0	30～35
	中密卵石土	—	0	35～40
	密实卵石土	—	0	40～45

兰州市黄河两岸Ⅰ级阶地、Ⅱ级阶地、漫滩区及黄河河床，地形平坦，上部普遍分布第四系全新统冲洪积砂卵石层；在七里河断陷盆地第四系全新统冲洪积砂卵石层下为第四系下更新统半胶结巨厚砂卵砾石层，厚度大。根据兰州城市轨道交通1号线一期工程原位大型剪切试验成果，对1号线沿线第四系全新统冲洪积砂卵石层成果进行了统计，具体见表3.5-4和表3.5-5。

表 3.5-4　　兰州城市轨道交通1号线沿线 Q_4 卵石层抗剪强度统计成果

试验编号	场地	试验深度/m	摩擦角 φ/(°)		似黏聚力 c/kPa	
			峰值强度	残余强度	峰值强度	残余强度
1	陈官营	7.2	41.3	38.7	48	37
2	世纪大道	7.2	43.5	39.0	52	32

表 3.5-5　　兰州轨道交通1号线沿线 Q_1 卵石层抗剪强度统计成果

试验编号	场地	试验深度/m	摩擦角 φ/(°)		似黏聚力 c/kPa		备注
			峰值强度	残余强度	峰值强度	残余强度	
1	大滩	4.0	54.46	50.43	89	72	胶结卵石
2	世纪大道	14.5	48.7	41.3	105	78	

通过表3.5-3、表3.5-4和表3.5-5可以看出，密实状态的卵石土地层其内摩擦角建议值为40°～45°，似黏聚力建议值为0；通过原位剪切试验得到内摩擦角试验值为

41.3°～48.7°，似黏聚力试验值为48～105kPa，在此基础上建议值较规程建议值均可适当提高，释放抗剪指标的安全裕度，这对节省工程投资具有重要意义。

综上所述，通过砂砾石地层原位剪切试验研究，从其抵抗剪切变形机理出发，并结合不同深度砂砾石地层进行了粗粒土料的剪切试验，获得了在不同应力状态下砂砾石层的剪应力与应变曲线、剪切强度曲线以及相应的抗剪强度参数；揭示了砂卵石地层在推剪状态下的变形与破坏规律，为进一步研究粗粒土这种砂砾石地层混合介质的力学特性提供了科学数据。

砂砾石地层等粗粒土抗剪强度指标与粗粒土的物理特性、应力状态、测试方法及强度理论等相关。由于粗粒土具有物质组成的多样性、颗粒结构的不规则性以及试样的难以采集性等固有特征，要确定其强度指标较为困难。目前，砂砾石地层等粗粒土抗剪强度的研究适宜的方法如下：

（1）采用并对比分析原位试验、室内大型直剪试验和三轴试验等方法，分析归纳不同材料力学性质和试验结果。

（2）通过对试验仪器进行改良，探讨新仪器对研究精度的提高作用，以及试验条件的适用性；由于砂砾石地层的原状试样很难获得，其天然应力状态的强度指标难以通过室内的试验设备测得。野外大尺度原位试验是揭示砂砾石层这类非均质复杂地质介质力学特性的一种有效办法。

（3）在试验基础上对试验过程可进行有限元数值模拟，分析计算模型的破坏过程，进而总结归纳或提出有针对性的本构关系。由于受地质条件、胶结程度、粒度分布范围及颗粒粒径等因素的影响，砂卵石地层等粗粒土的力学性质一般表现出明显的非线性。

第 4 章

旁压试验

河床深厚砂砾石层旁压试验是在钻孔中，通过对测试段孔壁施加径向压力使地基土体相应变形，测得土体压力与变形关系的一种原位测试方法的统称。

20世纪90年代以来，旁压仪技术有了较大的发展，压力和变形的记录方式及压力管道系统已有较大改进。

目前旁压仪类别很多，可考虑地质条件与钻探或其他原位测试手段结合选用。旁压仪根据其旁压器置入土体的方式不同，主要有预钻式旁压仪、自钻式旁压仪、压入式旁压仪、排土式旁压仪和扁平板旁压仪。国内以预钻式为主，自钻式旁压试验也常有使用，压入式旁压试验少有应用。目前使用的旁压仪除国内产品外，也有法国、加拿大、日本等国外产品，但其试验原理均基本一致，只是在设备具体结构和规格尺寸方面不同。

预钻式旁压试验是利用预先成孔，将旁压器放入孔内，对测试段孔壁施加径向压力使土体产生变形，记录压力与变形的关系，测求地基土力学参数的旁压试验方法。预钻式旁压试验适用于黏性土、粉土、砂土、残积土、碎石土、极软岩和软岩等地基土。

自钻式旁压试验是将旁压器安装在钻杆上，旁压器底端安装旋转刀具，钻进时随之进入土层预定深度，停钻后进行试验，测求地基土力学参数的旁压试验方法。自钻式旁压试验适用于软黏性土以及松散～稍密粉土或砂土。

4.1 基本要求

旁压试验是砂砾石层细粒土常用的原位测试技术，实质上是一种利用钻孔进行的原位横向载荷试验。其原理是通过旁压探头在竖直的孔内加压，使旁压膜膨胀，由旁压膜（或护套）将压力传给周围土体，使土体产生变形直至破坏，并通过量测装置测出施加的压力和土体变形之间的关系，然后绘制应力-应变（或钻孔体积增量，或径向位移）关系曲线。根据这种关系曲线对所测土体（或软岩）的承载力、变形性质等进行评价。图4.1-1为旁压试验原理示意图。

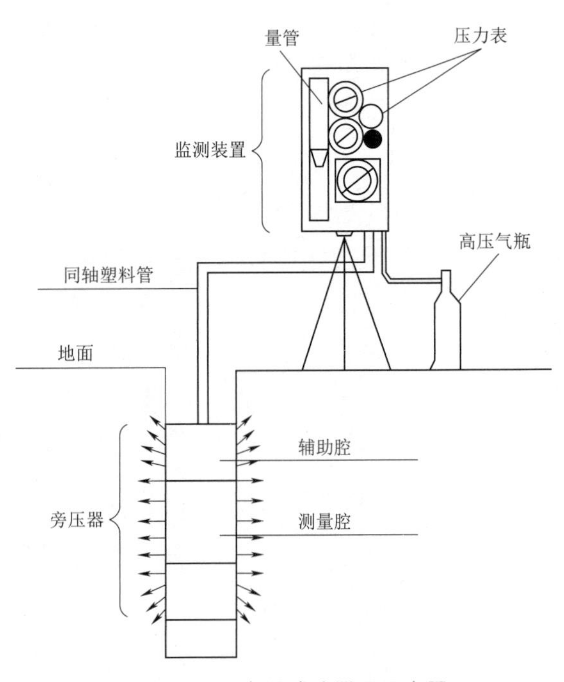

图4.1-1　旁压试验原理示意图

旁压试验的优点是与平板载荷试验比较而显现出来的，即它可在不同深度上进行测试，所得砂砾石层承载力值和平板载荷测试结果具有良好的相关关系。

旁压试验与载荷试验在加压方式、变形观测、曲线形状及成果整理等方面都有相似之处，甚至有相同之处，其用途也基本相同。但旁压试验设备轻、测试时间短，并可在砂砾石层的不同深度，特别是地下水水位以下的细粒土层进行测试，因而其应用比载荷测试更为广泛。采用这一技术，可较合理地评定地基承载力和变形参数，为水工建筑物设计提供可靠依据。旁压试验的基本要求有：

(1) 旁压试验作为一种原位测试手段，试验位置有一定间距要求，不能做到连续性，一个工程不可能做太多的试验，为了试验成果具有代表性，满足统计数据的要求，可以配合钻探、静力触探等，在确定主要土层的情况下，合理布置旁压试验点。

(2) 旁压试验点的布置，应该先进行工程钻探或静力触探试验等，以便确定土层分布，合理地在有代表性的地段和位置上进行试验，布点时保证旁压器的测量腔在同一土层内。试验孔及试验段（点）数量主要是根据工程需要确定，对每一建筑场地或同一地质单元不宜少于3个试验孔，对每一主要地层不宜少于6个试验段（点），是为了满足规范及成果统计要求。

(3) 旁压试验成孔质量对试验成果影响较大，尤其是作图法中确定初始压力时，成孔匹配性对初始压力取值影响大。对于预钻式旁压试验必须保证成孔质量，钻孔直径与旁压器直径应匹配，并减少对孔周土体扰动和防止孔壁坍塌。

(4) 自钻式旁压试验，应先通过试钻，确定旁压试验的钻头形式、钻头回转速率、刃口距离、泥浆压力和流量等技术参数及最佳匹配，保证对周围土体的扰动最小，保证试验质量。

(5) 在试验过程中，有时会遇到某一级压力下变形较大，但不会影响整体旁压曲线的成果，对这样的个别数据，需分析是什么原因产生的，或进行修正，或剔除。

(6) 考虑到地质条件的复杂性，土质分布的不均匀性，以及各地土层的特点，不能仅靠单一测试手段来确定土性参数，一般通过多种试验手段，以及工程经验等综合分析确定物理力学指标，为设计、施工提供合理、准确的砂砾石地层参数。

4.2　试验仪器和试验方法

针对砂砾石地层中的细粒土夹层常用梅纳G型（预钻式）旁压仪进行参数测定。梅纳G型旁压仪最大压力为10MPa，探头直径58mm，探头测量腔长210mm，加护腔总长420mm。试验采用直径58mm的旁压探头或加直径74mm的护管，探头最大膨胀量约600cm^3。试验时读数间隔为1min、2min、3min，以3min的读数为准进行整理。

旁压试验对钻孔的成孔质量要求较高，钻孔时尽量用低速钻进，以减小对孔壁的扰动；孔壁完整，且不能穿过大块石；试验孔径与旁压探头直径要尽量接近。

试验前对旁压仪进行了率定。率定内容包括旁压器弹性膜约束力和旁压器的综合变形，目的是校正弹性膜和管路系统所引起的压力损失或体积损失。

由于生产技术的发展，目前市面上已有多种不同型号的旁压仪，但其基本结构形式和试验原理都基本一致。一般而言，旁压仪主要由旁压器、加压稳压装置、变形测量装置、数据测记装置、导压管及高压气源装置等部件组成（图 4.2-1）。常用旁压仪结构形式和主要参数见表 4.2-1，旁压仪设备结构示意图见图 4.2-2。

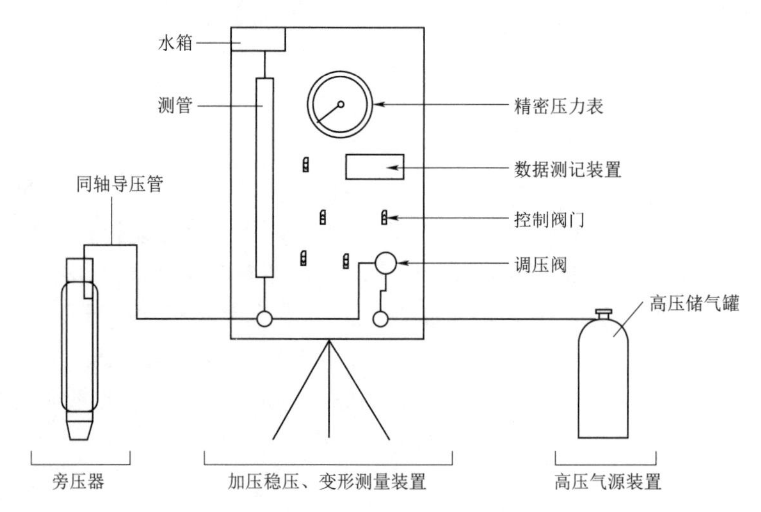

图 4.2-1 旁压仪设备结构示意图

表 4.2-1 常用旁压仪结构形式和主要参数

型号		旁压仪参数					试验荷载 /MPa
		结构形式	总长度 /mm	测量腔外径 /mm	测量腔长度 /mm	测量腔体积 /cm^3	
预钻式旁压仪	PM-1A	单腔式	560	50	350	687.2	0～3.0
	PM-1B	单腔式	720	88	360	2189.5	0～3.0
	PM-2B	单腔式	720	88	360	2189.5	0～5.5
	PY 型	三腔式	500	50	250	490.9	0～2.5
	Menard G-AM	三腔式	650	58	200	528.4	0～10
	TEXAM	单腔式		74	700	3053.5	0～10
	Etastmeter	单腔式		62	520	1569.9	0～20
自钻式旁压仪	PYHL-1	三腔式	980	90	200	1271.7	0～2.5
	MIM-A	三腔式	1100	90	650	4133	0.4～2.5
	Cambridge in-situ Camkometer	单腔式	1175	82.86			0～0.75
	Mazieer PAF-76	三腔式	1500～2000	132	500	6838.9	0～2.5

1. 旁压器

旁压器也称旁压探头，是旁压仪设备中的一个主要部件，多为圆柱状结构，在中空的刚性圆筒体上套有弹性膜，形成一个密闭的可扩张的圆柱状空间；不同型号的旁压仪设备配置有与之相适应尺寸规格的旁压器。目前常采用的旁压器有单腔式和三腔式，由于单腔式旁压器的弹性膜易于装卸更换，逐渐被广泛使用。国内外相关研究和大量试验表明，单腔式旁压器在其测量腔的长径比满足一定条件后，对旁压试验的测试结果无明显差别。所

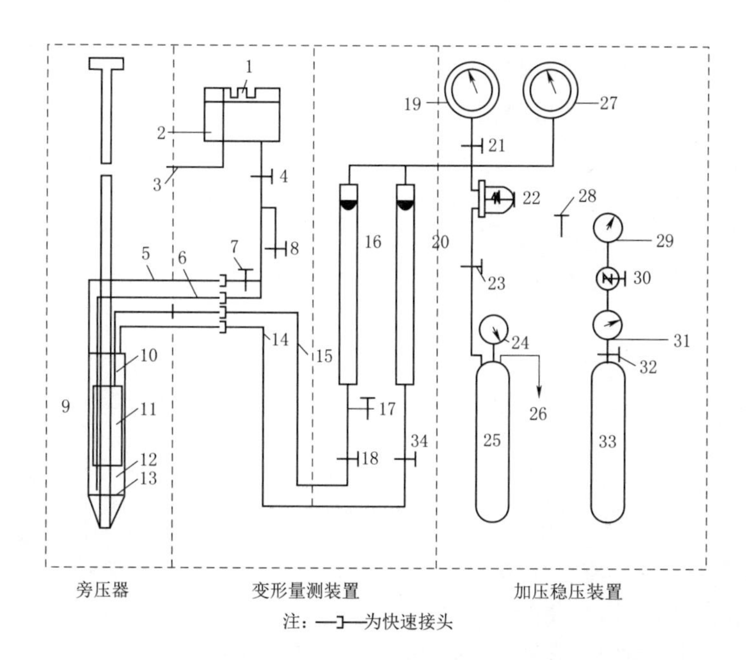

图 4.2-2　旁压仪结构框图

1—安全阀；2—水箱；3—水箱加压；4—注水阀；5—注水管 2；6—注水管 1；7—中腔注水；8—排水阀；9—旁压器；10—上腔；11—中腔；12—下腔；13—导水管；14—导压管；15—导压管 4；16—量管；17—调零阀；18—测压阀；19—600kPa 压力表；20—辅管；21—低压表阀；22—调压器；23—手动加压阀；24—2500kPa 压力表；25—贮气罐；26—手动加压；27—1600kPa 压力表；28—氮气加压阀；29—2500kPa 压力表；30—减压阀；31—25000kPa 压力表；32—氮气源阀；33—高压氮气源；34—辅管阀

以上述两种结构形式的旁压器均已得到广泛应用。自钻式旁压器底部装有管靴和回转切削器。

旁压器为圆柱形骨架，外套有密封的弹性膜。预钻式一般分上、中、下三腔。中腔为测试腔，上、下腔为辅助腔。上、下腔用金属管连通，而与中腔严密隔离。自钻式一般为单腔，旁压器中央为导水管，用以疏导地下水，以利于将旁压器放到测试位置。在弹性膜外按需要可加装一层可扩张的金属保护套（铠装保护）。旁压器规格参见表 4.2-2 的要求。当旁压器的有效长径比大于 4 时，孔壁土体变形属于无限长圆柱扩张轴对称平面应变问题。这样单腔式与三腔式所得的变形模量结果无明显差别，但单腔式的临塑压力和极限压力偏小。

表 4.2-2　旁压器规格

规格		体变管				压力		量管截面面积 /cm²
外径 /mm	中腔长度 /mm	总长度 /mm	外径 /mm	量程 /cm³	最大允许误差/%	量程 /MPa	最大允许误差/%	
44～90	200～250	450～980	4～10	0～600	±1.5	0～7.0	±1.5	13.2～34.5

2. 加压稳压装置

加压稳压装置包含压力源连接管、减压阀、控制阀门和调压阀等，用于在试验中实现加压、稳压的功能。压力源主要根据不同型号旁压仪设备的结构要求而选用相应的压力源装置，多采用高压氮气或其他相关压力源、油泵等。高压氮气经减压阀一级减压后通过精密调压阀对系统加压和稳压。根据现场条件或不同型号的设备，压力源一般采用高压气源，也可采用高压气泵、油压装置等，压力源连接管必须采用高压管。低压旁压试验可采用打气筒手动加压。考虑安全性、稳定性，高压气源一般采用氮气，严禁使用易燃、易爆、有毒气源。

3. 变形测量及数据测记系统

变形测量系统由测管、位移传感器和压力传感器及数据记录仪等组成，测量和记录被测土体受压稳定后的相应变形值。

变形测量系统是旁压设备的一个重要部件，主要功能是测量和记录在每一个规定的时间点系统向旁压器所施加的压力值和相对应的测管向旁压器注入的水量值。水量有体积和位移两种表示方法。该量值在较早的旁压仪设备中，通常采用人工目测和手动记录其数据。由于电子技术的发展，当前的旁压仪设备中，通常采用传感器等电子测记方法，可有效地提高测记精度和准确度，减小人为误差，并降低劳动强度。

测量精度的要求主要是：①压力精度的控制和测记误差应不大于1%；②位移（体积）的测记精度反映到旁压器测量腔的单边径向变量测记误差应不大于总变量的1%。

由于各种型号的旁压仪设备的测管截面面积和旁压器测量腔的初始体积均不尽相同，仅用测管的位移（或体积）量值精度来确定设备试验中的位移（或体积）的测量精度是不确切的，所以，大多数情况下，可以采用反映到旁压器测量腔的单边径向位移量值作为设备的位移（或体积）测量精度。

4. 导压管及高压气源装置

导压管用于变形测量系统与旁压器间的连接，是旁压仪设备中传送液体和压力的部件，一般有多根单管和同轴高压软管，但不能将普通尼龙管直接作为导压管使用。试验压力大于3.0MPa的导压管建议使用耐高压的复合软管，现常多用同轴高压软管。导压管与导压管应连接可靠，拆卸方便，不受环境温度影响，适应野外现场作业条件。

4.3 仪器校正

1. 校正基本要求

率定是旁压试验前应进行的准备工作之一。率定不仅能检验旁压试验设备的完好情况，而且通过率定可以确定旁压设备压力损失和位移（体积）损失，旁压仪的调压阀、量管、导管、压力计等在加压过程中均会产生变形，造成水位下降或体积损失，这种水位下降或体积损失为仪器的综合变形，通过率定可以对试验结果进行修正。

仪器校正分为综合变形校正和弹性膜约束力校正，具体有以下几种情况：

(1) 初次使用设备，因对设备压力损失和位移（体积）损失情况不明，需要对仪器综合变形和弹性膜约束力进行率定；仪器长期不用，设备开关有腐蚀，密封性变差，管道内会有杂质沉淀，通过仪器综合变形和弹性膜约束力进行率定，对设备性能进行检查。

(2) 加长或缩短导管、更换测管或注水管等，由于连接量测装置与旁压器的管路体积的改变，不同材质的差异，会使设备压力损失和位移（体积）损失有所改变，需要对仪器综合变形进行率定。

(3) 试验前无论是更换新的弹性膜还是已多次使用过的弹性膜，性能均有较大的变化，需对弹性膜约束力进行率定。

(4) 弹性膜长期使用，约束力会有较大变化，对相同的护套和弹性膜，科学试验结果表明，每进行20次试验后重新率定一次约束力比较好。

(5) 当地基承载力较低（特征值小于100kPa）时，试验过程中，弹性膜膨胀较大，弹性膜经常在侧压力较低的环境下工作，变形会比较大，建议每10次试验后进行一次弹性膜约束力率定。

2. 校正作业

仪器综合变形校正在具体作业过程中，其校正方法一般是将旁压器放置于校正管内，使弹性膜径向受到刚性限制；校正时每一级压力增量可取仪器额定压力的1/10，最大加压至仪器额定压力的80%。各级压力下的观测时间与正式试验采用的观测时间一致；量测每一级压力 p 对应的位移 s 或体积 V 值，并绘制关系曲线（仪器的综合校正曲线），其直线对应压力轴的斜率即为仪器综合变形校正系数 α。

仪器综合变形校正系数 α 很小，一般不大于0.015cm/kPa（采用测管水位下降值 s 表示时不大于0.001cm/kPa）。此值对于高压缩性土的变形可以忽略不计，因与其相比，所占比重甚微，相反，对于低压缩性土的变形，此值就不可忽视。

3. 仪器综合变形校正试验

按试验要求连接安装好设备，将旁压器放置在校正筒内，在旁压器受到刚性限制的状态下，根据试验加压步骤对旁压器加压，校正时每一级压力增量可取仪器额定压力的1/10，最大加压至仪器额定压力的80%后终止，各级压力下观测时间与正式试验一致，记录见表4.3-1。

表4.3-1　仪器综合变形校正试验记录表

压力表读数 p_m /kPa	测管水位下降值 s/cm			
	15s	30s	60s	120s
100	4.86	4.86	4.86	4.86
200	4.96	4.96	4.96	4.96
300	5.06	5.06	5.06	5.06
400	5.16	5.16	5.16	5.16
500	5.26	5.26	5.26	5.26
600	5.36	5.36	5.36	5.36
700	5.46	5.46	5.46	5.46
800	5.56	5.56	5.56	5.56

4. 变形校正系数确定

绘制压力 p 与其对应的测管水位下降值 s 关系曲线，其直线的斜率 $\Delta s/\Delta p$，即为仪器综合变形校正系数 α，图 4.3-1 中 α=0.001cm/kPa。

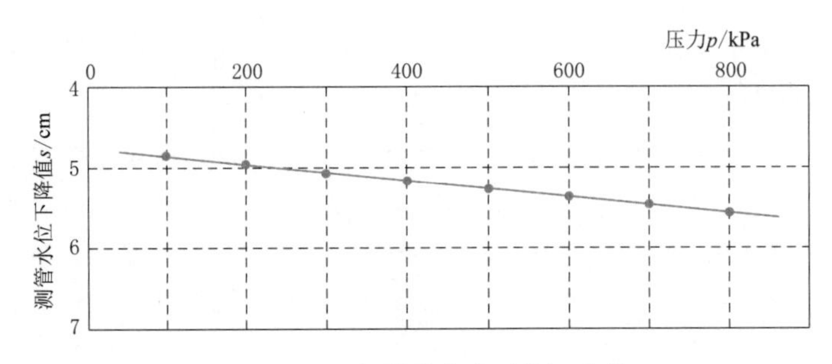

图 4.3-1 仪器综合变形校正曲线

5. 弹性膜约束力校正

(1) 对弹性膜约束力进行校正的主要原因是，橡胶材料多次胀缩后会逐步产生松弛。作业过程中一般是将旁压器竖立于地面，使弹性膜处在自由膨胀的状态；换膜首次校正前应先对弹性膜加压和退压，使其自由胀缩 4～5 次，再进行校正试验；校正时每一级压力增量宜为 10kPa；试验 20 次后，需复校正一次。对于在承载力低的土层中进行试验，更应勤校正，因为约束力对试验变形量影响所占的比重较大。量测每一级压力 p 对应的位移 s 或体积 V 值，绘制 $p-s$ 或 $p-V$ 关系曲线。

(2) 弹性膜约束力校正试验。按试验要求连接安装好设备，将旁压器竖立于地面，进行适量预加压，压力控制在 50kPa 之内，使其自由膨胀，当测管水位降至 30cm 时，卸压至 0，如此反复加压、卸压 4 次以上，再开始正式校正，校正压力增量为 10kPa，当测管水位降至近 40cm 时终止，各级压力下观测时间与正式试验一致，记录见表 4.3-2（旁压器中腔中点至测管水面垂直距离为 0.9m）。

表 4.3-2 弹性膜约束力校正试验记录表

压力 p/kPa		测管水位下降值 s/cm			
压力表读数 p_m	总压力（p_w+p_m）	15s	30s	60s	120s
	9	0.55	0.55	0.55	0.55
10	19	1.70	1.70	1.70	1.70
20	29	2.80	2.90	3.00	3.10
30	39	4.55	4.75	4.95	5.15
40	49	7.40	7.60	8.00	8.45
50	59	12.40	12.60	13.00	13.60
60	69	20.35	20.85	21.55	22.55
70	79	32.70	33.20	34.20	36.20

注 测腔受静水压力 p_w 为 9kPa。

6. 校正曲线绘制

绘制压力 p 与其对应的测管水位下降值 s 的关系曲线，即弹性膜约束力校正曲线（图4.3-2）。

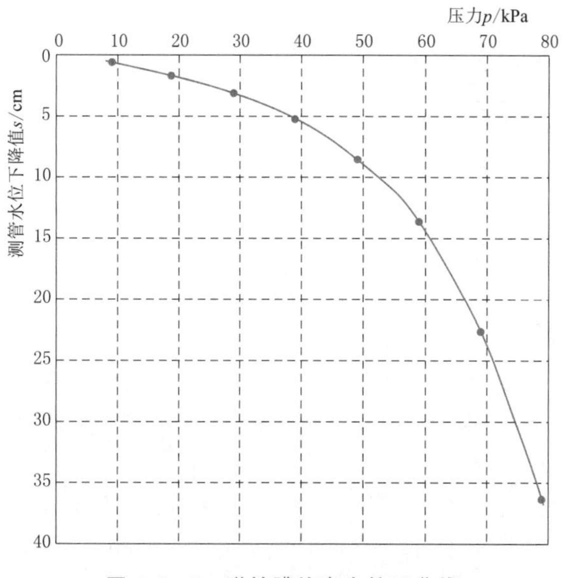

图4.3-2 弹性膜约束力校正曲线

4.4 试验孔成孔

对于不同的砂砾石地层，要选择不同的钻探机具和施工工艺，国内大多数单位采用的成孔方法，都是利用已有钻探设备和施工工艺成孔，需要时可采用泥浆护壁。

试验前应根据试验场地砂砾石地层类型和特性选择适宜的钻机、钻具，并采用相应的钻进方法及成孔工艺。对于孔壁稳定性差的土层，宜采用泥浆护壁钻进。

1. 试验孔间距

旁压器长度一般为450～800mm，加上一个200～300mm的连接接手，其总长度接近1m，若最小试验深度小于1m，则旁压器就不能放置到预定的深度。再者，由于横向扩张的影响，已有学者通过在实验室用放射性显示技术检验认为，旁压器放入及操作引起土体的扰动不大，土的径向位移为圆柱体半径的0.5%，但当旁压器在钻进过程中压入土中时，在圆柱体周围有一环状扰动区（剪切位移区），这对土的影响是不能忽视的。旁压试验有其应力影响范围，在此应力影响范围内不应有其他原位测试存在，以保证测试成果的精确度和可靠性。根据实践经验及理论推算，其应力影响范围的影响半径在水平方向约为60cm，垂直方向约为40cm（两旁压器的上、下端点起算）。基于上述原因，规定同一个试验孔中的相邻试验段间距或试验孔与相邻钻孔和测试孔的水平距离都不应小于1m。旁压试验的孔间距一般要求如下：

(1) 同一试验孔中相邻试验段（点）垂直间距不应小于1m，且不应小于旁压器测量腔长度的1.5倍。

(2) 试验孔与已有钻孔或原位测试孔的水平距离不应小于1m，且不应小于已有钻孔或原位测试孔直径的3倍。

2. 成孔

(1) 旁压试验孔最小深度不应小于1m，试验钻孔应钻至试验段（点）深度以下0.2～0.5m。

(2) 当采用大直径钻具钻进时，一般是先钻至试验段（点）深度位置以上1m处后，再根据旁压器外径选用合适的钻具变径钻进，满足旁压试验段所需成孔直径要求。

(3) 试验段成孔直径宜大于旁压器外径2～6mm；试验段钻孔应垂直、光滑平顺、完整，且孔壁砂砾石地层应保持原状；进行旁压试验时，旁压器测量腔必须置于同一土层中；旁压试验应每钻进一段进行一次试验；严禁一次成孔，多次试验。

(4) 自钻式旁压试验除满足上述条件外，钻进需缓慢、平稳，土在切削腔被钻头粉碎形成钻屑，利用循环液带到地面；自钻前应清理回水管，防止水管堵塞；自钻旁压器在钻进过程中，贯入速率与回转速率必须保持协调一致。

3. 需要注意的问题

旁压试验是在钻孔里进行的原位测试，测试成果的真实性取决于孔壁土体的原状程度和天然湿度。因此，成孔质量的好坏是旁压试验成败的关键。为此钻孔直径应比旁压器外径大2～6mm，使旁压器能自由放入，否则会出现下列问题：

(1) 钻孔直径如果过小，则旁压器难以放至试验位置，或虽然强力将其插入，但会造成对孔壁土体的挤压扰动以及对弹性膜造成损伤。

(2) 钻孔直径如果过大，则旁压器弹性膜开始接触孔壁时所消耗的水量就过大。由于测管的储水量有限，因此，试验就有可能难以接近或达到极限压力。因为按定义，极限压力p_L是相对于旁压器中腔所对应的钻孔初始体积（V_c+V_0）而定。当钻孔初始体积扩大一倍，即$2(V_c+V_0)$，此时的压力为极限压力p_L，如果以试验注入的水量（即测管的读数值）表示，应为$V_L=V_c+2V_0$（图4.4-1），所对应的压力为p_L。

(3) 当钻孔直径特别大时，试验压力加到甚至未到临塑压力时，测管里就没水了，就无法完成试验。

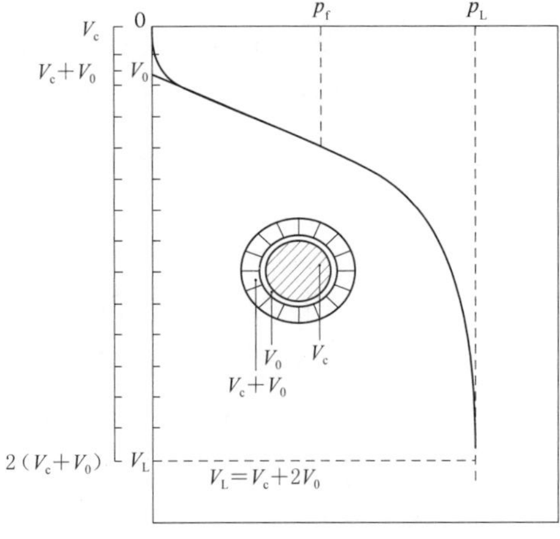

图4.4-1　试验注入的水量与钻孔直径大小的关系

(4) 钻孔直径过大，旁压器弹性膜两端面临的空间就大，当试验压力较大时，弹性膜在临空面处无限制地膨胀，易发生破裂。

以上这些现象，可由图4.4-2所示的旁压曲线的形状来判断：a曲线是因缩孔或孔径太小，旁压器硬插下去造成的；b曲线是标准的旁压试验曲线；c曲线是孔径过大或塌孔造成的。

(5) 试验段孔壁竖直、光滑、完整，可使试验近似于轴对称平面条件下进行。

(6) 旁压试验必须保证旁压器量测腔置

于同一土层中进行，若旁压器放在两种或两种以上砂砾石地层上时，土性软硬差异会使加荷后弹性膜破裂；即使不破裂，加荷后，在软弱土层处，弹性膜变形大，较硬砂砾石地层弹性膜变形小，旁压曲线失真。

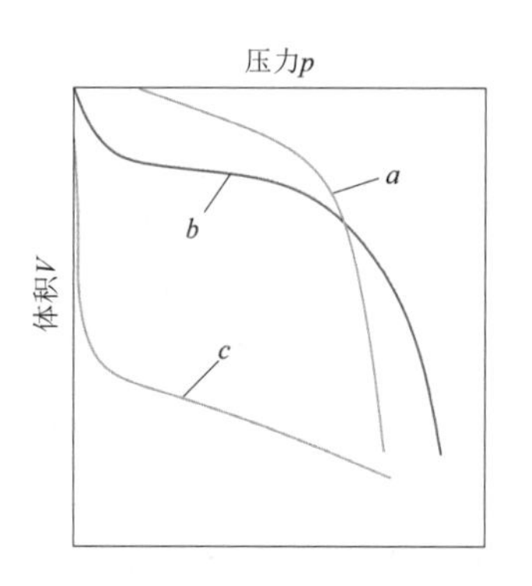

图4.4-2　旁压曲线的几种形状

（7）成孔完成后应及时试验，否则会变形过大，成孔坍塌，下放旁压器困难，影响试验成果的准确性。不建议一次成孔，分段连续试验。以下是广东从化地区的全～强风化泥质粉砂岩的一组对比试验，同一钻孔，性质相同的土体，试验位置为地表以下8.0m和10.0m，8.0m位置成孔后立即试验，10.0m位置成孔后2h后才将旁压器放入进行试验，试验所得$p-s$（压力-位移）曲线见图4.4-3，可以看到有明显的差别，图4.4-3（a）曲线完整，初始压力、临塑压力拐点明显；图4.4-3（b）没有明显的拐点，整个加压过程曲线整体呈线性趋势。同样压力荷载下，图4.4-3（b）位移大得多，由此可以判定试验土层泡水后软化，土的承压能力大幅减小。

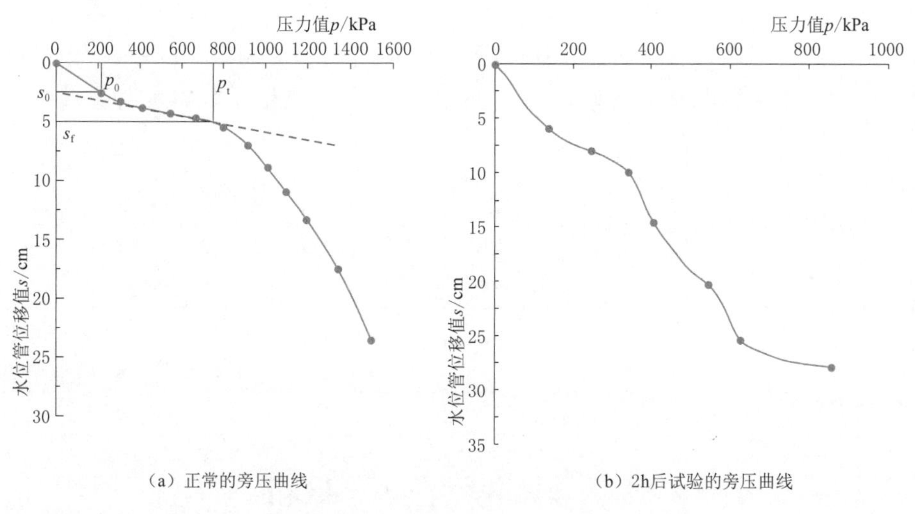

（a）正常的旁压曲线　　（b）2h后试验的旁压曲线

图4.4-3　泥质粉砂岩旁压试验曲线

4.5　现场试验

（1）旁压仪主机应放置在试验孔一侧的合适位置，校正水平，并应选择长度合适的导压管将仪器主机与旁压器可靠连接。

（2）附带有电子自动测记数据装置的旁压仪试验前应检查装置的连接状况、待机状态及设置感应参数等。

（3）调整高压气源瓶上的减压器输出压力大于预估所需最大试验压力0.2MPa，在试验过程中应保持压力源输出压力高于当前的试验压力。

(4) 注水操作可按本条规定并结合所使用型号的旁压仪的操作使用说明进行。在此步骤中最重要的是尽可能地排出系统中的空气，以提高试验的精度。在排除导管内的空气有难度时，也可按注水步骤，在连接旁压器探头前，向导压管中注水，充分排净主机管路和导压管中的空气后暂停注水，然后再连接旁压器，重新注水，并不断抖动导压管和拍打旁压器。在室外温度低于0℃时进行试验，应采取防冻措施，防止水箱、导管冻结无法试验。

(5) 注水与调零操作时，向水箱注满清洁冷开水或纯净水，旋上水箱盖；将旁压器竖立于地面，打开注水等相关阀门，向系统注水；在注水过程中应不断抖动导压管及振动旁压器，以排出管路中滞留的空气，确保导压管及旁压器充满水；当目测管水位上升至或稍高于"0"位时，停止注水操作，打开水箱盖；注水完成，待旁压器恢复原状后，将旁压器垂直提升，使测量腔的中点与目测管的"0"刻度齐平，排除多余的注水，当测管水位稳至"0"刻度时，关闭相关阀门，将旁压器放好待用。

(6) 旁压器放置时应将旁压器用钻杆或连接杆连接，在放置旁压器至试验位置的过程中，应将导压管拉直，逐段缚在钻杆上，避免在提出旁压器时由于导压管的弯曲而损坏导管或旁压器，在试验深度较大时更应注意。将旁压器放至试验深度，并量测记录试验深度及地下水水位。

(7) 试验压力等级，为了保证在临塑压力 p_f 前有足够的测点，以保证连直线段的必要精度，试验压力等级取预估临塑压力 p_f 的1/7～1/5。当记录数据表明变形明显增大，出现拐点，以后的压力增量可以适当加大。

试验加压应分级进行，采用逐级加压，等级可采用预估临塑压力的1/7～1/5，当无经验值时压力增量可按表4.5-1确定。

表4.5-1　　试验压力增量

土的特征	压力增量/kPa	
	临塑压力前	临塑压力后
淤泥、淤泥质土、流塑的黏性土、松散的粉细砂	≤15	≤30
软塑黏性土、疏松黄土、稍密饱和粉土、稍密很湿粉细砂、稍密中粗砂	15～25	30～50
可塑～硬塑黏性土、一般性质黄土、中密～密实很湿粉土、中密～密实粉细砂、中密中粗砂	25～50	50～100
硬塑～坚硬黏性土、老黄土、密实粉土、密实中粗砂	50～100	100～200
中密～密实碎石土、软质岩、风化岩	≥100	≥200

(8) 各级压力下的观察时间。加压速率或各级压力下的观察时间，是旁压试验的一个重要参数。它关系到旁压试验的机理、试验成果的判释和缩短野外作业时间。近年来，国内常用的观测时间有1min、3min、5min和10min四种。人们将这些归纳为"快法"和"慢法"两种范畴。一般情况下维持1min时，加压后按15s、30s、60s测记变形量；维持2min时，加压后按15s、30s、60s、120s测记变形量。

国内不少单位对硬塑状态黏土、可塑状态粉质黏土、流塑状态淤泥、(山东青岛地区)砂土和粉土在各级压力下，观测时间为1min、3min、5min和10min的对比试验结果见表

4.5-2，表明不同观测时间对临塑压力 p_f 影响极小，对极限压力 p_L 影响较大，对旁压模量 E_m 仅淤泥有影响，其他影响不大。建筑部门曾在湖南地区软黏土及超固结黏土中进行了快法及慢法对比试验，其结论是 $p_{f快}/p_{f慢}=0.95$，旁压模量 $E_{m快}/E_{m慢}=1.11$，表明二者差异不大。据已有资料，国外大多采用观测时间为 1min，也有 2min 的。

经以上综合分析认为，对于砂砾石地层的旁压试验，一般在各级压力下观测时间为 1min 或 2min 均可。对于软塑黏性土、淤泥和淤泥质土，观测时间宜用 2min。

表 4.5-2　　各级压力下不同观测时间的对比结果

土类	各级压力下观测时间/min	临塑压力 p_f/kPa	极限压力 p_L/kPa	旁压模量 E_m/MPa
硬塑状态黏土	1	450	1240	24.6
	3	440	1190	21.6
	5	450	920	19.5
	10	450	860	21.7
可塑状态粉质黏土	3	175	520	8.7
	5	170	500	9.3
	10	175	480	8.3
流塑状态淤泥	3	80	22	1.6
	5	80	19.3	1.4
	10	80	15.2	1.0
粉土	1	310	800	7.1
	3	300	675	5.9
	5	300	750	7.6
	10	295	630	6.1
砂土	1	205	610	7.9
	3	220	520	6.4
	5	195	575	9.3
	10	205	700	8.3

(9) 试验加压。静水压力是指测管水“0”位到旁压器测腔中点的垂直距离由水柱产生的压力。静水压力值通过下列公式计算而得，计算时应考虑地下水存在的影响。如有地下水存在，则式中的 Z 值为孔口到地下水水面的深度 h_w。

1) 打开旁压仪量管阀门，旁压器内产生的静水压力（试验的第一级压力荷载）计算。

(i) 无地下水时：

$$p_w=(H+Z)\gamma_w \tag{4.5-1}$$

(ii) 有地下水时：

$$p_w=(H+h_w)\gamma_w \tag{4.5-2}$$

式中：p_w 为静水压力，kPa；H 为测管水面距孔口的高度，m；h_w 为孔口距孔内地下水位的深度，m；γ_w 为水的容重，kN/m³，可取 10kN/m³；Z 为孔口至试验点的深度，m。

2）当到达设定的稳压维持时间后，按预定的试验加压等级加压，各级的压力应在10s内施加完毕。

3）每级加压完成后应及时记录所加压力及稳压维持时间内不同时刻测管水位值，附带有自动记录仪的应同时操作记录仪，并记录试验压力和位移（体积）数据。

（10）终止试验。旁压试验要求呈现被测土体的受压变形到破坏的过程，因此要求尽量接近或达到土体的极限应力状态时终止试验。

1）当存在下列条件之一时，可终止试验：①测量管实测体积达到旁压器测腔固有体积时；②水体积或水位位移变化明显加快且不能稳定时；③试验压力达到仪器的额定压力时。

2）在以下特殊情况下，也可终止试验：①由于变形过大，旁压器测量腔扩张体积相当于其固有体积时，测量管水位下降到测管底部，无法继续测量其变形量；②当测管水位明显大幅度加快变化时，表明被测土体已接近或到达极限破坏状态（也有可能弹性膜意外破损）；③试验压力超过仪器设备的额定压力会造成设备的损坏。

（11）消压、回水或排水。试验结束后应对旁压器进行消压、回水或排水工作，使弹性膜恢复到原始状态，以便顺利地从孔中取出旁压器。

1）当试验深度小于2m且尚需继续进行试验时，可将调压阀按逆时针方向旋松，使压力降到0，利用弹性膜的约束力迫使旁压器中的水回至测量管。

2）当试验深度大于2m且仍需进行试验时，宜根据相关的操作方法，利用系统内的压力，使旁压器中的水回至水箱备用，并保持水箱盖必须打开。

3）开关置于排水位置，利用试验当时系统内的压力将旁压器中的水排净，并旋松调压阀。

4）等旁压器和系统完全消压2～3min后，取出旁压器。

4.6 资料整理

4.6.1 数据校正

资料整理前应先对试验记录数据进行校正，其方法如下。

（1）压力校正按下式计算：

$$p=p_m+p_w-p_i \quad (4.6-1)$$

式中：p 为校正后的压力，kPa；p_m 为记录仪（或压力表）读数，kPa；p_w 为静水压力，kPa；p_i 为弹性膜约束力，kPa，由各级总压力（p_m+p_w）所对应的测量位移（或体积）值查弹性膜的约束力校正曲线取得。

（2）位移（体积）校正及体积与位移的换算按下列公式计算：

$$s=s_m-\alpha(p_m+p_w) \quad (4.6-2)$$

$$V=V_m-\alpha(p_m+p_w) \quad (4.6-3)$$

$$V=sF \quad (4.6-4)$$

式中：s 为校正后的测管水位位移值，cm；s_m 为各级总压力（p_m+p_w）所对应的测管水位位移值，cm；α 为仪器综合变形校正系数，cm/kPa；V 为校正后的体积，cm^3；V_m 为各级总压力（p_m+p_w）所对应的体积值，cm^3；F 为测管内截面面积，cm^2。

（3）静水压力计算。静水压力 p_w 的计算应考虑以下两种条件，参见图 4.6－1。

1）无地下水时：

$$p_w=(h_0+z)\gamma_w \quad (4.6-5)$$

2）有地下水时：

$$p_w=(h_0+h_w)\gamma_w \quad (4.6-6)$$

式中：h_0 为量管水面离地面孔口高度，cm；z 为地面至旁压器中腔（量测腔）中心点的距离，cm；h_w 为地下水水位离孔口的距离，cm；γ_w 为水的容重，kN/m^3。

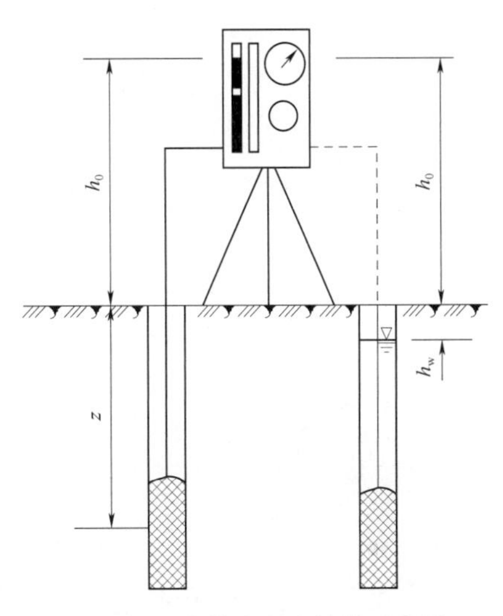

图 4.6－1　静水压力计算示意图

4.6.2　绘制压力-位移曲线

旁压试验 $p-s(p-V)$ 曲线应使用校正后的压力和校正后的位移（体积）绘制（图 4.6－2），绘制的方法和要求为：

（1）纵坐标为位移 s（体积 V），位移 s 宜为 1 单位代表 5cm 水位下降值（体积 V 宜为 1 单位代表 $100cm^3$）。

（2）横坐标为压力 p，压力宜为 1 单位代表 100kPa。

（3）绘制曲线时，先连直线段，并两端延长与纵轴相交，用拟合法绘制曲线部分，定出曲线与直线段的交点（直线段的终点）。

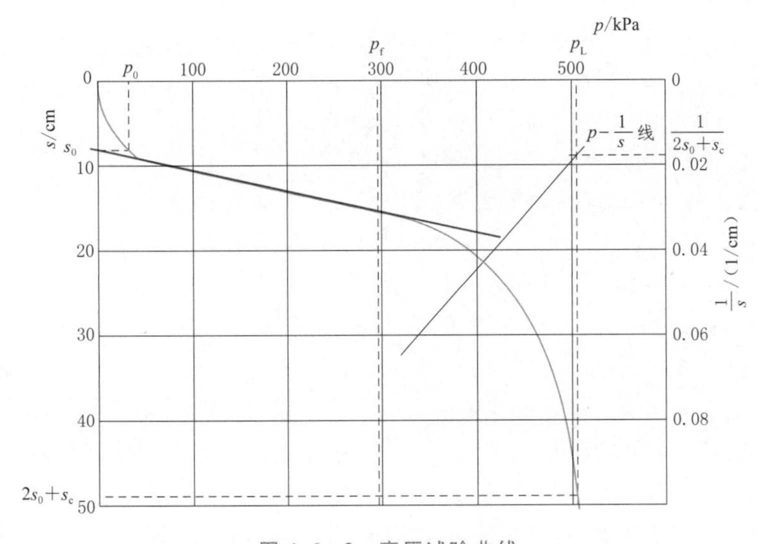

图 4.6－2　旁压试验曲线

4.6.3 基本参数的确定

（1）初始压力。试验标高处试验前初始压力 p_0，国外取用旁压曲线直线段的起点所对应的压力 p_{0M}，但实际上它与真正的初始压力 p_0 毫无关系。根据工程实践，在同一土层里用不同直径和不同形式的钻具，由不同的人钻孔做对比试验，临塑压力 p_f 基本相同，而直线段的起点 p_{0M1} 大不相同。做另一个试验，逐级加压到 p_{0M2} 后，逐级卸压让土回弹，再重新逐级加压，所测得的 p_{0M2} 值明显减小，同时 p_{0M2} 前的曲线形态也随之改变（图 4.6-3）。另外，在旁压试验早期阶段仅有 1～2 个测点，曲线更不易画准，人为因素影响或者随机性很大。因此，p_{0M} 很显然不等于 p_0，一般情况下 $p_{0M}>p_0$。

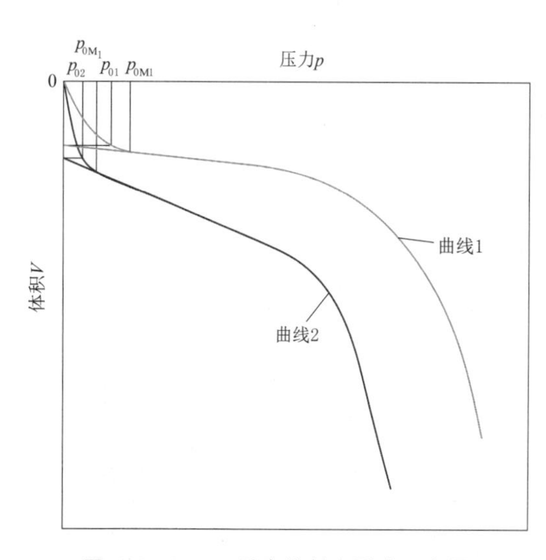

图 4.6-3　p_0 受直线斜率影响示意图

曲线 1—正常顺序试验曲线；曲线 2—先预压再进行试验

国内多年来探索用各种方法求取 p_0，初始压力 p_0 的确定宜选用下列方法。

1）计算法：

$$p_0=K_0\gamma Z+\mu \tag{4.6-7}$$

式中：K_0 为试验深度处静止土压力系数，可按地区经验确定，对于正常固结和轻度超固结的土，砂土和粉土取 0.5，可塑到坚硬状态的黏性土取 0.6，软塑黏性土、淤泥和淤泥质土取 0.7；γ 为试验深度以上土的重力密度，kN/m^3，有多层土层时，可采用厚度加权平均值，地下水水位以下取有效重力密度；Z 为孔口至试验点的深度，m；μ 为试验深度处土的孔隙水压力，kPa，正常情况下接近由地下水水位算得的静水压力，在地下水水位以上 $\mu=0$；在地下水水位以下，由下式确定：

$$\mu=\gamma_w(Z-h_w) \tag{4.6-8}$$

式中：h_w 为孔口距孔内地下水水位的深度，m。

2）作图法。将旁压试验曲线直线段延长相交于纵轴，由交点作平行于横轴的直线相交于曲线的一点，此点所对应的压力为初始压力 p_0（图 4.6-3）。

（2）静止土压力系数 K_0 的取值。通常按土类和土的状态来确定，一般认为黏性土的 K_0 大于砂性土的 K_0。根据国内很多单位的实测资料，一般为：软土 0.6～0.7，砂土 0.39～0.51，粉土 0.38～0.46，黏性土 0.43～0.63。为简化计算和偏于安全考虑，对于正常固结和轻度超固结的土类，砂土和粉土取 0.5，可塑到坚硬状态的黏性土取 0.6，软塑状态黏性土以及淤泥和淤泥质土取 0.7；对于重度超固结土，按地区经验或试验确定。

（3）s_0（或 V_0）的确定。旁压器中腔外径与其对应的钻孔孔壁之间的孔隙体积用测管水位下降值 s_0（或用体积 V_0）来表示，国外采用的是直线的起点 p_{0M} 所对应的体积。由于前面所述的原因，p_{0M} 既不等于 p_0，又不易确定。为简化起见，一般采用旁压曲线直线段延长线与纵轴的交点为 s_0（或 V_0）。这样简化，只影响旁压模量 E_m 计算中的 $\frac{V_0+V_f}{2}$ 值，带来的整体误差甚微。

（4）临塑压力 p_f 的确定。国外均采用30～60s的体积增量 ΔV_{30-60} 与压力 p 的关系曲线辅助分析确定。其折点所对应的压力为临塑压力 p_f。国内自从开展旁压试验以来，大部分习惯直接在旁压曲线上取拐点所对应的压力为临塑压力 p_f。大量试验资料表明，正常的旁压曲线均有很好的直线段，且拐点明显，临塑压力 p_f 很容易确定。只要认真仔细，其误差极小。因此两种方法确定临塑压力 p_f 均可。

1）旁压试验曲线直线段的终点所对应的压力为临塑压力 p_f，对应的位移为 s_f（体积 V_f）（图4.6-2）。

2）稳压2min时 $p-\Delta s_{120-30}$ 或（$p-\Delta V_{120-30}$），或者稳压1min时 $p-\Delta s_{60-30}$ 或（$p-\Delta V_{30-60}$）曲线直线变形段终点，即曲线与直线段拐点所对应的压力。

（5）极限压力 p_L 的确定。旁压试验曲线过临塑压力后，趋向于与纵轴平行的渐进线时所对应的压力为极限压力 p_L，一般试验压力最大只能加到接近极限压力 p_L，因为此时土体接近破坏，如不及时终止试验，测管里的水位迅速下降，同时旁压器弹性膜迅速膨胀，有破裂的危险。极限压力 p_L 一般需采用外推方法求得。外推方法很多，有外推法、双对数法、倒数曲线法和相对体积法等方法。工程中多选用外推法和倒数曲线法，主要考虑这种方法比较简单，目前进行计算机辅助作图，在旁压曲线拐点后取3个测点，均可以推出极限压力 p_L。

1）外推法。当试验加压的最大压力未做到极限压力时，需外推旁压试验曲线确定 p_L，将旁压试验曲线末端光滑自然地作延长线，在纵轴上取 $2s_0+s_c$ 值（或 $2V_0+V_c$）所对应的压力为极限压力 p_L。

2）倒数曲线法。在旁压试验曲线图上的右面纵轴，确定合适的位移（或体积）坐标比例，压力坐标比例可不变，把临塑压力 p_f 以后曲线部分各点的位移 s（或体积 V）值取倒数 $1/s$（或 $1/V$），与对应的压力 p 作 $p-1/s$（或 $p-1/V$）的关系曲线（该曲线应为一条近似直线），在该直线上取 $\frac{1}{2s_0+s_c}\left(或\frac{1}{2V_0+V_c}\right)$ 所对应的压力即为极限压力 p_L（图4.6-2）。

4.6.4 地基承载力特征值 f_{ak} 的确定

（1）地基承载力特征值确定方法的选择。旁压试验目前在国内使用已比较广泛，作者收集全国大部分地区旁压试验数据成果、工程经验、旁压试验论文、各行业旁压试验有关规程资料进行综合分析研判后认为，旁压试验在土质类型的天然地基承载力应用较多，但在砂及砂砾土类的应用较少，且有些计算比较复杂。

通过对多个工程砂砾石地层的砂砾土极限压力和临塑压力的统计分析，旁压试验采用临塑压力 p_f 和极限压力 p_L 法适宜于确定该类地层的地基承载力特征值。因此，地基承载力的确定可由公式计算，或按下列方法确定：①当极限压力与临塑压力之比小于2时，取极限压力的1/2作为地基承载力特征值；②当极限压力与临塑压力之比大于2且小于3时，取极限压力的1/3作为地基承载力特征值。

(2) 临塑压力 p_f 确定地基承载力特征值 f_{ak} 方法的工程实践。为了检验用旁压试验方法确定地基承载力特征值 f_{ak} 的可靠性，根据现行国家标准的有关规定，载荷试验在各种原位测试中最可靠，并以此作为原位试验的对比依据。为此本书作者对全国很多单位结合工程进行的旁压试验与载荷试验对比，共收集到203份对比试验资料。由于有些资料两种试验深度相差过大，载荷试验未做到比例界限或试验明显反常。经筛选，选用173组对比资料，资料按土类分档见表4.6-1，资料的地区分布见表4.6-2，资料沿深度分档见表4.6-3。

表4.6-1　资料按土类分档

土类	黏性土	黄土	粉土	砂土	淤泥	素填土	其他
资料数	61	56	28	7	6	2	13

表4.6-2　资料的地区分布

地区	北京	江苏	山东	上海	天津	厦门	兰州	西安	太原	深圳	四川	青海	内蒙古
资料数	41	16	23	4	2	3	35	16	4	13	13	2	1

表4.6-3　资料沿深度分档

深度/m	1～2	2～3	3～4	4～5	5～6	6～7	7～8	8～9
资料数	73	57	22	9	2	2	1	7

载荷试验确定的地基承载力特征值 f_{ak}，基本上按原提供资料单位的取值，只是极少数有明显问题的作了调整。总之，所有的取值方法基本是按现行国家标准《建筑地基基础设计规范》(GB 50007—2011) 进行的。

根据173组旁压试验与载荷试验对比资料，进行了下列内容的回归分析（为了方便，采用了简化符号：$f_{ak载}$、$f_{ak旁}$ 分别代表载荷试验和旁压试验确定的地基承载力特征值）。

1) 不分土类综合进行 $f_{ak载}-p_f$、$f_{ak载}-f_{ak旁}$ 回归分析，同时又按试验深度小于等于1.5m和大于3.5m分别进行回归分析。

2) 分别按黏性土、黄土、粉土和砂土单独进行 $f_{ak载}-p_f$、$f_{ak载}-f_{ak旁}$ 回归分析。

(3) 以上回归分析结果见表4.6-4和图4.6-4，可以得到以下结论：

1) 所统计的项目相关系数 r 均大于0.9，可以认为相关关系显著。

2) 图4.6-4 (a)，$f_{ak载}-p_f$ 回归计算的直线在 $f_{ak载}=p_f$ 直线的下方，表明 $p_f>f_{ak载}$。如果直接取 p_f 为地基承载力特征值 f_{ak}，则偏于不安全。

3) 图4.6-4 (b)，$f_{ak载}-f_{ak旁}$ 回归计算的直线与 $f_{ak载}=f_{ak旁}$ 直线几乎重叠，相关关系特别显著，可以直接取 $f_{ak旁}$ 作为地基承载力特征值 f_{ak}。

4) 分别按黏性土、黄土、粉土和砂土单独进行回归分析，以及分别按试验深度小于等于1.5m和大于3.5m分别进行回归分析，结果见表4.6-4，表明上面的规律不受土类和试验深度的影响。

(4) 用旁压试验确定地基承载力特征值 f_{ak} 的精确度、误差和安全度分析。

1) 根据上述回归分析结论确定的地基承载力特征值 f_{ak}，与载荷试验结果有极好的相关关系，可以直接应用于工程。多年来，各地积累了丰富的工程实践经验。现将上述的173组资料，进行 $f_{ak载}$ 与 $f_{ak旁}$ 相关分析（表4.6-5），充分表明精确度高、误差小。

表 4.6-4　　旁压试验与载荷试验对比资料回归分析结果

土类	项目	回归方程/kPa	相关系数 r	频数 n	备注
不分土类（综合）	$f_{\text{ak载}}-p_f$	$f_{\text{ak载}}=-13.31+0.962p_f$	0.969	173	一般综合取值
	≤1.5m	$f_{\text{ak载}}=-7.18+0.996p_f$	0.971	41	
	＞3.5m	$f_{\text{ak载}}=-11.38+0.878p_f$	0.918	27	
	$f_{\text{ak载}}-f_{\text{ak旁}}$	$f_{\text{ak载}}=8.35+0.967f_{\text{ak旁}}$	0.974	173	
	≤1.5m	$f_{\text{ak载}}=3.72+1.007f_{\text{ak旁}}$	0.971	41	
	＞3.5m	$f_{\text{ak载}}=15.39+0.950f_{\text{ak旁}}$	0.923	27	
黏性土	$f_{\text{ak载}}-p_f$	$f_{\text{ak载}}=-3.83+0.953p_f$	0.963	61	
	$f_{\text{ak载}}-f_{\text{ak旁}}$	$f_{\text{ak载}}=15.01+0.964f_{\text{ak旁}}$	0.970	61	
黄土	$f_{\text{ak载}}-p_f$	$f_{\text{ak载}}=-14.57+0.942p_f$	0.940	56	
	$f_{\text{ak载}}-f_{\text{ak旁}}$	$f_{\text{ak载}}=8.99+0.943f_{\text{ak旁}}$	0.955	56	
粉土	$f_{\text{ak载}}-p_f$	$f_{\text{ak载}}=14.73+0.825p_f$	0.933	28	
	$f_{\text{ak载}}-f_{\text{ak旁}}$	$f_{\text{ak载}}=35.34+0.832f_{\text{ak旁}}$	0.906	28	
粉土	$f_{\text{ak载}}-p_f$	$f_{\text{ak载}}=12.15+0.890p_f$	0.992	7	
	$f_{\text{ak载}}-f_{\text{ak旁}}$	$f_{\text{ak载}}=20.58+0.908f_{\text{ak旁}}$	0.997	7	

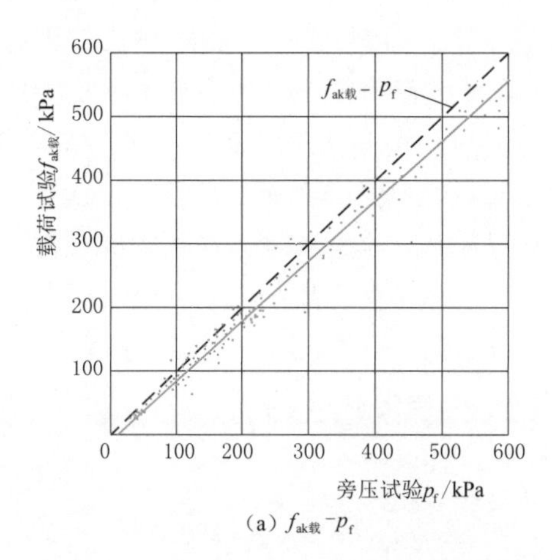

(a) $f_{\text{ak载}}-p_f$

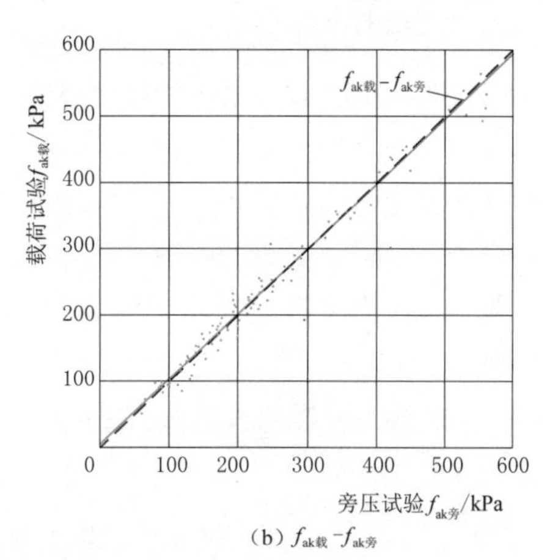

(b) $f_{\text{ak载}}-f_{\text{ak旁}}$

图 4.6-4　载荷试验 $f_{\text{ak载}}$ 与旁压试验 p_f、$f_{\text{ak旁}}$ 关系图

表 4.6-5　　各地区 p_L/p_f 值统计表

地区		北京	江苏	山东	上海	天津	厦门	兰州	西安	太原	深圳	四川	青海	内蒙古
p_L/p_f	范围	1.9～3.8	1.6～2.6	1.6～2.6	1.6～1.8	1.5～1.7	1.7～2.3	1.6～3.4	1.7～2.4	1.6～3.1	1.9～2.5	1.7～3.0	2.0～2.4	1.7
	平均	2.8	2.1	2.0	1.7	1.6	1.9	2.4	2.0	2.6	2.2	2.4	2.2	1.7
频数		41	16	23	4	2	3	35	16	4	13	13	2	1

2）安全度分析。近似地把旁压试验的极限压力与临塑压力之比$\dfrac{p_L}{p_f}$作为安全系数，以173组旁压试验与载荷试验对比资料为依据，经统计，结果见表 4.6-6 中 13 个地区的安

全系数平均为 2.12，最小安全系数为 1.7。当$\frac{p_L}{p_f}<2$时，采用$\frac{p_L}{2}-p_0$确定地基承载力特征值，说明有足够的安全度。

（5）利用临塑压力 p_f 由下式确定：

$$f_{ak}=\lambda(p_f-p_0) \tag{4.6-9}$$

式中：λ 为修正系数，一般可取 0.7～1.0，也可根据地方经验确定。

（6）当极限压力 p_L 不大于临塑压力 p_f 的 2 倍时，取极限压力的一半，由下式确定：

$$f_{ak}=\frac{p_L}{2}-p_0 \tag{4.6-10}$$

（7）当极限压力 p_L 大于临塑压力 p_f 的 2 倍时，由下式确定：

$$f_{ak}=\frac{p_L-p_0}{K} \tag{4.6-11}$$

式中：K 为安全系数，一般取 2～3，也可根据地区经验确定。

4.6.5 对承载力特征值作深度修正

用旁压试验确定的承载力特征值不进行深度修正。

4.6.6 旁压模量的计算

旁压模量 E_m 应根据旁压曲线直线段的斜率计算。目前国际上大部分国家把旁压试验得到的模量，称为旁压模量。苏联用旁压仪现场测定的模量为变形模量。不管何种形式，其共同点是：模量是孔径大小、对 V 轴的斜率 $\Delta p/\Delta V$ 和 μ 三方面的函数。根据目前国内的倾向性意见，经统计研究采用旁压模量公式进行计算，这样有利于与国内外交流。

鉴于我国现行规范均采用压缩模量 E_s，为了满足工程应用需要，可由旁压模量 E_m 换算成压缩模量 E_s。具体办法是各地区各类土可以进行旁压试验，与压缩试验对比，建立旁压模量 E_m 和压缩模量 E_s 的回归方程，计算得到压缩模量 E_s。

（1）用位移 s 计量时：

$$E_m=2(1+\nu)\left(s_c+\frac{s_0+s_f}{2}\right)\frac{\Delta p}{\Delta s} \tag{4.6-12}$$

（2）用体积 V 计量时：

$$E_m=2(1+\nu)\left(V_c+\frac{V_0+V_f}{2}\right)\frac{\Delta p}{\Delta V} \tag{4.6-13}$$

式中：E_m 为旁压模量，kPa；$\Delta p/\Delta s$ 为旁压试验曲线（以位移计量）直线段的斜率，kPa/cm；$\Delta p/\Delta V$ 为旁压试验曲线（以体积计量）直线段的斜率，kPa/cm^3；ν 为泊松比，可根据地区经验确定，一般情况下，碎石土取 0.27，砂土取 0.30，粉土取 0.35，可塑到坚硬状态的黏性土取 0.38，软塑黏性土、淤泥和淤泥质土取 0.42；s_c 为旁压器测试腔固有体积 V_c 用测管水位位移值表示，cm；s_0 为旁压曲线直线段延长线与纵轴（位移轴）的交点，其值为旁压器弹性膜接触孔壁所消耗的水体积用测管水位位移值表示，cm；s_f 为临塑压力 p_f 所对应的测管位移值，cm；V_c 为旁压器测试腔固有体积，cm^3；V_0 为旁压曲线直线段延长线与纵轴（体积轴）的交点，其值为旁压器弹性膜接触孔壁所消耗的水体积，cm^3；V_f 为临塑压力所对应的体积，cm^3。

4.7 工程应用实例

金沙江某坝址采用法国梅纳G型预钻式旁压仪，在坝区现场对坝址区ZK65号钻孔砂砾石层进行了原位旁压试验，获得了黏土层旁压模量及极限压力等原位试验力学指标。

试验步骤为：先用较大口径的钻头钻孔至试验黏土层顶部，再用合适口径的钻头进行旁压试验钻孔，进尺1.2～1.5m。如未遇大块石则下旁压探头进行旁压试验，否则对已进尺部位进行扩孔至先前进尺位置，再钻旁压试验孔。

根据ZK65号孔现场旁压试验绘制的旁压荷载 p 与体积 V 关系曲线（图4.7-1），经进一步整理可以得到旁压荷载与旁压位移（以半径 R 的变化表示）关系曲线。

4.7.1 极限压力（p_L）

极限压力，理论上指的是当 $p-V$ 旁压曲线通过临塑压力后使曲线趋于铅直的压力。由于受加荷压力或中腔体积变形量的限制，实践工程中很难达到，因此一般采用2倍体积法，即按式（4.7-1）计算的体积增量 V_L 时所对应的压力为极限压力值。

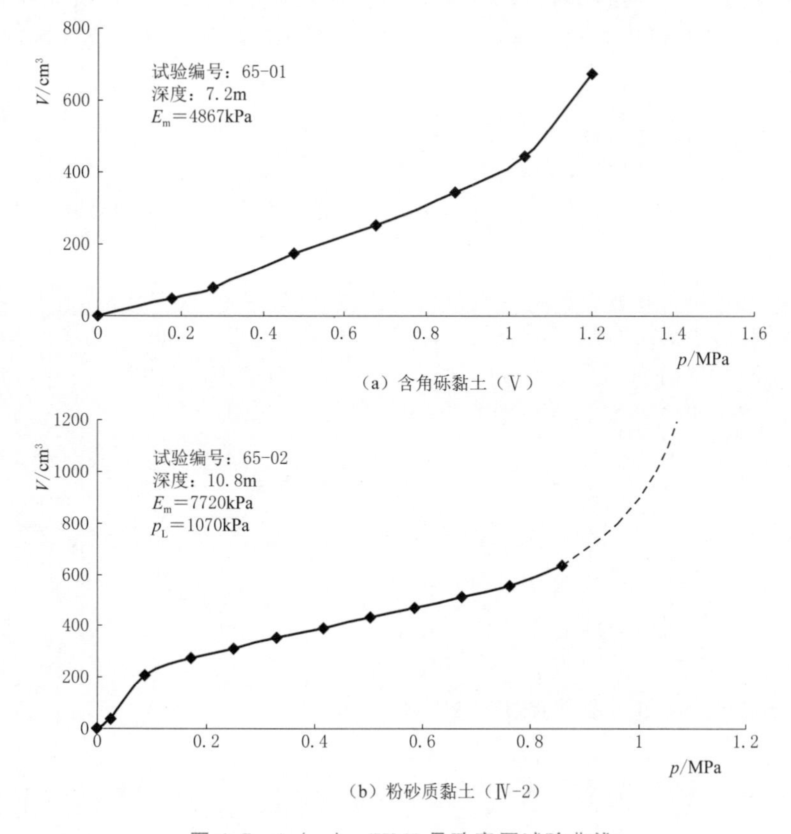

（a）含角砾黏土（Ⅴ）

（b）粉砂质黏土（Ⅳ-2）

图4.7-1（一） ZK65号孔旁压试验曲线

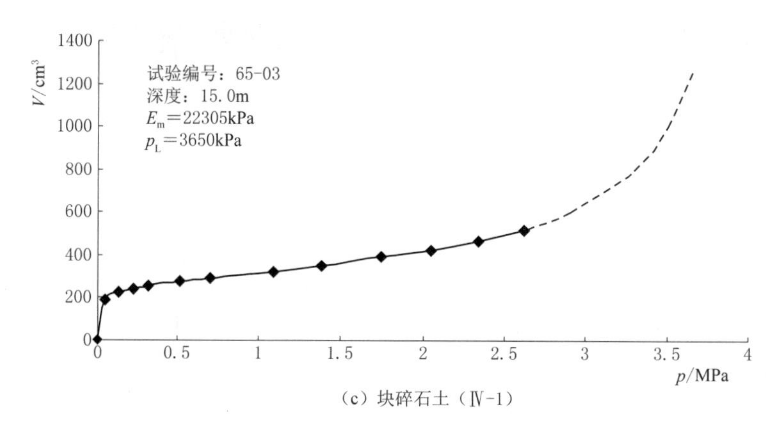

(c) 块碎石土（Ⅳ-1）

图 4.7-1（二） ZK65 号孔旁压试验曲线

$$V_L = V_c + 2V_0 \tag{4.7-1}$$

式中：V_L 为对应于 p_L 的体积增量，cm^3；V_c 为旁压器中腔初始体积，cm^3；V_0 为弹性膜与孔壁紧密接触时（相当于土层的初始静止侧压力 K_0 状态，对应压力 p_0）的体积增量，cm^3。

在试验过程中，由于测管中液体体积的限制，试验较难满足体积增量达到 V_c+2V_0 的要求。这时，根据标准旁压曲线的特征和试验曲线的发展趋势，采用曲线板对曲线延伸（旁压试验曲线的虚线部分），延伸的曲线与实测曲线应光滑自然地连接，取 V_L 所对应的压力作为极限压力 p_L。

4.7.2 旁压变形模量

由于细粒土的散粒性和变形的非线弹塑性，土体变形模量的大小受应力状态和剪应力水平的影响显著，且随测试方法的不同而变化。

通过旁压试验测定的变形模量称为旁压模量（E_m），是根据旁压试验曲线整理得出的反映土层中应力和体积变形（亦可表达为应变的形式）之间关系的一个重要指标，它反映了砂砾石层细粒土层横向（水平方向）的变形性质。根据梅纳等学者的旁压试验分析理论，旁压模量的计算公式为

$$E_m = 2(1+\nu)(V_c + V_m)\frac{\Delta p}{\Delta V} \tag{4.7-2}$$

式中：E_m 为旁压模量，kPa；ν 为土的泊松比（黏土根据土的软硬程度取 0.45～0.48，黏土夹砾石土取 0.40）；V_c 为旁压器中腔初始体积，cm^3；V_m 为平均体积增量（取旁压试验曲线直线段两点间压力所对应的体积增量的一半），cm^3；$\Delta p/\Delta V$ 为 $p-V$ 曲线上直线段斜率，kPa/cm^3。

经计算求得各测试点的旁压模量结果，见表 4.7-1。

一般情况下旁压模量 E_m 比 E_0 小，这是因为 E_m 综合反映了土层拉伸和压缩的不同性能，而平板载荷试验方法测定的 E_0 只反映了土的压缩性质。平板载荷试验是在一定面积的承压板上对砂砾石层细粒土逐级施加荷载，观测土体的承受压力和变形的原位试验，

表 4.7-1　旁压试验计算成果表

试验编号		V_c /cm^3	V_0 /cm^3	V_L /cm^3	p_L /kPa	V_m /cm^3	p/V /(MPa/cm^3)	E_m /kPa
ZK65	65-01	550				240	1.9/900	4867
	65-02	812	190	1192	1070	405	1.4/640	7720
	65-03	812	220	1252	3650	320	1.9/270	22305
	65-04	812	170	1152	2400	290	2.24/380	18189
	65-05	812	220	1252	4800	465	3.5/380	32933
	65-06	812	100	1012	7850	170	8.0/240	91653
	65-07	812	50	912	3700	109	1.5/100	40064
	65-08	550	0	550	2200	60	1.45/140	18472
	65-10	550	120	790	2100	250	1.3/140	21543
	65-11	812	270	1352	6400	375	4.0/200	68846
	65-12	812	130	1072	4900	240	7.0/520	41068
	65-13	812	170	1152	5800	330	6.0/490	39154

E_0 反映的是土层垂直方向的力学性质。旁压试验为侧向加荷，E_m 反映的是土层横向（水平方向）的力学性质。

变形模量是计算坝基变形的重要参数，表示在无侧限条件下受压时土体所受的压应力与相应的压缩应变之比。梅纳提出用土的结构系数 α 将旁压模量和变形模量联系起来：

$$E_m=\alpha E_0 \tag{4.7-3}$$

式中 α 值介于 0.25～1 之间，它的意义是不同类型的土的旁压模量与极限压力比值（E_m/p_L）的函数，梅纳根据大量对比试验资料，给出表 4.7-2 的经验值。

表 4.7-2　土的结构系数（α）常见值

土　类		α			变化趋势
		超固结土	正常固结土	扰动土	
淤泥	E_m/p_L				↑大 小
	α		1		
黏土	E_m/p_L	>16	9～16	7～9	
	α	1	0.67	0.5	
粉砂	E_m/p_L	>14	8～14		
	α	0.67	0.5	0.5	
砂	E_m/p_L	>12	7～12		
	α	0.5	0.33	0.33	
砾石和砂	E_m/p_L	>10	6～10		
	α	0.33	0.25	0.25	

实际上，E_m/p_L 值的变化范围较大。根据表 4.7-2 和各试验的 E_m/p_L 值，对黏土的 E_m/p_L 值取 0.67，泥夹卵砾土的 E_m/p_L 值取 0.5，含泥中粗砂的 E_m/p_L 值取 0.33。这样取值计算得到的变形模量总体上是偏小和安全的。经计算求得的各测试点的变形模量见表 4.7-3。

表 4.7-3　旁压模量计算表

试验编号		土类和土的状态	E_m/kPa	p_L/kPa	E_m/p_L	α	E_0/kPa
ZK65	65-01	黑色黏土	4867			0.67	7264
	65-02	红色黏土，夹少量砂砾石	7720	1070	7.21	0.67	11523
	65-03	含黏土砂砾石	22305	3650	6.11	0.50	44609
	65-04	含黏土砂砾石	18189	2400	7.58	0.50	36378
	65-05	含黏土砂砾石	32933	4800	6.86	0.50	65866
	65-06	含黏土砂砾石	91653	7850	11.68	0.50	183307
	65-07	灰黑色黏土	40064	3700	10.83	0.67	59796
	65-08	灰黑夹土红色黏土	18472	2200	8.40	0.67	27570
	65-10	土红色黏土	21543	2100	10.26	0.67	32154
	65-11	青黑色黏土	68846	6400	10.76	0.67	102755
	65-12	土红色黏土	41068	4900	8.38	0.67	61296
	65-13	含黏土中粗砂	39154	5800	6.75	0.33	118649

各孔旁压试验结果的汇总情况见表 4.7-4，这些试验结果反映了各试验土层的绝对软硬情况和承载能力。

表 4.7-4　旁压试验成果汇总表

试验编号		试验点深度/m	岩性（岩组）	旁压试验极限压力 p_L/kPa	旁压模量 E_m/kPa	变形模量 E_0/kPa
ZK65	65-01	7.2	含角砾黏土（Ⅴ）		4867	7264
	65-02	10.8	粉砂质黏土（Ⅳ-2）	1070	7720	11523
	65-03	15.0	块碎石土（Ⅳ-1）	3650	22305	44609
	65-04	17.8	块碎石土（Ⅳ-1）	2400	18189	36378
	65-05	21.9	块碎石土（Ⅳ-1）	4800	32933	65866
	65-06	27.4	块碎石土（Ⅳ-1）	7850	91653	183307
	65-07	37.75	粉砂质黏土（Ⅲ）	3700	40064	59796
	65-08	38.98	粉砂质黏土（Ⅲ）	2200	18472	27570
	65-10	42.0	粉砂质黏土（Ⅲ）	2100	21543	32154
	65-11	44.38	粉砂质黏土（Ⅲ）	6400	68846	102755
	65-12	47.58	粉砂质黏土（Ⅲ）	4900	41068	61296
	65-13	49.4	粉砂质黏土（Ⅲ）	5800	39154	118649

表4.7-3和表4.7-4中的旁压试验成果反映了黏土层的绝对刚度和强度，也反映了土层的土性状态，以及有效上覆压力的影响。对于相同土性状态的黏土层，有效上覆压力（埋置深度）越大则旁压模量和极限压力越大。

表4.7-5为不同岩组旁压试验成果统计结果，表4.7-6为前人总结的常见土的旁压模量和极限压力值的变化范围。

表4.7-5 不同岩组旁压试验成果统计表

岩组		Q_4^{al}-Ⅴ	Q_3^{al}-Ⅳ		Q_3^{al}-Ⅲ
岩性		漂块石碎石土夹砂卵砾石层	粉砂质黏土（Ⅳ-2）	块碎石土（Ⅳ-1）	粉砂质黏土
极限压力 p_L/kPa	最大值	—	2570	7850	6400
	最小值	—	810	2400	2100
	平均值	1140	1605	4675	4183
旁压模量 E_m/kPa	最大值	7926	26043	91653	68846
	最小值	4867	3830	18189	18472
	平均值	6396.5	11829	41270	38191
变形模量 E_0/kPa	最大值	15853	38871	183307	118649
	最小值	7264	5717	36378	27570
	平均值	11559	17656	82540	67037

表4.7-6 常见土的旁压模量和极限压力值的变化范围

土类	旁压模量 E_m/100kPa	极限压力 p_L/100kPa	土类	旁压模量 E_m/100kPa	极限压力 p_L/100kPa
淤泥	2～5	0.7～1.5	粉砂	45～120	5～10
软黏土	5～30	1.5～3.0	砂夹砾石	80～400	12～50
可塑黏土	30～80	3～8	紧密砂	75～400	10～50
硬黏土	80～400	8～25	石灰岩	800～20000	50～150
泥灰岩	50～600	6～40			

为了便于比较和分析试验结果、评价细粒土力学状态，采用归一化的方法以消除有效上覆压力σ_v'的影响，即把在不同有效上覆压力σ_v'下的试验结果归一为统一的有效上覆压力σ_v'下进行比较。归一化中采用旁压模量E_m(kPa)与有效上覆压力σ_v'的关系如下：

$$E_m(\text{kPa})=E_{m(98\text{kPa})}(\sigma_v'/p_a)^{0.5} \tag{4.7-4}$$

式中：$E_{m(98\text{kPa})}$为有效上覆压力等于98kPa下的旁压模量值；p_a为工程大气压力，取98kPa。

表4.7-7给出了经过压力归一化后的旁压模量$E_{m(98\text{kPa})}$。

通过对归一化后的旁压模量分析，可以比较各细粒土的相对软硬状态和评价土层的土性状态。表4.7-8给出了归一化后旁压模量的统计结果，可以看出，各岩组土层的旁压试验结果比较离散，反映了砂砾石层结构复杂、密实度差异大等特点，以致试验点对应的细粒土土性状态变化较大。

表 4.7-7　　旁压模量归一化计算表

试验编号	土名	试验点深度/m	上部土层数	土层厚度/m	土层浮容重/(kN/m³)	有效分层压力/kPa	有效总压力 σ_v'/kPa	旁压模量/kPa	归一旁压模量/kPa
65-01	含角砾黏土（Ⅴ）	7.20	1	7.2	11.42	82.22	82.22	4867	5313
65-02	粉砂质黏土（Ⅳ-2）	10.80	2	10.0	11.42	114.20	122.66	7720	6900
				0.8	10.58	8.46			
65-03	块碎石土（Ⅳ-1）	15.00	3	10.0	11.42	114.20	170.75	22305	16898
				1.8	10.58	19.04			
				3.2	11.72	37.50			
65-04	块碎石土（Ⅳ-1）	17.80	3	10.0	11.42	114.20	203.56	18189	12620
				1.8	10.58	19.04			
				6.0	11.72	70.32			
65-05	块碎石土（Ⅳ-1）	21.90	3	10.0	11.42	114.20	251.62	32933	20553
				1.8	10.58	19.04			
				10.1	11.72	118.37			
65-06	块碎石土（Ⅳ-1）	27.40	3	10.0	11.42	114.20	316.08	91653	51035
				1.8	10.58	19.04			
				15.6	11.72	182.83			
65-07	粉砂质黏土（Ⅲ）	37.75	4	10.0	11.42	114.20	430.02	40064	19126
				1.8	10.58	19.04			
				18.2	11.72	213.30			
				7.75	10.77	83.47			
65-08	粉砂质黏土（Ⅲ）	38.98	4	10.0	11.42	114.20	443.26	18472	8686
				1.8	10.58	19.04			
				18.2	11.72	213.30			
				8.98	10.77	96.72			
65-10	粉砂质黏土（Ⅲ）	42.00	4	10.0	11.42	114.20	475.79	21543	9777
				1.8	10.58	19.04			
				18.2	11.72	213.30			
				12.0	10.77	129.24			
65-11	粉砂质黏土（Ⅲ）	44.38	4	10.0	11.42	114.20	501.42	68846	30436
				1.8	10.58	19.04			
				18.2	11.72	213.30			
				14.38	10.77	154.87			
65-12	粉砂质黏土（Ⅲ）	47.58	4	10.0	11.42	114.20	535.88	41068	17562
				1.8	10.58	19.04			
				18.2	11.72	213.30			
				17.58	10.77	189.34			

续表

试验编号	土名	试验点深度/m	上部土层数	土层厚度/m	土层浮容重/(kN/m³)	有效分层压力/kPa	有效总压力σ'_v/kPa	旁压模量/kPa	归一旁压模量/kPa
65-13	粉砂质黏土(Ⅲ)	49.40	4	10.0	11.42	114.20	555.49	39154	16446
				1.8	10.58	19.04			
				18.2	11.72	213.30			
				19.4	10.77	208.94			

表4.7-8　归一化旁压模量统计表

岩组		Q_4^{al}-Ⅴ	Q_3^{al}-Ⅳ		Q_3^{al}-Ⅲ
岩性		漂块石碎石土夹砂卵砾石层	粉砂质黏土(Ⅳ-2)	块碎石土(Ⅳ-1)	粉砂质黏土
归一化旁压模量$E_{m(98kPa)}$/kPa	最大值	10182	25449	51035	30436
	最小值	5313	4256	12620	8686
	平均值	7746	11907	25277	17006

4.7.3 E-B模型参数反演分析

(1) 基于遗传算法的土体本构模型参数反演方法。遗传算法是近年来得到广泛应用的一种新型优化算法。遗传算法具有智能性搜索、并行式计算和全局优化等优点，可以克服建立在梯度计算基础上的传统优化算法的缺点，特别适合于求解目标函数具有多极值点的优化问题。将遗传算法和有限元数值分析方法相结合，作为反演土性参数的一个新方法进行E-B模型参数反演。

(2) 参数反演分析结果。结合室内和现场试验，采用基于遗传算法的土体本构模型参数旁压试验反演方法对E-B模型参数进行了反演分析。根据现场勘探成果并综合室内试验成果，采用的砂砾石层力学参数建议值见表4.7-9。

表4.7-9　砂砾石层力学参数建议值

岩组代号	岩组名称	密度/(g/cm³)		抗剪强度	
		天然密度	干密度	φ/(°)	c/kPa
Ⅴ	漂块石卵砾碎石土	2.0	1.85	32	20
Ⅳ-2	粉砂质黏土	1.95	1.70	25	30~40
Ⅳ-1	漂块石碎石土	2.0	1.90	33	30
Ⅲ	粉砂质黏土	2.0	1.73	26	35~50
Ⅱ	含漂块石碎石土	2.01	1.95	33	30
Ⅰ	含卵砾中粗砂层	2.01	1.90	30	0

现场旁压试验有3个钻孔共19组，反演程序中的位移值采用现场实测位移值。运用以上数据进行遗传算法优化反演，迭代完成后所得各组最佳参数值见表4.7-10。

表 4.7-10　　E-B 模型参数反演结果

钻孔	试验编号	孔深/m	土类	反演参数值				
				K	n	R_f	K_b	m
ZK36	36-1	5.2	漂块石碎石土（Ⅴ）	1001	0.40	0.76	145	0.38
ZK65	65-1	7.2	含角砾黏土（Ⅴ）	537	0.54	0.62	51	0.33
	65-2	10.8	粉砂质黏土（Ⅳ-2）	665	0.48	0.76	133	0.33
	65-3	15.0	块碎石土（Ⅳ-1）	1663	0.49	0.77	112	0.35
	65-4	17.8	块碎石土（Ⅳ-1）	1347	0.58	0.77	132	0.34
	65-5	21.9	块碎石土（Ⅳ-1）	1888	0.60	0.78	180	0.38
	65-6	27.4	块碎石土（Ⅳ-1）	3243	0.53	0.79	182	0.35
	65-7	37.8	粉砂质黏土（Ⅲ）	1899	0.47	0.79	161	0.36
	65-8	39.0	粉砂质黏土（Ⅲ）	1385	0.47	0.77	129	0.34
	65-10	42.0	粉砂质黏土（Ⅲ）	1306	0.58	0.78	184	0.36
	65-11	44.4	粉砂质黏土（Ⅲ）	2071	0.53	0.76	186	0.37
	65-12	47.6	粉砂质黏土（Ⅲ）	1297	0.58	0.75	132	0.32
	65-13	49.5	粉砂质黏土（Ⅲ）	1424	0.56	0.79	133	0.34
ZK57	57-1	4.5	粉砂质黏土（Ⅳ-2）	606	0.57	0.78	89	0.32
	57-2	6.6	粉砂质黏土（Ⅳ-2）	669	0.55	0.78	29	0.36
	57-3	7.5	粉砂质黏土（Ⅳ-2）	571	0.50	0.75	97	0.32
	57-4	9.7	粉砂质黏土（Ⅳ-2）	1442	0.58	0.78	135	0.38
	57-5	11.6	粉砂质黏土（Ⅳ-2）	1379	0.56	0.77	133	0.34
	57-6	24.1	含角砾粉砂土（Ⅳ-2）	1385	0.47	0.78	140	0.37

根据反演得到的土体模型参数，对各测试点分别进行旁压试验有限元分析，得到不同压力下的计算位移值。由反演参数所得的旁压曲线（图 4.7-2）称为反演旁压曲线。为了比较，图中还同时给出了实测旁压试验曲线，可见实测旁压试验曲线与反演参数计算旁压曲线基本一致。

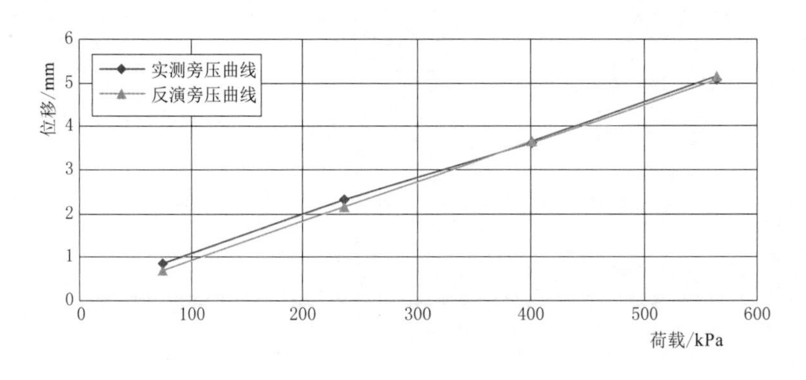

图 4.7-2　ZK36 号孔实测旁压曲线与反演旁压曲线比较

为了显示细粒土原位结构等因素的影响，图 4.7-3 给出了按室内试验参数值计算所得的旁压曲线、反演旁压曲线及实测旁压曲线的比较情况。由室内三轴压缩试验得到的砂砾石层各岩组的 E-B 模型参数值结果见表 4.7-11。

表 4.7-11 砂砾石层材料 E-B 模型参数室内三轴试验结果

砂砾石层分层	干密度 /(g/cm³)	E-B模型参数									
		K	n	c	φ	φ_0	$\Delta\varphi$	R_f	K_{ur}	K_b	m
冲积漂块石碎石土层（Ⅳ-1）	2.00	92	0.834	5	33.6	—	—	0.72	—	24.7	0.880
	2.21	337	0.785	40	32.7	—	—	0.56	—	219	0.172
粉砂质黏土层（Ⅲ）	1.64	191	0.490	62	27.5	—	—	0.66	307	99.2	0.356
	1.52	103	0.693	62	28.5	—	—	0.58	229	71.8	0.446
粉砂质粉土层（Ⅳ-2）	1.36	187	0.478	17	27.3	—	—	0.59	310	105	0.316
含卵砾中粗砂及含漂块石碎石土层（Ⅰ、Ⅱ）	2.16	1194	0.493	—	—	43.7	6.6	0.88	1293	899	0.219

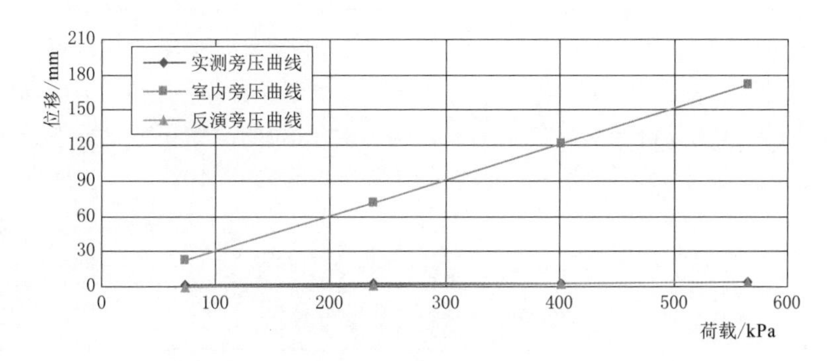

图 4.7-3 ZK36 号孔实测旁压曲线、室内旁压曲线及反演旁压曲线比较

由图 4.7-3 可见，按室内试验参数计算所得到的位移值远大于考虑了原位特性影响的反演参数计算的位移值。室内试验参数计算曲线与实测曲线相差较大，表明砂砾石层土体原位结构性的影响显著。在室内试验结果基础上的反演分析结果较单纯室内试验所得到的结果更能反映实际情况。

表 4.7-12 给出了各岩组模型参数反演结果统计情况，可见对同一岩组模型参数反演值有一定的离散性，特别是变形模量系数 K 变化较大，和前述旁压模量的变化是一致的。

表 4.7-12 砂砾石层 E-B 模型参数反演结果统计表

岩组		Q_4^{al}-Ⅴ	Q_3^{al}-Ⅳ		Q_3^{al}-Ⅲ
岩性		漂块石碎石土夹砂卵砾石层	粉砂质黏土（Ⅳ-2）	块碎石土（Ⅳ-1）	粉砂质黏土
K	最大值	1001	1442	3243	2071
	最小值	537	571	1347	1297
	平均值	769	889	2035	1563

续表

岩组		Q_4^{al}-Ⅴ	Q_3^{al}-Ⅳ		Q_3^{al}-Ⅲ
n	最大值	0.54	0.58	0.60	0.58
	最小值	0.40	0.48	0.49	0.47
	平均值	0.47	0.54	0.55	0.53
R_f	最大值	0.76	0.78	0.79	0.79
	最小值	0.62	0.75	0.77	0.75
	平均值	0.69	0.77	0.78	0.77
K_b	最大值	145	135	182	186
	最小值	51	29	112	129
	平均值	98	103	152	154
m	最大值	0.38	0.38	0.38	0.37
	最小值	0.33	0.32	0.34	0.32
	平均值	0.36	0.34	0.36	0.35

（3）各岩组模型参数敏感性分析。为了评价反演分析结果，并对采用的模型参数提出建议，对各岩组进行了模型参数的敏感性分析，以了解各模型参数对旁压位移曲线的影响。

对参数进行敏感性分析指的是以室内试验分别对不同的岩组确定的模型参数（即 K、n、R_f、K_b 及 m 共 5 个参数）为基准，逐个变化某一参数，计算这个参数改变后的旁压位移曲线变化情况，来研究参数变化对旁压位移和变形的影响程度，确定参数的敏感程度。进行敏感性分析所采用的各岩组的模型参数基准值见表 4.7-13。

表 4.7-13　砂砾石层各岩组的模型参数基准值

岩组代号	岩组名称	天然密度/(g/cm³)	抗剪强度		模型参数				
			φ/(°)	c/kPa	K	n	R_f	K_b	m
Ⅴ	漂块石卵砾碎石土	2.0	32	20	214	0.809	0.64	122	0.526
Ⅳ-2	粉砂质黏土	1.95	25	35	187	0.478	0.59	105	0.316
Ⅳ-1	块石碎石土	2.0	33	30	214	0.809	0.64	122	0.526
Ⅲ	粉砂质黏土	2.0	26	42.5	147	0.592	0.62	85	0.40

总体来说，和以前进行的分析所得到的结论基本一致，即影响旁压变形曲线的主要参数为 K、n 和 R_f，K_b 和 m 的影响较小，具体如下：

（1）对于粉砂质黏土（Ⅲ）、块石碎石土（Ⅳ-1）、粉砂质黏土（Ⅳ-2）及漂块石卵砾碎石土（Ⅴ）等岩组，K 越大旁压位移越小，R_f 越大旁压位移越大，K_b 越大旁压位移越大。

（2）对于粉砂质黏土（Ⅲ）和块石碎石土（Ⅳ-1）岩组，n 越大旁压位移越小；而对于粉砂质黏土（Ⅳ-2）及漂块石卵砾碎石土（Ⅴ）岩组，n 越大旁压位移越大。对不同的岩组，n 的变化对旁压变形的影响趋势不同，反映了试验加载过程中不同岩组土体中应力状态变化的不同。对不同岩组，m 的影响较小，而且变化范围小。

第 5 章

动力触探试验

动力触探试验（dynamic penetration test，DPT）是利用一定的锤击动能，将一定规格的探头打入土中，根据每打入土中一定深度的贯入击数或动贯入阻力来判定土的性质，并对土层进行工程评价的一种原位测试方法。

动力触探技术在国内外应用极为广泛，是建筑工程地基和水利水电工程坝基勘察中简便易行的原位测试方法之一。该测试方法设备简单且坚固耐用，操作及测试方法容易，一学就会，适用性广；测试操作快速、经济，能连续测试土层并可同时取样描述土层（如标准贯入试验），因此，世界上大多数国家都采用该测试技术进行土工勘测，已经积累了丰富的经验。

国外自 1957 年第四届国际土力学与基础工程会议以来的历届会议以及 1974 年、1982 年两届欧洲触探会议的论文报告都说明动力触探方法仍是有效的方法。欧洲一些国家多年来相继制订或修订了全欧或国家的动力触探试验标准。

我国在 20 世纪 50 年代初开始贯入试验，50 年代后期动力触探开始应用于工程地质的勘测中，70 年代已正式将动力触探列入《工业与民用建筑地基基础设计规范》（TJ 7—74）和《工业与民用建筑工程地质勘察规范》（TJ 21—77）中，作为评价地基土的一种有效方法。在此以后，我国不少勘测设计单位在实际应用中又有了新的补充和发展，表现在：动力触探已成为砂砾石、粗粒土勘察测试的主要手段之一；在确定碎石土的容许承载力方面又积累了新的经验，开始应用超重型动力触探和采用电测头；对动力触探的影响因素也有了新的研究。80 年代动力触探测试方法已列入水利水电行业的《土工试验规程》（SL 237—1999）。《粗粒土试验规程》（T/CHES 29—2019）、《岩土工程勘察规范》（GB 50021—2001）、《铁路工程地质原位测试规程》（TB 10018—2018）等有效版本中，均将动力触探这一技术纳入规范中。

由于动力触探测试技术应用历史悠久，是一种较成熟的测试方法，目前测试设备包括机械式和自动式。

动力触探试验在国内外应用极为广泛，是一种重要的土工原位测试方法，具有独特的优点：①设备简单，且坚固耐用；②操作及测试方法容易掌握；③适应性广，砂土、粉土、砾石土、软岩、强风化岩石及黏性土均可；④快速，经济，能连续测试土层；⑤标准贯入试验可同时取样，便于直接观察描述土层情况；⑥应用历史悠久，积累的经验丰富。

5.1 基本原理

动力触探是将重锤打击在一根细长杆件（探杆）上，锤击会在探杆和土体中产生应力波，锤击能量除去一部分消耗于锤与触探杆的碰撞、探杆的弹性变形、探杆与土体的摩擦等外，主要用于克服土体对探头贯入的阻力。总体可用能量平衡法来分析，平衡模型见图

5.1－1。

在一次锤击作用下的功能转换，按能量守恒原理，其关系可写为

$$E_m = E_k + E_c + E_f + E_p + E_e \tag{5.1-1}$$

式中：E_m 为穿心锤下落能量；E_k 为锤与触探器碰撞时损失的能量；E_c 为触探器弹性变形所消耗的能量；E_f 为贯入时克服杆侧壁摩阻力所耗能量；E_p 为土体塑性变形所耗能量；E_e 为土体弹性变形所耗能量。

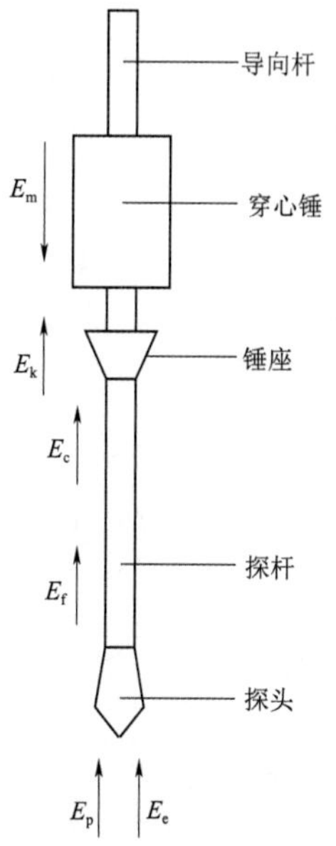

图 5.1－1　动力触探能量平衡示意图

各项能量的计算式分述如下。

（1）穿心锤下落能量 E_m：

$$E_m = Mgh \cdot \eta \tag{5.1-2}$$

式中：M 为穿心锤质量，kg；h 为穿心锤落距，m；g 为重力加速度，m/s^2；η 为落锤效率（受绳索、卷筒等摩擦影响，当采用自动脱钩装置时 $\eta=1$）。

（2）碰撞时能耗 E_k。根据牛顿碰撞理论，有

$$E_k = \frac{mMgh(1-k^2)}{M+m} \tag{5.1-3}$$

式中：m 为触探器质量，kg；k 为与碰撞体材料性质有关的碰撞作用恢复系数，对自由落锤 $k \approx 0.92$。

（3）触探器弹性变形所消耗的能量 E_c：

$$E_c = \frac{R^2 l}{2E\alpha} \tag{5.1-4}$$

式中：l 为触探器长度，m；E 为探杆材料弹性模量，GPa；α 为能量输入探杆系统的传输效率系数，对于国内通用的钢探头，$\alpha \approx 0.65$；R 为土对探头的贯入总阻力，J/cm^2。

（4）土体塑性变形能 E_p：

$$E_p = RS_p \tag{5.1-5}$$

式中：S_p 为每贯入后土的永久变形量（可按每贯击时实测贯入度 e 计）。

（5）土体变形能量 E_e：

$$E_e = 0.5RS_e \tag{5.1-6}$$

式中：S_e 为每锤击时土的弹性变形量，cm。

S_e 可根据如下关系式确定：

$$S_e = 0.66\frac{RD}{ANP_0\beta} \tag{5.1-7}$$

式中：D 为探头直径，m；A 为探头截面积，m^2；N 为永久贯入量为 0.1m 时的击数；P_0 为基准压力，$P_0=1kPa$；β 为土的刚度系数（经验值：黏性土，$\beta=800$；砂土，$\beta=4000$）。

将式（5.1－1）～式（5.1－6）合并整理后得

$$R = \frac{Mgh}{S_p + 0.5S_e} \cdot \frac{M+mk^2}{M+m} \cdot \frac{R^2 l}{2E\alpha} - f \tag{5.1-8}$$

式中：f 为土对探杆侧壁摩擦力，kN。

如果将探杆假定为刚性体（即杆未变形），不考虑杆侧壁摩擦力影响，同时在动力触探测试过程中，只能量测到土的永久变形，故将和弹性变形有关的变量略去，因此土的动贯入阻力 R_d 也可用下式表示：

$$R_d=\frac{M^2gh}{e(M+m)A}\quad(\text{kPa})\tag{5.1-9}$$

其中

$$e=\frac{\Delta S}{n}$$

式中：e 为贯入度，mm；ΔS 为每一阵击贯入深度，mm；n 为相应的一阵击锤击数；A 为圆锥探头底面积，m^2。

因此，从式（5.1-9）可以看出：当 M、h、A、ΔS 等一定时，探头的单位动阻力或击数 n 的大小，反映了土层的动贯入阻力，它与土层的密实度、力学指标有关，经过大量试验数据与其他测试成果建立经验关系，可用于工程实践。

5.2 适用条件

5.2.1 动力触探设备基本构件

虽然各种动力触探试验设备的重量相差悬殊，但其仪器设备的形式却大致相同。图5.2-1示出了目前常用的机械式动力触探中的轻型动力触探仪的贯入系统，它包括了穿心锤、导向杆、锤座、探杆和探头五个部分。其他类型的贯入系统在结构上与此类似，差别主要表现在细部规格上。轻型动力触探使用的落锤质量小，可以使用人力提升的方式，故锤体结构相对简单；重型和超重型动力触探的落锤质量大，使用时需借助机械脱钩装置，故锤体结构要复杂得多。

目前应用较多的机械式动力触探由六部分组成，即导向杆、提引器、穿心锤、锤座、探杆及探头。

（1）导向杆。包括上下导杆，用于控制穿心锤、提引器、锤座等部分。

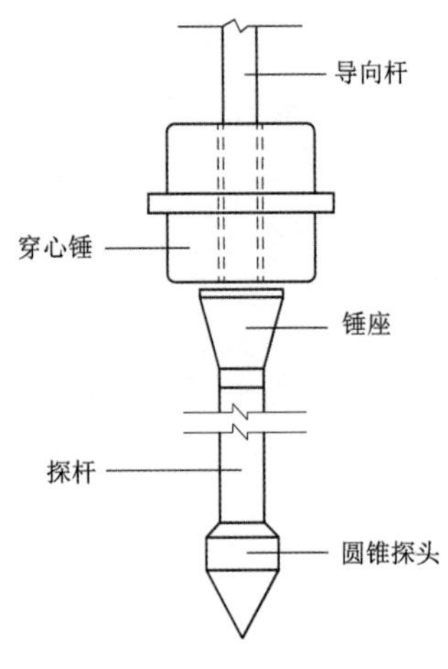

图 5.2-1　轻型动力触探仪

（2）提引器。目前国内常用的提引器尽管结构各异，但就其基本原理可分为两种形式：

1）内挂式（提引器挂住重锤顶帽的内缘而提升），它是利用导杆缩径，使提引器内的活动装置（钢球、偏心轮式挂钩等）发生变位，完成挂锤、脱钩及自由下落的往复过程（图5.2-2）。

2）外挂式（提引器挂住重锤顶帽外缘而提升），它是利用上提力完成挂锤，靠导杆顶端所设弹簧锥套或凸块强制挂钩张开，重锤自由落下。

（3）穿心锤。钢质圆柱形，其高径比一般为1∶1～1∶2，中心圆孔直径比导杆外径大3～4mm。

（4）锤座。包括钢砧与锤垫，国内常用规格根据动力触探设备规格不同而不同。

（5）探杆。其规格尺寸与动力触探设备有关。

（6）探头。从国际上看，外形多为圆锥形，种类繁多，锥头直径达 25 种以上，锥角一般有 30°、45°、60°、90°、120°，广泛使用的有 60°和 90°两种，我国常用探头直径约 5 种，锥角基本上只有 60°一种。探头基本尺寸见图 5.2-3。

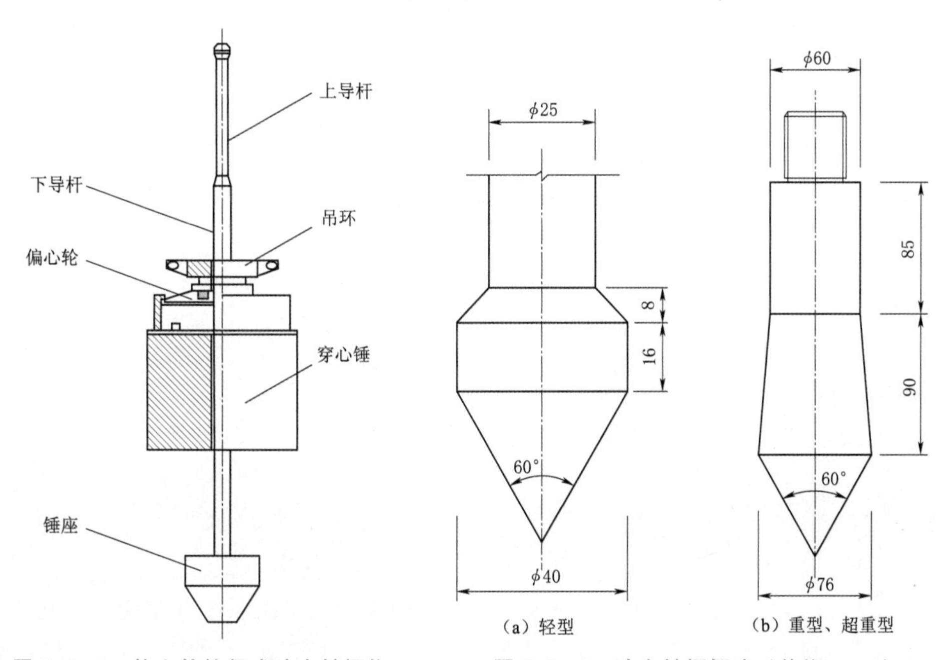

图 5.2-2　偏心轮缩径式动力触探仪

图 5.2-3　动力触探探头（单位：mm）

5.2.2　动力触探测试设备分类及适用条件

动力触探测试设备通常根据穿心锤的重量不同分为轻型（≤10kg）、中型（10～40kg）、重型（40～60kg）及超重型（>60kg），我国《土工试验规程》（SL 237—1999）将圆锥动力触探分为轻型、重型及超重型三种，其穿心锤重量分别为 10kg、63.5kg 及 120kg。轻型动力触探适用于一般黏性土及素填土，特别适用于软土；重型动力触探适用于砂土及砾碎石砂土；超重型动力触探适用于卵砾石、砾石类土（表 5.2-1）。

表 5.2-1　动力触探适用范围

设备类型	黏性土		粉土	砂　土					碎石土（无胶结）		
	黏土	粉质黏土		粉砂	细砂	中砂	粗砂	砾砂	圆砾 角砾	卵石 碎石	漂石 块石
轻型	■	■	■	▲	▲	○	○	○	○	○	○
重型	▲	▲	▲	▲	▲	■	■	■	■	■	○
超重型	○	○	○	○	○	○	▲	▲	■	■	■

注　■—用于确定地基承载力和变形模量；▲—用于划分土的力学分层，评价图层的均匀程度；○—不适宜。

《岩土工程勘察规范》（GB 50021—2001）将圆锥动力触探分为轻型（DPL，锤重10kg±0.1kg），中型（DPM，锤重 28kg±0.3kg），重型（DPH，锤重 63.5kg±0.5kg），以及超重型（DPSH，锤重 120kg±1kg）。

5.2.3 国外动力触探设备分类及规格

世界各国使用的动力触探设备规格不一，其中以法国、德国、保加利亚和瑞士等动力触探设备种类较多，详见表 5.2-2。

表 5.2-2　　国外动力触探设备分类及规格

国家或组织	类型	锤重 /kg	落距 /cm	探杆外径 /mm	锥部外径 /mm	锥部断面面积 /cm²	锥部形状	成果表示符号（单位）
欧洲委员会	A 型（DPA）	63.5	75	40～45	62	30	90°圆锥	N_{da}（击/30cm）
	B 型（DPB）			32	51	20		N_{db}（击/30cm）
德国	LRS5	10	50	22	25.2	5	60°圆锥	n_{10}（击/10cm）
	LRS10				35.6	10		
	MRSA10	30	20					
	MRSB10		50	32				
	SRS10	50						
	SRS15				43.7	15		
匈牙利	—	50	50	38～42	55	23.8	60°圆锥	（击/25cm）
保加利亚	轻量	20	25	22	25		90°圆锥	N(击/10cm)
	重量	50	50	32	47.7	5.9		
	超重量	60	80	42	74	17.8	60°圆锥	
	套管	63.2	76.2	42～50	51	43	套管	
印度	Ⅰ	65	75	41	50	19.5	—	N_{cd}（击/30cm）
	Ⅱ				65	33.2		N_{cb}（击/30cm）
瑞典	A 法	63.5	50	32	45	16	90°圆锥	（击/20cm）
	B 法		60					
芬兰	—	65	60	32	45	16	90°圆锥	（击/20cm）
					51	20		
日本	大型	63.5	75	40.5	50.8	20.3	60°圆锥	N_d（击/30cm）
	中型	30	35	33.5	50.4	19.6		N_d（击/10cm）
	土研式（轻型）	5	50	25	30	7.1		N_d（击/15cm）
瑞士	轻型（ARES）	10	50	22	35.6	10	90°圆锥	N_d（击/20cm）
	轻型	20	50	24	36	110		
	中型（IGB）	30	20	23	36	10	30°圆锥	
	重型（ARES）	50	50	32	43.7	15	90°圆锥	

续表

国家或组织	类型	锤重/kg	落距/cm	探杆外径/mm	锥部外径/mm	锥部断面面积/cm^2	锥部形状	成果表示符号（单位）
瑞士	重型	50	75	38	40	—	120°圆锥	N_d（击/20cm）
		60	50	38	62	30.2	90°圆锥	
		67	50	32	40	16	45°圆锥	
		50	50	42	25	—	套管	
		50	32	43	62	30	90°圆锥	
		50	50	33.5	43.7	15	60°圆锥	
波兰	轻型	10	50	22	35.6	10	60°圆锥	（击/10cm）
	重型	65	75	42	50.5	20	60°圆锥	（击/20cm）
	ITB-ZW	22	25	22	63.6		十字板	（击/10cm）
	LINIVERSAL	20	25	33	50.8	20.3	60°圆锥	
苏联	轻型	30	40	42	74	43	60°圆锥	—
	中型	60	80	42	74	43		
	重型	120	100	42	74	43		
法国	E·T·F	150	50	45	65	33	—	—
	VERITAS	15	100	34	50	19.6	—	
	SOCOTSO	8	80	25	35	9.6	—	
	SOCOTSO	5.2	100	18	35	9.6	—	
	BERG	60	50	32	60	28.3	—	
	SOBESOL	60	50～100	42	55	23.8	—	
	DUREMEYER	130.75	100	31.5	75	44.2	—	
	ANN	5.2	100	18	35	9.6	—	
	STSCO	50	50	32	43.7	15	—	
	PILCON	75	65	42	60	28.3	—	
	NORDMEYER	10	50	22	25.2	5	—	
	BOTTE	50/100	50	32	43.7	15	—	
	GEOT·APP	25/100	40	36	60	28.3	—	
	TECHNOSOL	65	75	41	63	31.2	—	
挪威	—	63.5	50	32	40	12.6	90°圆锥	Q(kN·m/n)
澳大利亚	—	30.5	61	16	21	3.5	170°/180°	（击/30cm）
意大利	—	73	75	33	51	20.4	60°圆锥	（击/30cm）
葡萄牙	—	10	50	25	30	7.1	90°圆锥	—
西班牙	—	65	50	32	40	12.6	90°圆锥	n_{20}（击/20cm）
希腊	—	50	50	32	43.7	15	90°圆锥	N(击/20cm)
南非	—	63.5	75	33.3	50	19.6	60°圆锥	（击/30cm）

目前国外常用的动力触探设备见表5.2-3。

表5.2-3　　国外常用的动力触探设备

来源	类型	锤重/kg	落距/cm	探头形式	探头尺寸			成果表示方法
					直径/mm	截面面积/cm²	锥角/(°)	
国际会议资料（1957年、1974年、1982年）	轻型	10	50	圆锥	35.6	10	60	N(击/24cm)
	中型	30	20	圆锥	35.6	10	60	N(击/24cm)
	重型	50	50	圆锥	43.7	15	60	N(击/24cm)
欧洲委员会	DPA	63.5	75	圆锥	62	30	90	N(击/30cm)
	DPB	63.5	75	圆锥	51	20	90	N(击/30cm)
苏联	轻型	30	40	圆锥	74	43	60	N(击/10cm)
	中型	60	80	圆锥	74	43	60	
	重型	120	100	圆锥	74	43	60	

5.2.4 国内动力触探设备及规格

我国动力触探测试方法在工民建行业应用最早，除中型动力触探外，轻型、重型、超重型动力触探已积累了一定的经验，并引入现行各有关规范。我国动力触探分类及设备指标见表5.2-4。

表5.2-4　　我国动力触探分类及设备指标

类型		轻型（N_{10}）	中型（N_{28}）	重型（$N_{63.5}$）	超重型（N_{120}）
落锤	锤的质量/kg	10±0.2	28±0.2	63.5±0.5	120±1
	落距/cm	50±2	80±2	76±2	100±2
探头	直径/mm	40	61.8	74	74
	锥角/(°)	60	60	60	60
探杆直径/mm		25	33.5	42	60
贯入指标		贯入30cm锤击数	贯入10cm锤击数	贯入10cm锤击数	贯入10cm锤击数

水利水电行业应用动力触探测试方法在西南和西北地区较为普遍，《土工试验规程》(SL 237—1999）和《粗粒土试验规程》（T/CHES 29—2019）中将动力触探设备规格分为三类，见表5.2-5。

表5.2-5　　水利水电行业动力触探设备规格

设备类型		轻型（N_{10}）	重型（$N_{63.5}$）	超重型（N_{120}）
落锤	锤的质量 m/kg	10±0.2	63.5±0.5	120±1
	落距 H/cm	50±2	76±2	100±2
探头	直径/mm	40	74	74
	截面面积/cm²	12.6	43	43
	锥角/(°)	60	60	60
	锥座质量/kg	—	10～15	—

续表

设备类型		轻型（N_{10}）	重型（$N_{63.5}$）	超重型（N_{120}）
探杆	直径/mm	25	42.5	50～63
	每米质量/kg	—	<8	<12
贯入指标		贯入30cm锤击数	贯入10cm锤击数	贯入10cm锤击数

国内生产动力触探设备的单位有多家，其中WKZ型动力触探仪具有轻型、中型、重型和超重型四种规格。自动落锤均为滑销式结构，提引器上抓下放操作可靠又轻巧，弹簧伸缩导杆（串心杆）短而灵活、设置有保险安全机构，水中也能正常工作，其类型及规格见表5.2-6。

表5.2-6　　WKZ型动力触探类型及规格表

型号	类别	落锤质量/kg	落距/cm	圆锥触探头尺寸		触探杆外径/mm
				锥角/(°)	锥底径/mm	
WKZ10	轻型	10±0.2	50±2	60	40	25
WKZ28	中型	28±0.2	80±2	60	61.8	33.5
WKZ63.5	重型	63.5±0.5	76±2	60	74	42
WKZ120	超重型	120±1.0	100±2	60	74	50

5.3　测试程序要求

各种规程规范对动力触探测试方法操作步骤或工作程序均有详细要求，总体来看，变化不大。本节针对水利水电行业动力触探程序要求进行系统说明。

5.3.1　圆锥动力触探测试技术要求

（1）动力触探测试时，落锤方式对锤击能量的影响极大，不应采用人拉绳及卷扬钢丝方式提升穿心锤，而应采用固定落距的自动落锤锤击方式。

（2）触探杆连接后的最初5m的最大偏斜度不应超过1%，大于5m后的最大偏斜度不应超过2%。试验开始时，应保持探头与探杆有很好的垂直导向，必要时可预先钻孔作为垂直导向。锤击贯入应连续进行，不宜间断，锤击速率一般为15～30击/min。在砂土和碎石类土中，锤击速率对试验成果影响不大，锤击速率可适当增加到60击/min。锤击过程应防止锤击偏心、探杆歪斜和探杆侧向晃动。每贯入1m，应将探杆转动约1圈半，使触探杆能保持垂直贯入，并减少探杆的侧阻力。当贯入深度超过10m时，每贯入0.2m即应旋转探杆。

（3）试验过程中锤击间歇时间应做记录。

（4）轻型动力触探记录每贯入30cm的锤击数，以N_{10}表示；重型及超重型动力触探记录每贯入10cm所需的锤击数，以$N_{63.5}$和N_{120}表示，同时可用动贯入阻力作为触探指标。

(5) 对轻型、重型圆锥动力触探，贯入击数 N_{10}、$N_{63.5}$ 的正常范围是 3～50 击；超重圆锥动力触探 N_{120} 的正常范围是 3～40 击。贯入时，记录贯入深度及一定贯入量的锤击数，或一阵击的贯入量及相应的锤击数。当击数超出正常范围时，如遇软土，可记录每击的贯入度；如遇硬土，可记录一定击数下的贯入度。

(6) 贯入 15cm：$N_{10}>50$ 击时即可停止试验，$N_{63.5}>50$ 击时即可停止试验，考虑改用超重型圆锥动力触探。

5.3.2 轻型动力触探测试程序要求

轻型动力触探主要由圆锥头、触探杆、穿心锤三部分组成。触探杆系采用直径 25mm 的金属管，每根长 1.0～1.5m，穿心锤重 10kg。轻型动力触探测试程序包括以下步骤：

(1) 先用轻便钻具钻至试验土层标高以上 0.3m 处，然后对所需试验土层连续进行触探。

(2) 试验时，穿心锤落距为 50cm±2cm，使其自由下落，将探头垂直打入土层中，记录每打入土层中 30cm 时所需的锤击数 N_{10}（最初 30cm 可以不记）。

(3) 若需描述土层情况时，可将触探杆拔出，取下探头，换上轻便钻头或贯入器进行取样。

(4) 如遇密实坚硬土层，当贯入深度 30cm 所需锤击数超过 100 击或贯入 15cm 超过 50 击时，即可停止试验。如需对下卧土层进行试验时，可用钻具穿透坚实土层后再贯入。

(5) 本试验一般用于贯入深度小于 4m 的土层。必要时，也可在贯入 4m 后用钻具将孔掏清后再继续贯入 2m。

5.3.3 中型动力触探测试程序要求

中型动力触探主要由圆锥头、触探杆、穿心锤三部分组成。中型动力触探测试程序包括以下步骤：

(1) 试验时，提升提引钩，使穿心锤自由下落，落距为 80cm，应连续贯入，不宜中断，直到预定深度。

(2) 贯入时，应及时记录贯入深度，一阵击的贯入量及相应的锤击数，一般黏性土，贯入 20～30cm 为一阵击；软土，贯入 3～5cm 为一阵击，并按式（5.3-1）计算每贯入 10cm 的实测锤击数 N_{28}：

$$N_{28}=\frac{K}{s}\times 10 \tag{5.3-1}$$

式中：N_{28} 为贯入 10cm 的实测锤击数，击/10cm；K 为一阵击的锤击数；s 为一阵击的贯入深度，cm。

5.3.4 重型动力触探测试程序要求

重型动力触探主要由触探头、触探杆、穿心锤三部分组成。触探杆直径 42.5mm，穿心锤重 63.5kg。重型动力触探测试程序包括以下步骤：

(1) 试验前，触探架应安装平稳，保持触探孔垂直，垂直度的最大偏差不得超过

2%。触探杆应保持平直，连接牢固。

(2) 试验时，应使穿心锤自由下落，落锤落距76cm±2cm。地面上的触探杆的高度不宜过高，以免倾斜与摆动太大。

(3) 锤击速率宜控制在15～30击/min，打入过程应尽可能是连续的，所有超过5min的间断都应在记录中予以注明。

(4) 及时记录每贯入10cm所需锤击数，其方法可在触探杆上每隔10cm划出标记，然后直接（或用仪器）记录锤击数；也可记录每一阵击的贯入度，然后按式（5.3-2）再换算为每贯入10cm所需的锤击数。

$$N_{63.5}=\frac{10}{e} \tag{5.3-2}$$

其中
$$e=\frac{\Delta s}{n}$$

式中：$N_{63.5}$为每贯入10cm所需锤击数（超重型为N_{120}）；e为每击贯入度，cm；Δs为一阵击贯入度，cm；n为相应的一阵击锤击数。

(5) 对于一般砂、圆砾和卵石，触探深度不宜超过12～15m，超过该深度时，需考虑触探杆侧壁摩阻影响。

(6) 每贯入10cm所需锤击数连续3次超过50击时，即停止试验。如需对土层继续进行试验，可改用超重型动力触探。

(7) 本试验可在钻孔中分段进行，一般可先进行贯入，然后进行钻探至动力触探所及深度以上1m处，取出钻具将触探器放入孔内再进行贯入。

5.3.5 超重型动力触探测试程序要求

超重型动力触探主要有探头（同重型动力触探），触探杆直径50～63mm，穿心锤重120kg。超重型动力触探测试程序包括以下步骤：

(1) 贯入时穿心锤自由下落，落距为100cm±2cm，贯入深度一般不宜超过20m，超过该深度时，需考虑触探杆侧壁的影响。

(2) 其他程序步骤与重型动力触探基本相同。

5.4 资料整理

5.4.1 动力触探测试记录格式及资料校对

由于试验记录是第一手原始资料，因此记录应尽可能详细、全面，应将试验过程所发生的一切因素如触探杆与地面是否垂直、贯入层深度、触探杆长度、孔口标高、锤座质量、贯入度、间断时间等全部记录在案。同时在每个孔动力触探测试完成后，应在现场及时核对所记录的击数、尺寸是否有错漏，项目是否齐全；核对完备后，必须在记录表中签上记录者的名字和测试日期。

《粗粒土试验规程》（T/CHES 29—2019）中规定，在确定触探指标时，除用贯入一

定深度所需锤击数 N_{10}、$N_{63.5}$、N_{120} 表示外，也可用动力贯入阻力作为触探指标。可用式（5.4-1）计算动贯入阻力 q_d：

$$q_d=\frac{Q^2}{(Q+q)}\frac{H}{Ae}\times 1000 \tag{5.4-1}$$

式中：q_d 为探头单位面积的动贯入阻力，kPa；Q 为落锤重，kN；q 为触探器，即被打入部分（包括探头、触探杆、锤座和导向杆）的重量，kN；H 为落距，m；A 为探头面积，m^2；e 为每击贯入度，mm；1000 为单位换算系数。

5.4.2　动力触探测试实测成果修正

1. 影响动力触探测试成果的主要因素

动力触探测试的设备和测试方法较多，影响其试验成果的因素也较多，归结起来可以分为两大类，即土层本身及测试机理方面的影响和设备类型和测试方法方面的影响。

（1）动力触探的有效锤击重量。动力触探的锤击能量，即穿心锤重量（Q）与落距（H）的乘积。锤击能量除了用于克服土对触探头的贯入阻力外，还消耗于锤与锤座的碰撞、探杆的弹性变形、探杆及孔壁土的摩擦及钢丝绳对锤自由下落的阻力等。用于克服土对触探头阻力的锤击能量为有效能量，只占整个锤击能量的一部分。有效锤击能量的大小是影响动力触探成果值的最主要因素。

由于影响有效锤击能量的因素较多，影响程度变化较大，解决此影响的最好办法是在触探头或锤座上安装测试仪直接测定有效锤击能量，或是用探头的单位动贯入阻力将各种动力触探成果进行归一化处理，即可使动力触探测试成果互相通用。计算探头单位动贯入阻力可采用公式进行计算。

（2）动力触探设备贯入能力。动力触探设备贯入能力是由锤重、落距、探头截面积及形状等因素决定的。在实际勘测工作中，应根据不同勘察目的和地层，选用不同贯入能力的动力触探设备，否则探测成果精度较差。

（3）触探杆长度。关于触探杆长度的影响，世界各国看法不一。许多国家认为没有影响，原因是随测试深度的增加，探杆重量增加，其影响是减少锤击数；但随着深度增加，触探杆和孔壁之间的摩擦力和土的侧向压力也增加了，其影响是增加锤击数。因此，二者影响可部分抵消，不必对探杆长度进行修正。仅我国和日本的个别规范规定，须对探杆长度进行修正。《建筑地基基础设计规范》（GB 50007—2011）规定，贯入测试中钻（探）杆长度应控制在 3～21m 范围内，锤击数应乘以修正系数；但各规范对各种类型动力触探修正系数不太一致。

通过对动探后的有效能量实测，发现随着探杆长度的增大，有效能量逐渐增大，超过一定杆长后，有效能量趋于定值，也就是说，轻型动探杆长超过 3m，中型动探杆长大于 5m，重型动探杆长大于 10m 时，杆长对击数影响已很小，可忽略不计。国内对贯入测试锤击数的修正是通过杆长的修正来实现的，而过去建立的贯入指标 N 与土的物理力学性质指标、承载力等的经验关系中的 N 均经杆长修正，故在实际应用时需经杆长修正。在评定砂土、粉土液化时，抗震规范中对 N 值不作修正。

（4）钻进方式。在贯入测试中，钻进方式和质量对贯入指标 N 有较大影响，规定不允许采用冲击钻，因为会使测试土层受压而使 N 值增大，因此必须采用回转钻进。在砂层中钻进需采用泥浆护壁，以保持孔壁稳定。钻进时应注意以下事项：

1）须保持孔内水位高出地下水水位一定高度，保持孔底土处于平衡状态。不使孔底发生涌砂变松，影响 N 值。

2）下套管不要超过试验标高。

3）须缓慢下放钻具，避免孔底土的扰动。

4）细心清除孔底浮土，其厚度不得大于10cm。

5）如钻进中已取样，不应在锤击法取样后立刻进行贯入测试，而应在钻进一定深度后再做贯入测试。

6）钻孔直径不宜过大，以免加大锤击时探杆的晃动。

（5）土的有效上覆压力。随着贯入深度的增加，土的有效上覆压力和侧压力都会增加，都会增大贯入阻力，增大锤击数。很多人对此进行了研究，并对锤击数进行了深度影响修正。我国对此未进行考虑。

（6）探杆偏斜。实践表明，触探杆的偏斜会增加探杆与孔壁的摩擦，减小有效锤击重量，对锤击数也有较大影响。因此，规范中规定：触探杆最大偏斜度不应超过2%。

2. 实测成果修正

（1）轻型动力触探。《粗粒土试验规程》（T/CHES 29—2019）规定，轻型动力触探最大测试深度为6m，按目前国内外通行做法，均不进行实测成果修正。将每一土层各段进行的实测击数的平均值作为该土层的贯入指标 N_{10}。

（2）中型动力触探。目前，中型动力触探在实际工作中很少使用，《粗粒土试验规程》中对此无规定。过去某些单位按式（5.4-2）对实测贯入击数进行杆长修正（表5.4-1），对其他影响因素不予考虑：

$$N_{28}=\alpha_1\times N'_{28} \tag{5.4-2}$$

式中：N'_{28} 为实测锤击数，击/10cm；N_{28} 为杆长修正后的锤击数，击/10cm；α_1 为杆长修正系数。

表5.4-1 N_{28} 的杆长修正系数

杆长 L/m	≤1	2	3	4	5	6	10	12	15
α_1	1.00	0.96	0.90	0.85	0.83	0.81	0.76	0.75	0.74

表5.4-1相关关系式：$\ln\alpha_1=-0.121647\times\ln L+0.0159093$。

（3）重型动力触探。对重型动力触探实测击数的修正，各部门考虑因素不一致，《岩土工程勘察规范》（GB 50021—2001）、《铁路工程地质原位测试规程》（TB 10018—2018）、《冶金工业岩土勘察原位测试规范》（GB/T 50480—2008）中规定按下式进行探杆长度修正（当触探杆长度大于2m时）：

$$N_{63.5}=\alpha N'_{63.5} \tag{5.4-3}$$

式中：$N_{63.5}$ 为重型动力触探修正后的击数，击/10cm；$N'_{63.5}$ 为重型动力触探实测锤击数，击/10cm；α 为杆长修正系数，见表5.4-2～表5.4-4。

表 5.4-2　　建设部门标准杆长修正系数

$N'_{63.5}$	杆长修正系数 α							
	$L\leqslant 2$m	$L=4$m	$L=6$m	$L=8$m	$L=10$m	$L=12$m	$L=14$m	$L=16$m
1	1.0	0.98	0.96	0.93	0.90	0.87	0.84	0.81
5	1.0	0.96	0.93	0.90	0.86	0.83	0.80	0.77
10	1.0	0.95	0.91	0.87	0.83	0.79	0.76	0.73
15	1.0	0.95	0.91	0.87	0.83	0.79	0.76	0.72
20	1.0				0.77	0.73	0.69	0.66

注　1. $N'_{63.5}$ 为重型动力触探实测击数（击/10cm）；α 值由自由落锤测得。
　　2. L 为触探杆长度，m。

表 5.4-3　　铁道部门标准杆长修正系数

L/m	实测的锤击数								
	5	10	15	20	25	30	35	40	≥50
	杆长修正系数 α								
<2	1.0	1.0	1.0	1.0	1.0	1.0	1.0	1.0	
4	0.96	0.95	0.93	0.92	0.90	0.89	0.87	0.86	0.84
6	0.93	0.90	0.88	0.85	0.83	0.81	0.79	0.78	0.75
8	0.90	0.86	0.83	0.80	0.77	0.75	0.73	0.71	0.67
10	0.88	0.83	0.79	0.75	0.72	0.69	0.67	0.64	0.61
12	0.85	0.79	0.75	0.70	0.67	0.64	0.61	0.59	0.55
14	0.82	0.76	0.71	0.66	0.62	0.58	0.56	0.53	0.50
16	0.79	0.73	0.67	0.62	0.57	0.54	0.51	0.48	0.45
18	0.77	0.70	0.63	0.57	0.53	0.49	0.46	0.43	0.40
20	0.75	0.67	0.59	0.53	0.48	0.44	0.41	0.39	0.36

注　1. L 为探杆总长度，m。
　　2. 本表可以内插取值。
　　3. 本表引自《动力触探技术规定》（TBJ 18—87）。

表 5.4-4　　原冶金部、原有色金属行业标准杆长修正系数

L/m	实测的锤击数								
	5	10	15	20	25	30	35	40	≥50
	杆长修正系数 α								
<2	1.0	1.0	1.0	1.0	1.0	1.0	1.0	1.0	
4	0.96	0.95	0.93	0.92	0.90	0.89	0.87	0.86	0.84
6	0.93	0.90	0.88	0.85	0.83	0.81	0.79	0.78	0.75
8	0.90	0.86	0.83	0.80	0.77	0.75	0.73	0.71	0.67
10	0.88	0.83	0.79	0.75	0.72	0.69	0.67	0.64	0.61
12	0.85	0.79	0.75	0.70	0.67	0.64	0.61	0.59	0.55

注　本表引自《动力触探试验规程》（YSJ 219—90、YBJ 18—90）。

《岩土工程勘察规范》和水利水电行业对动力触探均未作杆长修正的规定。

另外，《工业与民用建筑工程地质勘察规范》（TJ 21—77）中还要求，对于地下水水位以下的中砂、粗砂、砾砂和圆砾、卵石，其锤击数应按下式进行修正：

$$N'_{63.5}=1.1N_{63.5}+1 \tag{5.4-4}$$

式中：$N_{63.5}$ 为地下水水位以下实测的锤击数，击/10cm；$N'_{63.5}$ 为修正后的锤击数，击/10cm。

水利水电行业制定的动力触探规程，不考虑地下水的影响。认为砂土饱和后，不仅触探贯入阻力降低，而且土的抗剪强度、承载力等也随之降低。

关于杆侧摩擦的影响，国内规范中均未作明确规定，一般情况下，重型动力触探深度小于 15m，超重型动力触探深度小于 20m 时，可以不考虑侧壁摩擦的影响，超过该深度只能通过采取措施消除侧壁摩擦的影响。

（4）超重型动力触探。对超重型动力触探探杆长度的修正，铁路部门《铁路工程地质原位测试规程》（TB 10018—2018）规定，可将超重型动力触探 N_{120} 按式（5.4-5）换算成相当于 $N_{63.5}$ 的实测击数，然后再按式（5.4-3）进行修正：

$$N_{63.5}=3N_{120}-0.5 \tag{5.4-5}$$

式中：N_{120} 为超重型实测锤击数，击/10cm；$N_{63.5}$ 为重量型实测锤击数，击/10cm。

原中国建筑西南勘察院（中国建筑西南勘察设计研究院有限公司）认为根据实测动阻力变化规律，制定它自身的修正系数是合适的，并建议用式（5.4-6）进行修正：

$$N_{120}=\alpha\cdot N'_{120} \tag{5.4-6}$$

式中：N_{120} 为触探杆修正后的锤击数，击/10cm；N'_{120}为实测的锤击数，击/10cm；α 为杆长修正系数，按表 5.4-5 取值。

表 5.4-5　西南勘察院杆长修正系数 α

L/m	实测的锤击数											
	1	3	5	7	9	10	15	20	25	30	35	40
	杆长修正系数 α											
1	1	1	1	1	1	1	1	1	1	1	1	1
2	0.963	0.921	0.910	0.905	0.902	0.901	0.896	0.891	0.888	0.884	0.881	0.879
3	0.942	0.875	0.858	0.850	0.845	0.843	0.835	0.828	0.822	0.817	0.812	0.808
5	0.915	0.817	0.792	0.781	0.773	0.770	0.758	0.748	0.739	0.732	0.725	0.719
7	0.897	0.778	0.749	0.735	0.726	0.722	0.707	0.695	0.685	0.676	0.667	0.660
9	0.884	0.750	0.716	0.700	0.690	0.680	0.670	0.656	0.644	0.634	0.624	0.616
11	0.873	0.727	0.690	0.673	0.662	0.658	0.639	0.624	0.612	0.600	0.590	0.581
13	0.864	0.708	0.669	0.650	0.639	0.634	0.614	0.598	0.584	0.572	0.561	0.551
15	0.857	0.691	0.650	0.631	0.619	0.614	0.593	0.576	0.561	0.548	0.537	0.526
17	0.850	0.677	0.634	0.614	0.601	0.596	0.574	0.556	0.541	0.528	0.515	0.504
19	0.844	0.664	0.620	0.598	0.585	0.580	0.557	0.539	0.523	0.509	0.496	0.485

水利水电行业动力触探规程中，对深度不作修正；但规定触探深度不宜超过 20m，若超过此深度，需考虑触探杆侧壁的影响，但对如何考虑未作规定说明。

3. 动探成果修正后成果资料整理

动力触探成果修正后的击数可认为是标准击数，根据标准击数还应进行以下整理工作：

（1）绘制击数深度曲线图。单孔动力触探应绘制动探击数（或动贯入阻力）与深度的关系曲线图，以修正后的锤击数（N_x，x 为下标，轻型 x 为 28；重型 x 为 63.5，超重型 x 为 120 等）作为横坐标，贯入深度（H）作为纵坐标或以动贯入阻力作为横坐标绘制曲

线图（图 5.4-1）。曲线图可以直观地反映出动贯入阻力或锤击数随孔深的变化情况。曲线图的绘制可用人工进行，也可用计算机自动绘制。

（2）进行力学分层。根据锤击数或动贯入力与深度的曲线可粗略划分土层。一般来说，锤击数越少，土的颗粒越细；锤击数越多，土的颗粒越粗。进行力学分层时当由软层（小击数）进入硬层（大击数），其分界线应在软层最后一个值以下 10～20cm 处，由硬层进入软层时，分层点应在软层第一个小值点以上 10～20cm 处。分层后对各层动力触探击数平均值的确定在《岩土工程勘察规范》（GB 50021—2001）规范中给出了明确的要求：

1）在各层厚度范围内，划分出软硬地层界面影响击数的范围，中间部分称为该层的有效厚度（图 5.4-1）。

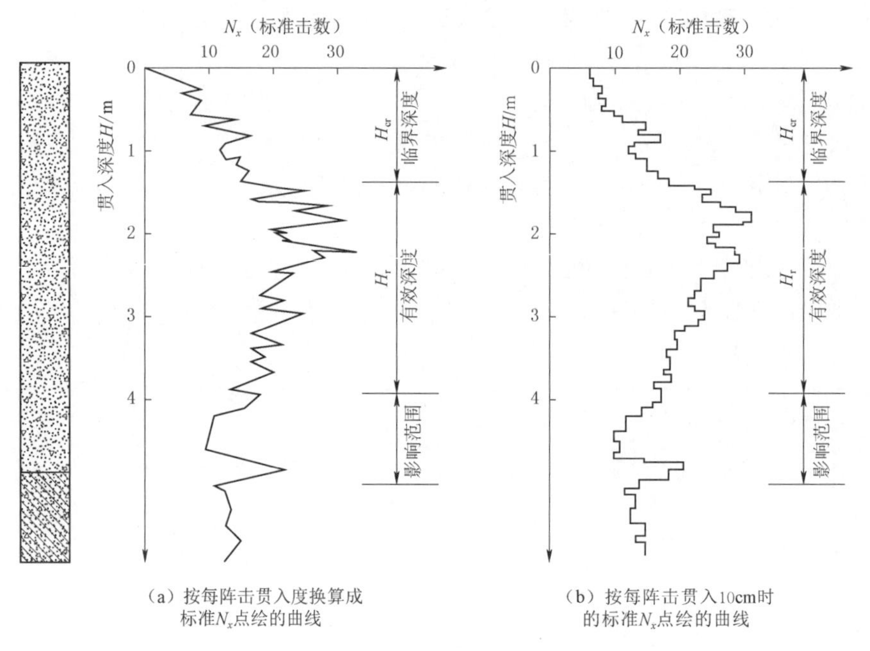

图 5.4-1　动力触探标准击数与贯入深度曲线图

2）在有效厚度内，剔除超前和滞后影响范围内及个别指标异常值后，即可计算单孔分层动探指标算术平均值。

3）当土质均匀，动探数据离散性不大时，可取各孔分层平均动探值，用厚度加权平均法计算场地分层平均动探值 $\overline{N}$。当动探数据离散性大时，宜采用多孔资料或与钻探资料及其他原位测试资料综合分析。

4）当有效层小于 30cm，上下均为击数较小的土层时，动力触探击数平均值可取该层中间部分击数的较大值；上下两层均为击数较大的土层时，动力触探的平均值应取小于或等于该层中间部分击数的小值。

5.5　成果计算

动力触探测试最终目的是通过动力触探锤击数 N_x 确定各类土的容许承载力及土层部分

物理力学参数，查明土层在水平和垂直方向上的均匀程度，确定桩基持力层的位置和单桩承载力，或通过标准贯入击数 N 判断砂土的密实程度或黏性土的稠度，确定地基土的容许承载力，评定砂土的振动液化势和估计单桩的承载力，取扰动土样进行一般物理力学试验等。

5.5.1 轻型动力触探成果计算

轻型动力触探击数 N_{10} 主要用于确定地基土承载力 f_k 及砂土密实度。

1. 地基承载力的确定

(1)《建筑地基基础设计规范》(GB 50007—2011) 中规定：地基标准承载力 f_k 值可以根据表 5.5-1 及表 5.5-2 选取。

表 5.5-1 黏性土地基容许承载力

N_{10}	15	20	25	30
f_k/kPa	105	145	190	230

表 5.5-1 相关关系式为

$$f_k=8.4N_{10}-21.5 \tag{5.5-1}$$

表 5.5-2 素填土承载力标准值

N_{10}	10	20	30	40
f_k/kPa	85	115	135	160

注 本表只适用于黏性土与粉土组成的素填土。

表 5.5-2 相关关系式为

$$f_k=2.45N_{10}+62.5 \quad (r=0.9942) \tag{5.5-2}$$

(2) 广州地区一般黏性土和新近堆积黏性土地基承载力可根据表 5.5-3 取值。

表 5.5-3 一般黏性土承载力标准值

N_{10}	6	8	10	15	20	25	30	35	40	45	50	60	70	80	90
f_k/kPa	51	60	69	92	114	137	159	182	204	227	249	294	339	384	429

也可根据以下相关关系式确定承载力标准值：

$$f_k=24+4.5N_{10} \tag{5.5-3}$$

(3) 西安地区按表 5.5-4 确定地基土容许承载力。

表 5.5-4 含少量杂物杂填土容许承载力及孔隙比

N_{10}	15～20	18～25	23～30	27～35	32～40	35～50
e	1.25～1.15	1.20～1.10	1.15～1.00	1.05～0.90	0.95～0.80	<0.80
f_k/kPa	40～70	60～90	80～120	100～150	130～180	150～200

注 e 为孔隙比，饱和度 $S_r>0.60$ 时取下限，饱和度 $S_f<0.60$ 时取上限。

(4)《北京地区建筑地基基础勘察设计规范》(2016 年版) (DBJ 11—501—2009) 给出的承载力标准值及压缩模量的关系见表5.5-5。

表 5.5-5　　北京地区 N_{10} 与承载力、压缩模量的关系

N_{10}		5	6	8	9	10	14	16	17	18	20	22	23	25	26	29	31	32	39	48	50	59	70	75	80	100
素填土	f_k/kPa	70		90		105						120			135		150									
		60～90		75～100		90～120						105～135			120～155		135～170									
	E_s/MPa	1.5			3.0	5.0						7.0			9.0		11.0									
新近沉积黏性土及粉土	f_k/kPa		50	80		100	120		130	150		160	180	190												
	E_s/MPa		2	3		4	6		7	8		9	10	11												
变质炉灰	f_k/kPa	60			75		90					100			115		130									
		50～70			65～85		80～100					85～120			95～135		105～150									
	E_s/MPa	1.5			3.0		5.0					7.0			9.0		11.0									
一般第四纪黏性土及粉土	f_k/kPa					120			160			190				210			230		250		290		310	350
	E_s/MPa					4			6			8				10			12		14		18		20	24
新近沉积粉细砂	f_k/kPa											90						110		140		160		180		

注　1. 在饱和黏性土中不宜采用单一 N_{10} 确定承载力标准值，应和其他原位测试方法综合确定。

2. 粉土指黏质粉土及 $I_P \geqslant 5$ 的砂质黏土。$I_P < 5$ 的砂质粉土按粉砂考虑。

3. 表中素填土及变质炉灰栏目适用于自重固结完成后，饱和度为 0.75 的均匀素填土及变质炉灰，当饱和度为 0.60 或 0.90 时，可分别按表中上、下限取值采用。

(5) 交通港口部门的《水运工程岩土勘察规范》(JTS 133—2013) 按表5.5-6确定素填土容许承载力 f_k。

表5.5-6 素填土容许承载力 f_k

N_{10}	5	9	14	20	26	31
f_k/kPa	70	90	105	120	135	150

注 N_{10} 指轻型动力触探锤重10kg的贯入击数，若采用重型动力触探锤重63.5kg、探头直径74mm，则 $N_{63.5}\times 2.83$ 等效系数也可使用本表。

2. 砂土密实度的确定

可通过表5.5-7确定砂土的密实度。

表5.5-7 N_{10} 与砂土密实度的关系

N_{10}	<10	10～20	21～30	31～50	51～90	>90
密实度	松	稍密	中下密	中密	中上密	密实

5.5.2 中型动力触探成果计算

用中型动力触探击数 N_{28} 可确定地基承载力及变形模量。

(1) 建筑部门规定的 N_{28} 与地基土承载力的标准值 f_k 及土的变形模量 E_0 的关系见表5.5-8。

表5.5-8 N_{28} 与 f_k、E_0 关系表

N_{28}	2	3	4	6	8	10	12
f_k/kPa	120	150	180	240	290	350	400
E_0/MPa	5	7.5	10	14.5	19	23.5	28

注 此表一般适用于冲积和洪积的黏性土。

表5.5-8相关关系式为

$$f_k=28.0546N_{28}+66.7918 \quad (r=0.999) \tag{5.5-4}$$

$$E_0=2.287N_{28}+0.657 \quad (r=0.9997) \tag{5.5-5}$$

(2) 冶金行业建立的 f_k、E_0 与 N_{28} 的相关关系式为

$$f_k=31N_{28}+60 \quad (\text{kPa}) \tag{5.5-6}$$

$$E_0=2.8N_{28}-1 \quad (\text{MPa}) \tag{5.5-7}$$

5.5.3 重型动力触探成果计算

重型动力触探击数 $N_{63.5}$ 用于确定地基土承载力、变形模量、密实度及孔隙比等。

1. 重型动力触探击数的确定

(1) 水利水电行业提出的标贯击数 N 与重型动力触探击数 $N_{63.5}$ 的相关关系式为

$$N=0.4+0.516N_{63.5} \quad (r=0.96) \tag{5.5-8}$$

(2) 机械工业部门提出的标贯击数 N 与重型动力触探击数 $N_{63.5}$ 的相关关系式为

$$N_{63.5}=0.45+2.01N \tag{5.5-9}$$

(3) 河北地区的标贯击数 N 与重型动力触探击数 $N_{63.5}$ 的相关关系式为

$$N_{63.5}=(1.2\sim1.4)N \quad (5.5-10)$$

2. 地基承载力及变形模量的确定

(1) 建筑部门规定的 $N_{63.5}$ 与地基土承载力的标准值 f_k 及土的变形模量 E_0 的关系见表 5.5-9。

表 5.5-9　$N_{63.5}$ 与 f_k、E_0 关系表

$N_{63.5}$		3	4	5	6	8	10	12
f_k/kPa	砂土	120	150	200	240	320	400	
	碎石土	140	170	200	240	320	400	480

注　本表一般适用于冲积、洪积成因的砂土及碎石土。

表 5.5-9 相关关系式为

砂土　$$f_k=40.6N_{63.5}-5.2 \quad (r=0.999) \quad (5.5-11)$$

碎石土　$$f_k=38.37N_{63.5}+15.46 \quad (r=0.998) \quad (5.5-12)$$

(2)《铁路工程地质原位测试规程》用 $N_{63.5}$ 确定砂土、碎石土地基的基本承载力 f_k 及 E_0 见表 5.5-10～表 5.5-12。

表 5.5-10　中砂～砾砂地基基本承载力 f_0

$N_{63.5}$	3	4	5	6	7	8	9	10
f_0/kPa	120	150	180	220	260	300	340	380

注　1. 本表适用于冲积、洪积的中砂、粗砂和砾砂。
2. 本表适用于深度 20m 以内。

表 5.5-10 相关关系式为

$$f_0=37.74N_{63.5}-1.55 \quad (r=0.997) \quad (5.5-13)$$

表 5.5-11　碎石土地基基本承载力 f_0 及变形模量 E_0

$N_{63.5}$	3	4	5	6	8	10	12	14	16
f_0/kPa	140	170	200	240	320	400	480	540	600
E_0/MPa	9.9	11.8	13.7	16.2	21.3	26.4	31.4	35.2	39.0
$N_{63.5}$	18	20	22	24	26	28	30	35	40
f_0/kPa	660	720	780	830	870	900	930	970	1000
E_0/MPa	42.8	46.6	50.4	53.6	56.1	58.0	59.9	62.4	64.3

注　1. 本表适用于冲积、洪积的圆砾、角砾、卵石和碎石土地层。
2. 本表适用的深度范围为 1～20m。

表 5.5-11 的相关关系式为

$$f_0=375.797\ln(N_{63.5})-395.626 \quad (r=0.969) \quad (5.5-14)$$

$$E_0=23.7794\ln(N_{63.5})-23.9913 \quad (r=0.969) \quad (5.5-15)$$

同时，圆砾、卵石土地基变形模量 E_0 (MPa) 也可按下式取值：

$$E_0=4.48N_{63.5}^{0.7554} \quad (5.5-16)$$

表 5.5－12　　粉细砂地基标准承载力 f_k

$N_{63.5}$	2	3	4	5	6	7	8	9	10	12
f_k/kPa	80	110	142	165	187	210	232	255	277	321

表 5.5－12 相关关系式为

$$f_k=23.66N_{63.5}+41.71 \quad (r=0.996) \tag{5.5-17}$$

（3）机械工业部门在近代堆积黄土中做了载荷试验与重型动力触探对比试验，其每击贯入度 L 与黄土承载力的标准值 f_k、变形模量值 E_0 关系见表 5.5－13。

表 5.5－13　　黄土每击贯入度 L 与 f_k、E_0 关系表

L/cm	2	3	4	5	6	8	10
f_0/kPa	200	180	160	140	130	90	
E_0/MPa	35	15	10	7.5	5	3	2

（4）石油管道部门的《油气田及管道岩土工程勘察标准》（GB/T 50568—2019）的 $N_{63.5}$ 与承载力的关系见表 5.5－14。

表 5.5－14　　细粒土 $N_{63.5}$ 与承载力关系表

$N_{63.5}$		1	2	3	4	5	6	7	8	9	10
f_k/kPa	砾质黏土	96	152	209	265	321	382	444	505		
	黏土	88	136	184	232	280	328	376	424		
	粉土	80	107	136	165	195	(224)				
	素填土	79	103	128	152	176	(201)				
	粉细砂		(80)	(110)	142	165	187	210	232	255	277

（5）广东地区资料见表 5.5－15 及表 5.5－16。

表 5.5－15　　黏性土、粉土 $N_{63.5}$ 与承载力 f_k 的关系

$N_{63.5}$	1	1.5	2	3	4	5	6	7	8	9	10	11	12
f_k/kPa	60	90	120	150	180	210	240	265	290	320	350	375	400
状态	流塑			软塑			可塑			硬塑～坚硬			

表 5.5－16　　砂土 $N_{63.5}$ 与承载力 f_k 的关系

$N_{63.5}$			3	4	5	6	7	8	9	10
f_k/kPa	中粗砾砂		120	160	200	240	280	320	360	400
	粉细砂	很湿	60	80	100	120	140	160	180	200
		稍湿	90	120	150	180	210	240	270	300
密实度			松散	稍密		中密			密实	

（6）中国地质大学建立的黏性土地基承载力与 $N_{63.5}$ 的相关关系式为

$$f_k=32.3N_{63.5}+89 \quad (2<N_{63.5}<18) \tag{5.5-18}$$

3. *砂土密实度的确定*

用重型动力触探击数确定的砂土、碎石土的孔隙比和砂土密实度见表 5.5－17 及表 5.5－18。

表 5.5-17　　触探击数 $N_{63.5}$ 与孔隙比 e 的关系

$N_{63.5}$		3	4	5	6	7	8	9	10	12	15
孔隙比 e	中砂	1.14	0.97	0.88	0.81	0.76	0.73				
	粗砂	1.05	0.90	0.80	0.73	0.68	0.64	0.62			
	砾砂	0.90	0.75	0.65	0.58	0.53	0.50	0.47	0.45		
	圆砾	0.73	0.62	0.55	0.50	0.46	0.43	0.41	0.39	0.36	
	卵石	0.66	0.56	0.50	0.45	0.41	0.39	0.36	0.35	0.32	0.29

注　表中触探击数为修正后的击数。

表 5.5-18　　触探击数 $N_{63.5}$ 与砂土密实度的关系

土的分类	$N_{63.5}$	砂土密实度	孔隙比 e
砾砂	<5	松散	>0.65
	5～8	稍密	0.65～0.50
	8～10	中密	0.50～0.45
	>10	密实	<0.45
粗砂	<5	松散	>0.80
	5～6.5	稍密	0.80～0.70
	6.5～9.5	中密	0.70～0.60
	>9.5	密实	<0.60
中砂	<5	松散	>0.90
	5～6	稍密	0.90～0.80
	6～9	中密	0.80～0.70
	>9	密实	<0.70

交通港口部门的《水运工程岩土勘察规范》（JTS 133—2013）中确定细砂、中砂的密实度见表 5.5-15。

表 5.5-19　　锤击数 $N_{63.5}$ 与砂土密实度的关系

冲积的细砂、中砂的密实度	干密度 $\gamma/(kN/m^3)$	锤击数 $N_{63.5}$	
		天然结构	扰动结构（回填砂）
松散	<15.2	$<$（5～7）	<2
中密	15.2～16.3	（5～7）～（12～15）	2～6
密实	>16.3	$>$（12～15）	>6

4. 桩基承载力的确定

沈阳地区桩基础研究小组利用重型动力触探与单桩静载荷试验所得出的单桩容许承载力建立的相关关系，得出两个用重型动力触探计算单桩承载力标准值的经验公式：

$$R_k=\alpha\sqrt{\frac{Ll}{Ee}}\qquad (r=0.98)\tag{5.5-19}$$

$$R_k=24.3\overline{N}_{63.5}+365.4\qquad (r=0.78)\tag{5.5-20}$$

式中：R_k 为单桩承载力标准值，kN；L 为桩长，mm；l 为桩进入持力层的长度，m；E 为打桩贯入度，采用最后10击平均贯入度，cm；e 为动力触探在桩尖以上10cm深度内的修正后平均贯入度，cm；$\overline{N}_{63.5}$ 为由地面至桩尖处动力触探的平均每10cm的修正后击数；α 为系数，见表5.5-20。

表5.5-20　　α 系数

桩的类型	打桩机型号	持力层情况	α 值
管桩 ϕ320mm	D_1-1200	中砂、粗砂	150
打入式灌注桩	D_1-1200	圆砾、卵石	200
300mm×300mm 钢筋混凝土预制桩	D_2-1800	中砂、粗砂	100
		圆砾、卵石	200

5.5.4 超重型动力触探成果计算

超重型动力触探击数 N_{120} 可确定地基土承载力、变形模量、桩基承载力、土的密实度等。

1. 地基承载力及变形模量的确定

(1)《水电水利工程粗粒土试验规程》(DL/T 5356—2006）中所列资料见表5.5-21。

表5.5-21　　碎石土 N_{120} 与 f_k 的关系

N_{120}	3	4	5	6	8	10	12	14	≥16
f_k/kPa	250	300	400	500	640	720	800	850	900

(2) 中国建筑西南勘察设计研究院有限公司提出的成都地区卵石地基 N_{120} 与 f_k、E_0 关系见表5.5-22。

表5.5-22　　卵石地基 N_{120} 与 f_k、E_0 的关系表

N_{120}	3	4	5	6	7	8	9	10	11	12	14	16
f_k/kPa	240	320	400	480	560	640	720	800	850	900	950	1000
E_0/MPa	16.0	21.0	26.0	31.0	36.5	42.0	47.5	53.0	56.5	60.0	62.5	65.0

2. 砂土密实度的确定

成都地区动力触探实践经验：可按 N_{120} 平均值指标划分卵石的密实度等级（表5.5-23)。

表5.5-23　　卵石的密实度与 N_{120} 的关系

N_{120}	3～6	6～10	10～14	14～20
密实度	稍密	中密	密实	很密
土的描述	卵石或砂夹卵石圆砾	卵石	卵石	卵石或含少量漂石

3. 桩基承载力的确定

(1) 中国建筑西南勘察设计研究院有限公司建立的桩尖平面处土的极限承载力 q_j(kPa) 与超重型动力触探击数 N_{120} 的关系式为

$$q_j=3160+1052N_{120} \quad (5.5-21)$$

（2）按卵石的密实度预估单桩桩端土的承载力标准值见表5.5-24～表5.5-26。

表5.5-24　预制桩 $\overline{N}_{120}$ 与桩尖土承载力标准值 q_p 的关系

$\overline{N}_{120}$	3～6	6～10	10～20
密实度	稍密	中密	密实
q_p/MPa	2.5～3.0	3.0～4.5	4.5～6.5

注　桩的入土深度为5～10m。

表5.5-25　沉管灌柱桩 $\overline{N}_{120}$ 与 q_p 的关系

入土深度/m	$\overline{N}_{120}=3$～6	$\overline{N}_{120}=6$～10	$\overline{N}_{120}=10$～20
	稍密	中密	密实
	q_p		
5.0	2.5	3.0	3.5
10.0	3.0	3.5	4.5
15.0	3.5	4.0	5.5

表5.5-26　钻（冲）孔灌柱桩 $\overline{N}_{120}$ 与 q_p 的关系

入土深度/m	$\overline{N}_{120}=3$～6	$\overline{N}_{120}=6$～10	$\overline{N}_{120}=10$～20
	稍密	中密	密实
	q_p		
5.0	1.5	1.7	1.9
10.0	1.8	2.0	2.2
15.0	2.1	2.3	2.5

5.5.5　动贯入阻力成果应用

动贯入阻力主要用于确定地基承载力和变形模量。

（1）对于浅基础（$1<D/B<4$，D、B 分别为基础埋深和宽度），法国建议以下式确定地基承载力：

砂土地基
$$f_k=q_d/20 \quad (5.5-22)$$

密实粗砂
$$f_k=q_d/15 \quad (5.5-23)$$

式中：f_k 为地基承载力标准值，kPa；q_d 为按荷兰公式计算的动贯入阻力，kPa。

（2）对于深基础或打入桩的砂土承载力可用下式计算承载力标准值：

$$f_k=(1/12\sim1/6)q_d \quad (5.5-24)$$

（3）原冶金部建筑科学研究院和武汉冶金勘察公司提出按如下关系式确定地基土的变形模量：

黏性土、粉土
$$E_0=5.488q_d^{1.468} \quad (5.5-25)$$

填土
$$E_0=10(q_d-0.56) \quad (5.5-26)$$

式中：E_0 为变形模量，MPa；q_d 为动贯入阻力，MPa。

5.6　工程应用实例

5.6.1　四川宝兴水电站工程

1. 工程概况

宝兴水电站位于四川省雅安地区宝兴县宝兴河中部主源东河上，枢纽由拦河坝（闸）、长引水发电隧洞、地下厂房系统三大部分组成。拦河坝坝高29m，长引水发电隧洞长18.2km，电站总装机容量160MW（4×40MW）。拦河坝首部枢纽位于距宝兴县城上游21km的野茅坪峡谷出口处。该处河床出露岩性均为覆盖层，一般厚35～45m，最厚57m左右，属深厚覆盖层。覆盖层由砂卵砾石、碎石土、中粗～中细砂等组成。大坝直接以覆盖层作为地基基础，因此，需对河床覆盖层力学特性等作详细研究，动力触探测试是其中快速、有效的方法之一。

坝址区河床覆盖层主要分为：①颗粒粗大、磨圆度较好的漂石、卵砾石类；②块、碎石类；③颗粒细小的中粗～中细砂类；④壤土类等。根据各类物质的含量多少给覆盖层定以不同的名称，如含砂壤土砂卵砾石、碎石土、含砾中粗～中细砂、漂卵砾石等，并以此分为六大岩组，见表5.6-1。

表5.6-1　坝址区河床覆盖层岩组划分表

岩组代号	名称	基本特征	粒度组成
Ⅰ	漂（块）石砂卵砾石	以卵砾石碎石为主，含漂石，局部有大孤石，偶夹砂，土层等	大于2mm粒度级的卵砾石含量平均达82%，大于150mm超径砾石和漂块石含量在地表以下3m范围内平均达16.76%
Ⅱ	含砂（壤）土砂卵砾石	一般厚2～3m，最厚6.32m，随机分布，连续性不好，局部夹少量漂（块）石	大于2mm粒度级的卵砾石含量50%～60%，平均59%；小于2mm的壤土类含量30%～49%，平均41%
Ⅲ	碎石（卵砾）土	粒径大小不一，分选性差，颗粒以碎石为主，次为砂壤土结构，一般较致密	大于2mm的碎石（卵砾）含量43%～69%，平均52%；小于2mm的土含量30%～60%，平均48%；小于0.005mm的黏粒含量仅8.4%
Ⅳ	含卵（碎）砾石砂（壤）土	分布无规律，厚度不大，主要为砂土类，次为卵（碎）砾石	与第Ⅱ组基本相同
Ⅴ	含卵砾石中粗～中细砂	分布无规律，厚度不大，平面上多呈透镜状，卵砾石起骨架作用	卵砾石平均占28.5%，砂占71.5%
Ⅵ	中粗～中细砂	分布不稳定，厚度较小，局部地段厚2m，常与砂（壤）土互层	

2. 动力触探测试成果整理

在电站坝址区共进行了19组重型动力触探测试和3组标准贯入测试，由于标贯试验点较少，不作统计。动力触探测试成果见表 5.6－2。

表 5.6－2 动力触探试验成果汇总表

岩组代号	触探杆长度/m	地下水埋深/m	一阵击贯入度/cm	一阵击锤击数	贯入 10cm 锤击数 $N'_{63.5}$	备 注
Ⅰ	41.63	4.0	20	64	31	均换算成贯入 10cm 锤击数 $N'_{63.5}$
	24.46	3.8	10	46	46	
	19.08	3.8	10	40	40	
	36.94	4.1	20	64	34	
Ⅱ	22.48	3.8	30	66	22	
	18.90	4.1	30	54	18	
	40.33	4.0	30	86	28.67	
Ⅲ	26.89	4.1	30	46	15.3	
	27.49	4.1	20	33	16.6	
	39.73	4.0	30	48	15.66	
	24.10	3.8	30	47	24.67	
	24.40	3.8	30	81	29	
	40.03	4.0	20	48	24	
	33.86	4.1	20	56	28	
Ⅳ	14.92	4.1	20	20	10	
	27.19	4.1	20	25	12.5	
	17.04	3.5	30	72	24	
	33.56	4.1	30	30	10	
Ⅴ	39.33	3.8	30	11	3.67	
	39.63	3.8	30	13	4.33	
	7.64	3.8	30	34	11.33	

水电规范中动力触探测试成果不作修正，因此以动力触探测试锤击数作为标准值 $N_{63.5}$ 计算的各岩组物理力学参数值（表 5.6－3）。

表 5.6－3 动力触探测试综合成果表

岩组代号	标准击数平均值 $N_{63.5}$	标准承载力 f_k /kPa	变形模量 E_0 /MPa	密实程度	孔隙比 e
Ⅰ	37.75	969	62	密实	＜0.29
Ⅱ	22.89	781	50	密实	0.29～0.32
Ⅲ	21.6	764	49	密实	0.29～0.32
Ⅳ	11.6	525	34	密实	0.32～0.45
Ⅴ	6.44	304	20	密实	0.45～0.75

根据公式可换算出标准贯入击数 N 及由此确定的参数值见表 5.6－4。

表 5.6-4　换算成标准贯入击数 N 后确定的参数值表

岩组代号	标准贯入击数 N	标准承载力 f_k/kPa	压缩模量 E_s/MPa	相对密度 D_r	抗剪（断）强度	
					c/kPa	φ/(°)
Ⅰ	19.9	550.9	22.7	0.35～0.65	89.4	25.5
Ⅱ	12.2	309.1	15.6	0.35～0.65	70.5	23.5
Ⅲ	11.7	297.4	15.2	0.35～0.65	68.8	23.3
Ⅳ	6.4	176.9	10.3	0.20～0.35	45.3	20.8
Ⅴ	3.7	116.4	7.8	0.20～0.35	24.4	18.6

3. 试验成果的对比分析

在地表第Ⅰ、Ⅱ岩组中进行了载荷试验及抗剪试验，钻孔内取第Ⅲ、Ⅳ岩组进行了室内试验，其成果见表 5.6-5。

表 5.6-5　覆盖层试验成果参数值表

岩组代号	变形模量 E_0/MPa	标准承载力 f_k/kPa	压缩模量 E_s/MPa	相对密度 D_r	抗剪（断）强度	
					c/kPa	φ/(°)
Ⅰ	45.46	700		0.35～0.65	36	33.6
Ⅱ	24.42	675		0.35～0.65		
Ⅲ			8.06	0.35～0.65	34.6	33
Ⅳ			14.15	0.20～0.35	22	33
Ⅴ				0.20～0.35		

从表 5.6-3～表 5.6-5 可以看出，用动力触探测试方法所得到的变形模量、标准承载力、压缩模量及抗剪断 c 值比其他试验方法所得值略高，唯有抗剪断 φ 值稍低。

5.6.2　新疆察汗乌苏水电站工程

1. 工程概况

察汗乌苏水电站是开都河中游河段水电规划中的第七个梯级电站，位于新疆巴州和静县境内。电站以发电为主，兼顾下游防洪。永久性建筑物主要由面板堆石坝、泄水系统、引水发电系统等组成。设计最大坝高 148.8m，总库容 1.083 亿 m^3，总装机容量 260～320MW。

作为面板堆石坝基础的河床及左岸覆盖层厚度一般为 34～46m，最厚达 54.7m，主要由漂石砂卵砾石层（Ⅰ岩组）及含砾中粗砂层（Ⅱ岩组）组成。据颗粒分析，Ⅰ岩组中大于 200mm 的漂石约占 18.0%，20～200mm 的卵石约占 44.9%，2～20mm 的砾石约占 15.5%，小于 2mm 的细粒约占 21.6%，因此，该岩组以粗粒为主。Ⅱ岩组中大于 2mm 的砾石（基本无大于 5mm 的颗粒）约占 6.6%，2～0.5mm 的颗粒约占 39.7%，0.5～0.1mm 的颗粒约占 42.4%，小于 0.1mm 的颗粒约占 11.3%，因此，Ⅱ岩组是以中、粗砂为主。

2. 动力触探测试成果整理

察汗乌苏水电站工程在Ⅰ岩组中进行了 19 组重型动力触探测试，在Ⅱ岩组中进行了 37 组标准贯入测试，测试成果及参数取值见表 5.6-6。

表 5.6-6　　Ⅰ岩组动力触探试验成果表

孔号	触探杆长度/m	与地下水水位的关系	一阵击贯入度/cm	一阵击锤击数	贯入10cm锤击数 $N'_{63.5}$	备　注
ZK3	1.2	水位下	20	107	53.5	均换算成贯入10cm锤击数 $N'_{63.5}$
	14.92	水位下	30	67	22.7	
	15.02	水位下	10	55	55	
	27.04	水位下	30	66	22	
	27.34	水位下	30	81	27	
	27.64	水位下	30	60	20	
	27.94	水位下	30	48	16	
ZK36	5.10	水位下	30	51	17	
	16.35	水位下	30	82	27.3	
ZK37	5.60	水位下	30	50	16.7	
	16.54	水位下	20	48	24	
	36.99	水位下	30	82	27.3	
	37.29	水位下	30	94	31.3	
	37.59	水位下	30	111	37	
ZK39	15.40	水位下	30	61	20.3	
	15.70	水位下	30	72	24	
	16.0	水位下	30	80	26.7	
	16.30	水位下	30	83	27.6	
	16.60	水位下	30	95	31.6	

由于水电规范中未对动力触探实测成果作杆长及其他修正方面的规定，因此，剔除实测成果中不合理的试验点，再进行统计，提出的综合成果见表5.6-7和表5.6-8。

表 5.6-7　　Ⅰ岩组动力触探试验综合成果表

标准击数 $N_{63.5}$		基本承载力 f_0/kPa	变形模量 E_0/MPa	密实程度	孔隙比 e
最大值	31.6	902.1	58.1	密实	<0.29
最小值	16	646.3	41.9	密实	<0.29
平均值	23.8	796.2	51.4	密实	<0.29

表 5.6-8　　Ⅱ岩组标准贯入试验综合成果表

标准贯入击数 N		标准承载力 f_k/kPa	压缩模量 E_s/MPa	密实程度	相对密度 D_r	抗剪（断）强度	
						c/kPa	φ/(°)
最大值	49	491.6	49.6	密实	0.6～0.8	124.4	29.2
最小值	22	285.0	24.7	中密	0.4～0.6	93.3	25.9
平均值	36.8	398.4	38.4	密实	0.6～0.8	113.3	28.0

3. 试验成果的对比分析

察汗乌苏水电站工程在第Ⅰ岩组中进行了载荷变形试验及物理性质试验，取第Ⅱ岩组原状样及扰动样进行了室内试验，其成果见表5.6-9。

表5.6-9　　覆盖层试验成果参数值表

岩组代号	孔隙比 e	变形模量 E_0/MPa	基本承载力 f_0/kPa	压缩模量 E_s/MPa	相对密度 D_r	抗剪（断）强度	
						c/kPa	φ/(°)
Ⅰ	0.282	43.8～58.5	720～990			58	31
Ⅱ	0.41～0.48	24.42		55.8	0.35～0.65	25	29.6

从以上可以看出，该工程用动力触探测试（包括标准贯入测试）方法所得到的物理及力学参数与其他试验方法所得参数值基本一致。

5.6.3　西藏某水电站工程

西藏自治区某水电站坝址砂砾石层粗粒土各岩组进行了圆锥动力触探试验，依据动力触探击数与坝基承载力标准值和变形模量的相关关系，确定粗粒土各岩组的承载力和变形模量结果（表5.6-10）。

表5.6-10　　碎石土动力触探试验成果汇总表

岩组	Ⅴ	Ⅳ-1	Ⅱ	Ⅰ
指标	修正击数	修正击数	修正击数	修正击数
$N_{63.5}$	13.3	14.8	15.6	18.5
承载力标准值 f_k/kPa	518	550	600	660
变形模量 E_0/MPa	33	37	38	44

从表5.6-10的试验成果可以看出，砂砾石层中粗粒土Ⅴ、Ⅳ-1、Ⅱ各岩组的 $N_{63.5}$ 为13.3～15.6击，承载力标准值均大于500kPa；Ⅰ岩组的 $N_{63.5}$ 为18.5击，承载力标准值约660kPa。

工程经验表明，根据动力触探试验确定的砂砾石层粗粒土岩组的变形模量结果与载荷试验和旁压试验的结果差异较大，而用动力触探试验确定的粗粒土岩组的变形模量 E_0 较载荷试验确定的变形模量 E_0 小很多。载荷试验的结果较为可靠，在有载荷试验资料的情况下应以载荷试验结果为主。

第 6 章

标准贯入试验

标准贯入试验（standard penetration test，SPT），简称标贯，是动力触探测试方法的一种。1902 年起源于美国，通过多年试验改进，逐渐使贯入试验达到标准化，并在美国普遍使用，1948 年以后相继在许多国家采用。

标贯与动力触探所不同的，是其触探头不是圆锥形的，而是标准规格的圆筒形探头，即通常所称的标准贯入器。利用规定的落锤能量将贯入器打入土中，根据贯入的难易程度判定土的物理力学性质。标贯以钻探设备为基础，只是稍增加一些工作量，就能得到不同深度处土的标准贯入锤击数 N，还可以用贯入器从钻孔中取土样，供分类鉴别及其他室内试验，特别在采取原状砂土有困难时，是一种简易的原位试验方法。

目前，标贯试验已在国际上广泛使用。我国自 1953 年南京水利实验处引进研制后，首先在淮河水利工程的勘测设计中使用，由于其简易迅速的原位测试特点，国内也已广泛采用，并于 1974 年作为正式的勘测方法相继列入相关规程规范中，到目前应用较多的是《建筑地基基础设计规范》（GB 50007—2011）、《建筑抗震设计规范》（2016 年版）（GB 50011—2010）及《岩土工程勘察规范》（2009 年版）（GB 50021—2001）中。近年来在国际上的技术合作和交流中，一般都要求标贯试验成果。

标准贯入试验是用质量为 63.5kg（即 140lb）的穿心锤，以 0.76m（即 2.5ft）的自由落距，将一定规格的标准贯入器先打入土中 0.5m，然后再打入 0.30m（即 1ft），记录 0.30m 的锤击次数，称为标准贯入击数，用 N 表示。

标准贯入试验适用于砂土、粉土及一般黏性土等细粒土。国外主要标准贯入试验规范及引用情况见表 6.0-1。

表 6.0-1　　国外主要标准贯入试验规范及引用情况

规范编制	规范编号	适用范围	引用国家和地区
美国	ASTM D1586-11	标准贯入试验	阿根廷、加拿大、希腊、印尼、以色列、马来西亚、巴基斯坦、菲律宾、南非、叙利亚
日本	JIS-A-1219	标准贯入试验	（1976 年进行过少量修改）
欧洲	ICSMFE	国际土力学和基础工程学会《标准贯入试验》	德国、比利时、丹麦、法国、意大利、苏丹
英国	BS 1377-19	岩土工程单位测试	新加坡、挪威、中国香港

6.1 仪器设备

标准贯入仪主要由标准贯入器（图 6.1-1）、探杆、穿心锤、锤垫及自动落锤等装置组成。贯入器规格尺寸在国内外略有不同，国外标准多为外径 51mm、内径 35mm、全长

660～810mm，我国《建筑地基基础设计规范》（GB 50007—2011）规定全长700mm。

规格尺寸一般要求：①标准贯入器头部应设一个钢球阀和四个排水孔，球阀孔和排水孔孔径应分别不小于20mm和10mm；②钻杆直径应为42～50mm，每米质量应不小于4.5kg；③穿心锤质量应为63.5kg，外径应不小于200mm；④钢质锤垫直径应为100～140mm，附有导向杆，二者质量之和应不大于30kg。

国内外标准贯入试验常用设备及规格尺寸见表6.1-1。

（1）标准贯入器（图6.1-2）由刃口形的贯入器靴、对开圆筒式贯入器身和贯入器头三部分组成。

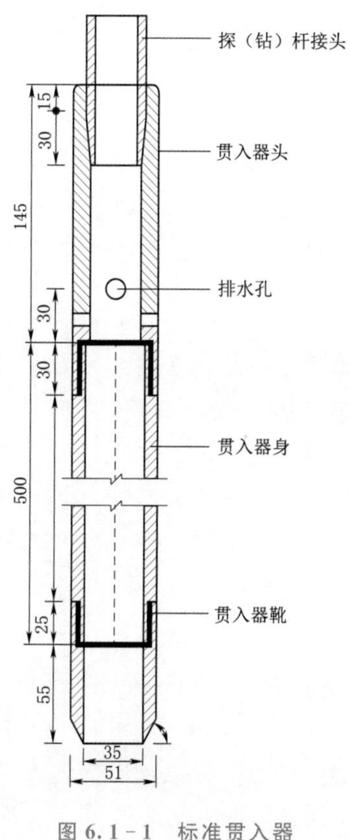

图6.1-1　标准贯入器
（单位：mm）

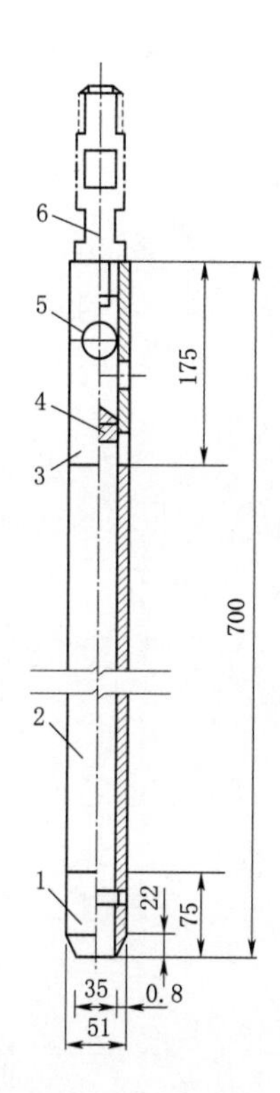

图6.1-2　标准贯入器结构图（单位：mm）
1—贯入器靴；2—贯入器身；3—贯入器头；
4—钢球；5—排水孔；6—钻杆接头

一般标准贯入试验采用的贯入器规格尺寸是考虑到国内各单位实际使用情况，也参考多数国家常用的规格而选定的（表6.1-2）。贯入器规格国外标准多为外径51mm、内径35mm、全长660～810mm。现行国家标准《岩土工程勘察规范》（GB 50021—2001）规定贯入器对开管长大于500mm。此外，欧洲标准规定贯入器内外径的误差为±1mm，这也是合理的，可以采用。

（2）落锤（穿心锤）：钢锤质量为63.5kg±0.5kg，应配有自动落锤装置，落距为76cm±2cm；落锤的质量误差值为±0.5kg，锤击速率不应超过每分钟30击。

表 6.1-1　国内外标准贯入试验常用设备及规格尺寸

标准名称	落锤			对开式贯入器				钻杆直径	套管或孔径/mm	贯入阻力记录方法及其他
	锤质量/kg	落高/cm	方式	全长/mm	外径/mm	内径/mm	刃口厚度及刃角			
ASTM D1586-11（1984）（美国）	63.5±1.0	76±0.25	推荐用自由落锤	685.8	50.8	34.94±0.13	16°～23°	41.2mm、48.4mm或60.3mm	56～165	（1）正常情况连预打15cm记录一次；（2）无法达到要求深度时记录最后贯入30cm击数；（3）测试间距1.5m，地层变化时适当加密
大型贯入器（日本）	100	150		700	73	54		外径60mm 内径48mm		用于超高层大楼与巨型桥梁的深地基、含大砾石地层（贯入器是不对开钢管，内装塑料衬筒）
JIS-A-1219（1961）（日本）	63.5	76	自由落锤	810	51	35	19°47′	40.5mm或42mm	65～150	正常情况记录贯入时每10cm击数，无法达到要求深度时记录50击入土厘米数，测试间距1m
欧洲标准化委员会（1977年）	63.5±0.5	76±2		660	51	35	19°40′	AW型外径43.7mm，重6kg/m	60～200	正常情况连预打每15cm记录一次，无法达到要求深度时记录连续打共50击进入土层厘米数
BS 1377-19（英国）	65	76	推荐自由落锤	680	50	35	1.6mm 17°18′	41.3mm 5.7kg/m		正常情况连预打每15cm记录一次，无法达到要求深度时记录连续打共50击进入土层厘米数
阿根廷标准	70	70		870	50.2	39		1.25″	常用钻杆型式	每米先量测开始贯入15cm的击数，然后以贯入30cm的击数作为 N 值
纽约市法规	63.5±1.0	76			2.5″					记录每贯入12″的击数
巴西标准	65	75		770	50.8（2″）	34.8（1.375″）		1″	2.5″	每米在贯入15cm后，再量测贯入30cm的击数 N 值
《岩土工程勘察规范》（GB 50021—2001）	63.5±0.5	76±2	自由落锤	500～810	51±1	35±（1～0.2）	0～2.5mm 16°～20°	42mm或50mm		正常情况记录正式贯入30cm的击数，无法达到要求时据实际击数和贯入长度换算得 N
原南京水利试验处（1953）	63.5	76	工力牵引	700	51	35	30°	1″（超级厚钢管）	2.5″	每75cm（或150cm）将贯入器打入15cm后，再记录入土30cm的击数。如遇大于50击的硬土层可记50击时的入土深度或记入土10cm左右时的锤击数
《建筑地基基础设计规范》（GB 50007—2011）	63.5	76		700	51	35		42mm		
《土工试验规程》（SL 237—1999）	63.5	76	自动脱钩	700	51	35	17°50′	42mm		
原城乡建设部“标准贯入”统一试验方法	63.5±0.5	76±2	自由落锤	700	51	35	1.6mm 19°47′	42mm（4.5～6kg/m）		

表 6.1-2 贯入器规格

贯入器靴	长度/mm	50～76
	刃口角度/(°)	18～20
	靴壁厚/mm	1.6
贯入器身	长度/mm	>500
	外径/mm	51±1
	内径/mm	35±1
贯入器头	长度/mm	175

关于落距控制，一般规定为76cm±2cm。根据以往国内外的试验对比表明：用人力牵引控制落锤和用卷扬机牵引控制落锤所得的锤击数均比自动落锤装置控制落距的锤击数要大。人力牵引的落锤击数比自动落锤击数要多1.3～1.6倍。

当前自动落锤的装置，国内外均有很大的发展。由于自动落锤具有很大优越性，故应首先采用自动落锤装置。但在应用以往人力牵引落锤的资料时，须注意修正问题。

根据动能分析资料，落距误差为2.0～5.0cm，对N值影响较小，若误差为±7.5cm时，动能变化达±10%。为此，采用欧洲标准的规定：落距为76cm±2cm。

(3) 钻杆（探杆）：直径42mm，抗拉强度应大于600MPa；轴线的直线度最大允许误差为±0.1%。

标准贯入试验采用直径为42mm的钻杆，主要是根据国内实际情况，也与各国标准大致相同。钻杆壁厚和直径不同，其单位长度的质量不一样。根据单桩计算的能量传递说明粗杆将减小N值，但也有人认为影响不大，如1982年进行的钻杆直径42mm和50mm的对比试验，以及结合欧洲标准，控制钻杆质量每米不大于8kg，使用直径为50mm的钻杆对成果影响不大。

(4) 锤垫：承受锤击的钢垫，附导向杆，两者总质量宜不超过30kg。

6.2 试验程序要求

6.2.1 操作步骤

(1) 标准贯入试验孔采用回转钻进，当在地下水位以下的土层进行试验时，应使孔内水位略高于地下水水位，以免出现涌砂和坍孔，必要时可以考虑下套管或用泥浆护壁；下套管时，套管不得进入钻孔底部的土层，以免试验结果出现偏大。

关于钻孔，关键因素是成孔方法。有些标准中提出了原则要求，但未规定具体方法，这是因为钻孔方法因机具及习惯而不同，难以具体罗列。采用泥浆护壁，防止了涌砂和坍孔，相应地保证了N值的真实性。对比试验也证明了这一点，如对某一细砂层至中砂层，由于涌砂，N的平均值分别只有22击、24击、29击；而泥浆护壁防止涌砂后分别为64击、88击、94击。

(2) 先用钻具钻至试验土层标高以上15cm处，清除残土，清孔时避免试验土层受到扰动。

(3) 贯入前须拧紧钻杆接头，将贯入器放入孔内，避免冲击孔底，注意保持贯入器、钻杆、导向杆连接后的垂直度，孔口宜加导向器，以保证穿心锤中心施力。在贯入器放入孔内后，测定其深度，残土厚度不大于10cm。

(4) 采用自动落锤法，锤击速率采用每分钟15～30击为妥，将贯入器打入土中15cm后，开始记录每打入10cm的锤击数，累计打入30cm的锤击数为标准贯入击数N，同时记录贯入深度与试验情况。若遇密实土层，当锤击数已达到50击，而贯入深度尚未达到30cm时，不应强行打入，记录50击的贯入深度，并换算成相当于30cm的标准贯入试验锤击数N_{30}。

如预打15cm，如50击未达15cm，记录实际贯入深度。以后每打入10cm，就记录锤击数，累计打入30cm的锤击数即为标准贯入数N。如锤击已达50击，而贯入深度尚未达30cm，则记录实际贯入深度，可通过换算求得贯入深度达30cm的N值。

(5) 旋转钻杆，提出贯入器，取贯入器中的土样进行鉴别、描述、记录，并量测其长度。将需要保存的土样仔细包装、编号，以备试验之用。

(6) 进行下一深度的贯入试验，直到所需深度。

(7) 试验时每隔1.0～2.0m进行一次试验，对于土质不均匀的土层进行标准贯入试验时，要考虑增加试验点的密度。

6.2.2 测试程序

标准贯入试验自问世以来，其设备和测试方法在世界上已基本统一，《岩土工程勘察规范》(GB 50021—2001) 测试程序如下：

(1) 先用钻具钻至试验标高以上15cm处，清除残土。清孔时，应避免试验土层受到扰动。当在地下水位以下的土层进行试验时，应使孔内水位保持高于地下水位，以免出现涌砂和坍孔；必要时，应下套管或用泥浆护壁。

(2) 贯入前应拧紧钻杆接头，将贯入器放入孔内，避免冲击孔底，注意保持贯入器、钻杆、导向杆联接后的垂直度。孔口宜加导向器，以保证穿心锤中心压力。贯入器放入孔内后，应测定贯入器所在深度，要求残土厚度不大于10cm。

(3) 将贯入器以每分钟击打15～30次的频率，先打入土中15cm，不计锤击数；然后开始记录每打入10cm及累计30cm的锤击数N，并记录贯入深度与试验情况。若遇密实土层，锤击数超过50击，不应强行打入，并记录50击的贯入深度。

(4) 旋转钻杆，然后提出贯入器，取贯入器中的土样进行鉴别、描述记录，并测量其长度。将需要保存的土样仔细包装、编号，以备试验之用。

(5) 重复上述步骤 (1)～(4)，进行下一深度的标贯测试，直至所需深度。一般每隔1m进行一次标贯试验。

6.3 钻孔及试验要求

影响标贯试验成果的因素很复杂，关键因素是钻进成孔方法是否正确和恰当。除按试验规程操作外，应采用机械回转钻进，必要时以泥浆护孔，对试验地层扰动较小，测试成果比较稳定可靠。标准贯入试验成果数据正确与否和孔底土扰动程度有直接关系，研究表明偏差可达两倍以上。美国ASTM标准、欧洲规范都规定钻孔土层不应受到扰动。ASTM标准规定钻孔可下套管或用泥浆，并规定泥浆护壁若有问题时，则应下套管。欧洲规程规定钻孔内水位在所有情况下应不低于地下水水位，此外还规定钻孔内有涌砂现象时，应在现场记录中注明。采用泥浆钻进时应用商品膨胀土配制。

在中国，冲洗钻进一般用砂土清孔器，人字肋骨钻头，或三翼鱼尾钻头，并在鱼尾钻头外周套焊一段短管以改善冲洗状态，使不致对孔壁及孔底有过大冲力。WES是在常用的鱼尾钻头喷射口上设有向上反射的挡板。一般经验是用砂土清孔器或改善了的鱼尾钻头清砂质土层，三翼鱼尾钻头清坚硬土层，人字肋骨钻头扩大孔径，刮平孔底并用冲洗液将废土提出。工程经验表明，对于饱和粉细砂及黏土，仍以采用泥浆护壁钻进方法为好。

日本工业标准JIS对此作了更具体的规定：

(1) 重视清水质量，对开始贯入15cm击数也需记录，以判断孔底土扰动程度或有否残土。

(2) 贯入时钻杆及导向杆必须垂直，切忌在孔内摇晃。

(3) 对于试验段（即贯入15～45cm部分）要测定每锤一次的累计贯入量。一次贯入量不足2cm时，记录每贯入10cm的锤击数。绘制单孔标准贯入击数N与贯入深度H的关系曲线，以分析土层是否均匀，最后选取30cm试验的锤击数作为N值。

6.4　资料整理

6.4.1　指标统计取值方法

(1)《岩土工程勘察规范》(GB 50021—2001) 规定用下式换算相应于贯入30cm的锤击数N：

$$N=\frac{0.3n}{\Delta s} \tag{6.4-1}$$

式中：n为所选取的贯入量锤击数；Δs为对应锤击数n的贯入量，m。

(2) 标准贯入击数标准值N按下式计算，并结合经验来确定：

$$N=\overline{N}-1.654\frac{\sigma}{\sqrt{n}} \tag{6.4-2}$$

其中

$$\sigma=\sqrt{\frac{\sum_{i=1}^{n}\overline{N}_i^2-n\overline{N}^2}{n-1}} \tag{6.4-3}$$

式中：$\overline{N}$为N的平均值；σ为标准差；n为参加统计的个数。

(3) 日本建筑基础结构设计采用平均值：

$$\overline{N}=N_a-\sqrt{\frac{\sum(N_i-N_a)^2}{n-1}} \tag{6.4-4}$$

其中

$$N_a=\frac{\sum N_i}{n}$$

式中：n 为钻孔数；N_i 为钻孔 i 的自基础底至其下 1B（B 为基础宽度）深度范围内的平均值。

（4）采用太沙基及皮克方法计算地基承载力时，首先对 N 值进行修正：饱和粉细砂，当 $N>15$ 击时，先按公式 $N=15+(N'-15)/2$ 进行修正，再将每孔自基础底至其下 1B（基础宽度）深度内的击数平均得 N_i 值，设计选用最小平均值 $\overline{N}$。

6.4.2 绘制 N-H 关系曲线

绘制标准贯入击数 N 与深度 H 关系曲线（图 6.4-1）。统计数据时应剔除试验异常值。

6.4.3 贯入杆长度修正

关于贯入杆长度修正，各部门及国家认识不太一致，有修正和不修正之说。

（1）主张杆长修正的（N 为修正后标贯击数，N'为实测标准贯入击数）有以下几种。

1）《建筑地基基础设计规范》（GB 50007—2011）建议按式 $N=\alpha_1 N'$修正，式中 α_1 值见表 6.4-1。

2）赵旭东主张按以下关系式修正：

$N=\alpha_2 N'$，$\alpha_2=al^2+bl+c$

当 3m$\leqslant l \leqslant$12m 时：$a=0.0007$，$b=-0.03233$，$c=1.08587$。

当 12m$<l\leqslant$51m 时：$a=0.0001338$，$b=-0.015811$，$c=0.976432$。

式中 α_2 值见表 6.4-1。

3）顾季威提出按式 $N=\alpha_3 N'$修正，式中 α_3 值见表 6.4-1。

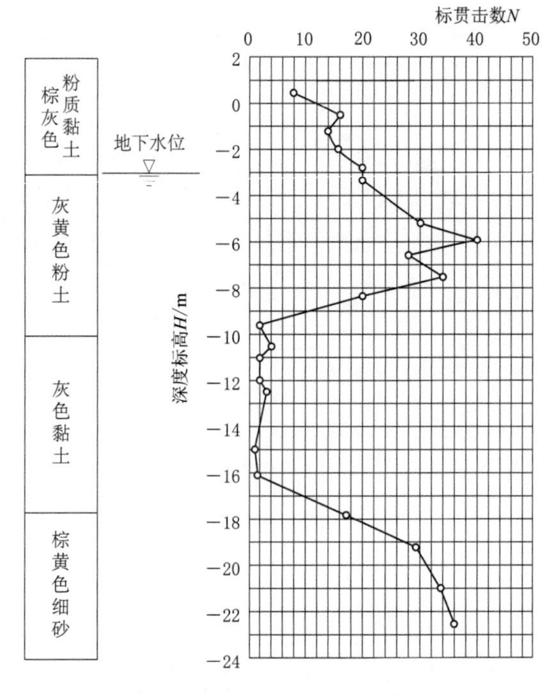

图 6.4-1 N-H 关系曲线

表 6.4-1 杆长修正系数

杆长/m	≤3	6	9	12	15	18	21	24	27	30	36	42	51	66	81	96	102
α_1	1.0	0.92	0.86	0.81	0.77	0.73	0.70										
α_2	1.0	0.92	0.86	0.81	0.77	0.73	0.70	0.67	0.65	0.62	0.58	0.55	0.52				
α_3	1.0	0.94	0.84	0.79	0.74	0.71	0.68	0.65	0.63	0.61	0.57	0.55	0.52	0.48	0.45	0.44	0.43
α_4	1.0	1.0	1.0	1.0	1.0	1.0	1.0	0.99	0.98	0.97	0.95	0.93	0.91	0.86	0.82	0.77	0.75
α_5	1.0	0.97	0.96	0.94	0.93	0.91	0.90	0.88	0.87	0.85	0.82	0.79	0.75	0.67	0.60	0.52	0.49

4）日本土质工学会《土质调查法》提出按式 $N=\alpha_4 N'$ 修正，其中 $\alpha_4=1.0l$（$l\leqslant$ 20m）或 $\alpha_4=1.06-0.003l$（$l>20$m）。

5）日本土质工学会《桥梁下部构造设计施工基准》主张按式 $N=\alpha_5 N'$，$\alpha_5=1-l/200$ 修正。

（2）主张对贯入杆长度不修正的有：①国家标准《建筑抗震设计规范》（GB 50011—2010）；②国家标准《岩土工程勘察规范》（GB 50021—2001）；③上海市标准《岩土工程勘察规范》（DGJ 08—37—2012）；④北京市标准《北京地区建筑地基基础勘察设计规范》（2016 年版）（DBJ 11—501—2009）；⑤原水利电力部标准《土工试验规程》（SL 237—1999）；⑥欧洲动力触探标准；⑦Terzaghi 和 Peck；⑧Schmertmann 观点；⑨美国垦务局规定。

关于杆长修正问题，国外总的趋势是不修正（指杆长在 20m 范围内）。实践上是否修正应依据拟采用的规范或方法来确定，亦可根据应力波积分法所测得的实际冲击能量进行修正。

6.4.4　上覆有效压力影响修正

关于对试验层上覆有效压力对标贯成果的影响，虽有研究结果指出，同样砂土在不同深度有不同的标贯击数 N，但我国目前规范对此均没有作出统一的规定，建议按所采用的规范决定是否进行修正和如何修正（表 6.4-2）。

表 6.4-2　上覆有效压力影响修正

序号	作者或资料来源	修正公式
1	上海市标准《岩土工程勘察规范》（DGJ 08—37—2012）	$N=C_N N'$，$C_N=\sqrt{\dfrac{100}{\sigma'_V}}$
2	北京市标准《北京地区建筑地基基础勘察设计规范》（2016 年版）（DBJ 11—501—2009）	$N=C_N N'$，C_N 与密实度有关（见表 5.4.4）
3	Peck 等（1974）	$N=C_N N'$，$C_N=0.77\lg\dfrac{1960}{\sigma'_V}$
4	Seed	$N=C_N N'$，$C_N=1-1.25\lg\dfrac{\sigma'_V}{100}$
5	美国垦务局《水运工程岩土勘察规范》（JTS 133—2013）	$N=C_N N'$，$C_N=\dfrac{350}{\sigma'_V+70}$

注　N—修正后标准贯入击数；N'—实测标准贯入击数；C_N—修正系数；σ'_V—试验点上覆有效压力（kPa），可根据表 6.4-3 中的数值进行选取。

表 6.4-3　上覆有效压力修正系数 C_N 值

σ'_V/kPa		≤25	50	100	200	300	400	500
密实度	密实	1.0	0.98	0.83	0.85	0.78	0.72	0.67
	中上	1.0	0.97	0.91	0.81	0.73	0.66	0.61
	中密	1.0	0.95	0.87	0.74	0.65	0.57	0.52
	中下	1.0	0.93	0.81	0.64	0.53	0.46	0.40
	松	1.0	0.78	0.54	0.34	0.25	0.19	0.16

6.4.5 地下水影响修正

地下水影响修正见表6.4-4。

表6.4-4 地下水影响修正

序号	作者或资料来源	修正公式
1	Terzaghi 和 Peck	$N>15$ 的饱和粉细砂，$N=15+(N'-15)/2$
2	美国工程兵水道试验站、梅尔泽	地下水水位以下，中砂、粗砂，$N=5.27+1.05N'\pm2.3$
3	《水运工程岩土勘察规范》(JTS 133—2013)	地下水水位以下，中砂、粗砂，$N=N'+5$
4	《冶金工业建设岩土工程勘察规范》(GB 50749—2012)	地下水水位以下，中砂，$N=N'+5$

注 N—修正后标准贯入击数；N'—实测标准贯入击数。

6.5 成果计算

标准贯入测试成果主要用于确定地基土承载力、土的抗剪强度指标、地基土变形模量及压缩模量、砂土密度及相对密度等。

1. 地基承载力的确定

(1) 国家标准《建筑地基基础设计规范》(GB 50007—2011) 给出的砂土和黏性土承载力标准值分别见表6.5-1和表6.5-2。

表6.5-1 砂土承载力值

N		10	15	30	50
f_k/kPa	中、粗砂	180	250	340	500
	粉、细砂	140	180	250	340

中、粗砂表达式为

$$f_k=7.65161N+116.645$$

粉、细砂表达式为

$$f_k=4.86452N+99.8065$$

表6.5-2 黏性土承载力标准值

N	3	5	7	8	11	13	15	17	19	21	23
f_k/kPa	105	145	190	235	280	325	370	430	515	600	680

表6.5-2相关关系式为

$$f_k=98.3882e^{0.0874525N} \quad (r=0.974)$$

(2)《河港工程总体设计规范》(JTJ 212—2006) 及《水运工程岩土勘察规范》(JTS 133—2013) 给出的地基承载力标准值见表6.5-3和表6.5-4。

表 6.5-3　　砂土地基承载力值 f_k

$\tan\delta$	N		
	50～30	30～15	15～10
	f_k/kPa		
0	500～340	340～180	180～140
0.2	400～280	280～150	150～120
0.4	300～220	220～120	120～100

注　$\tan\delta=\frac{H}{V}$，H、V 分别为作用于基础底面以上的水平和垂直荷载。

表 6.5-4　　老黏土和一般黏性土地基承载力标准值 f_k

$\tan\delta$	N										
	3	5	7	9	11	13	15	17	19	21	23
	f_k/kPa										
0	120	160	200	240	280	320	360	420	500	580	660
0.2	100	130	160	190	220	250	280	320	380	450	520
0.4	80	100	120	140	170	200	230	260	300	350	400

注　$\tan\delta=\frac{H}{V}$，H、V 分别为作用于基础底面以上的水平和垂直荷载，表中 N 需作杆长修正。

对于饱和粉砂、细砂地基，当其密实度大于某临界密实度，由于基土透水性小，实测击数 N'偏大，应按下式进行修正：

$$N=15+\frac{1}{2}(\alpha_1 N'-15) \tag{6.5-1}$$

式中：α_1 为杆长修正系数，查表 6.4-1；N'为实测锤击数。

（3）深圳地区《地基基础勘察设计规程》（SJG 01—2010）中对于二、三级建筑物的花岗岩残积土地基，当基础持力层为同一土层时，其承载力基本值 f_0 可根据标准贯入试验锤击数 N 的平均值按表 6.5-5 确定。

表 6.5-5　　花岗岩残积土承载力基本值 f_0

N		4～10	10～15	15～20	20～30
f_0/kPa	砾质黏性土	(100)～250	250～300	300～350	350～(400)
	砂质黏性土	(80)～200	200～250	250～300	300～(350)
	黏性土	150～200	200～240	240～(270)	

注　1. 括号内数值供内插用。
2. 砾质黏性土、砂质黏性土和黏性土，分别指大于 2mm 的颗粒含量>20%、≤20%、0%的花岗岩残积土。
3. 击数 N 已经修正，其值过高或过低应专门研究。

（4）国内主要单位建立的地基土标准承载力 f_k 与标准贯入试验锤击数 N 的经验关系见表 6.5-6。

（5）国外 Peck、Hanson 等 1953 年建议依据以下的经验公式计算地基土承载力：

当 $D_W\geqslant B$ 时，

$$f_k=S_a(1.36\overline{N}-3)\left(\frac{B+0.3}{2B}\right)^2+\gamma_2 D_t \tag{6.5-2}$$

表 6.5-6　　标准贯入试验锤击数 N 与地基承载力的关系

单位或作者	经验公式	适用范围	备注
江苏省水利工程总队	$p_0=23.3N$	黏性土、粉土	不作杆长修正
冶金部成都勘察公司（中冶成都勘察研究总院有限公司）	$p_0=56N-558$	老堆积土	
	$p_0=19N+74$	一般黏性土、粉土	
冶金部武汉勘察公司（中冶集团武汉勘察研究院有限公司）	$p_0=4.9+35.8N_{机}$　$(3\leqslant N\leqslant 23)$	第四纪冲洪积黏土、粉质黏土、粉土	
	$p_0=31.6+33N_{手}$　$(23\leqslant N\leqslant 41)$		
	$p_{kp}=20.5+30.9N_{手}$　$(23\leqslant N\leqslant 41)$		
武汉市规划设计院、湖北省地区勘察院、湖北省水利水电规划勘测设计院	$f_k=80+20.2N$　$(3\leqslant N\leqslant 18)$	黏性土、粉土	
	$f_k=152.6+17.48N$　$(18<N\leqslant 22)$		
铁道部第三勘测设计院（铁道第三勘测设计院集团公司）	$f_k=72+9.4N^{1.2}$	粉土	
	$f_k=-212+222N^{0.8}$	粉细砂	
	$f_k=-803+850N^{0.1}$	中砂、粗砂	
纺织工业部设计院（中国纺织工业设计院有限公司）	$f_k=\dfrac{N}{0.00308N+0.01504}$	粉土	
	$f_k=105+10N$	细砂、中砂	
冶金部长沙勘察公司（中国有色金属长沙勘察设计研究院有限公司）	$p_0=33.4N+360$　$(8\leqslant N\leqslant 37)$	红土	
	$f_k=5.3N+387$　$(8\leqslant N\leqslant 37)$	老堆积土	
Terzaghi	$f_k=12N$	黏性土、粉土	条形基础 $F_S=3$
	$f_k=15N$		独立基础 $F_S=3$
日本住宅公团	$f_k=8.0N$		
内蒙古建筑设计院（内蒙古建筑勘察设计研究院有限公司）	$f_k=16.6N+147$	黏性土	
建筑规范编写组	$f_k=22.7N+31.9$　$(3<N<18)$		
	$f_k=55.8N-558.3$　$(N>18)$		

注　1. p_0—载荷试验比例极限，f_k—地基标准承载力，单位均为 kPa。
2. $N_{机}$—自动落锤测得标准贯入击数，$N_{手}$—手拉绳测得标准贯入击数，p_{kp}—载荷试验临塑荷载。
3. 第一列中（　）中为现名。

当 $D_W<B$ 时，$$f_k=S_a(1.36\overline{N}-3)\left(\frac{B+0.3}{2B}\right)^2\left(0.5+\frac{D_W}{2B}\right)+\gamma_2 D_t \qquad (6.5-3)$$

式中：D_W 为地下水离基础底面的距离，m；f_k 为地基土标准承载力，kPa；S_a 为允许沉降，cm；$\overline{N}$ 为地基土标准贯入击数平均值；B 为基础短边宽度，m；D_t 为基础埋置深度，m；γ_2 为基础底面以上土的重量，kN/m^3。

2. 地基土变形模量及压缩模量的确定

(1) 国内外建立的地基土变形模量 E_0（MPa）及压缩模量 E_s（MPa）与标准贯入试验锤击数 N 的经验关系见表 6.5-7～表 6.5-9。

表 6.5-7 地基土 E_0、E_S 经验关系

作者或资料来源	经验公式	适用范围
希腊	$E_0=4+0.1C(N-6)$ $(N>15)$ $E_0=0.1C(N+6)$ $(N<15)$ C 值查表 6.5-8	砂土
日本木村卫	$E_0=2.8N$	—
武汉市建筑设计院（中信建筑设计研究总院有限公司）	$E_0=1.4135N+2.6156$	湖北黏性土、粉土
湖北省水利水电（规划勘测）设计院	$E_0=1.0658N+7.4306$	
深圳经济特区技术规范《地基基础勘察设计规范》(SJG 01—2010)	$E_0=2.2N$ $(4<N<30)$	深圳花岗岩残积土
Schultze 和 Menzenbach	$E_s=c_1+c_2N$（c_1、c_2 值查表 6.5-9）	饱和细砂和粉砂
西南综合勘察院（中国建筑西南勘察设计研究院有限公司）	$E_s=10.22+0.276N$	粉砂、细砂
冶金部武汉勘察公司（中冶集团武汉勘察研究院有限公司）	$E_s=0.927N+4.2$ （统计范围 $E_s=2.3\sim4.0$MPa，$N=2.5\sim41$）	中南及华中部分地区黏性土、粉土

注 第一列（ ）中名称为现名。

表 6.5-8 参数 c 值表

土名	含砂粉土	细砂	中砂	粗砂	含砾砂土	含砂砾石
c 值	3.0	3.5	4.5	7.0	10.0	12.0

表 6.5-9 参数 c_1、c_2 值表

土名	细砂		砂土	粉质砂土	砂质黏土	松砂
	地下水位以上	地下水位以下				
c_1/(MPa/击)	5.2	7.1	3.9	4.3	3.8	2.4
c_2/(MPa/击)	0.33	0.49	0.45	1.18	1.05	0.53

(2) 冶金行业建议的标准贯入击数 N 与压缩模量 E_s 关系见表 6.5-10。

表 6.5-10 标贯击数 N 与 E_s 的关系

N	3	5	7	9	11	13	15	17	19	21	25	29	31
E_s/MPa	7	9	11	13	14.5	16	18	20	22	24	27.5	31	33

表 6.5-10 相关关系式为 $E_s=0.922703N+4.37277$。

3. 地基土抗剪度指标的确定

(1) 国内外建立的砂土标准贯入击数 N 与抗剪指标的关系见表 6.5-11。

表 6.5-11 砂土内摩擦角经验公式

作者	土类	经验公式	备注
Dunham	均匀圆粒砂	$\varphi=\sqrt{12N}+15$	
	级配良好圆粒砂	$\varphi=\sqrt{12N}+20$	
	级配良好、均匀棱角砂	$\varphi=\sqrt{12N}+25$	

续表

作者	土类	经验公式	备注
广东省标准《建筑地基基础设计规范》(DBJ 15—31—2016)		$\varphi=\sqrt{20N}+15$	
Peck		$\varphi=0.3N+27$	
Meyerhof	净砂	$\varphi=\frac{5}{6}N+26.7 \quad (4\leqslant N\leqslant 10)$ $\varphi=\frac{1}{4}N+32.5 \quad (N>10)$	粗砂、粉砂应减5°，砾砂加5°
Gibbs 和 Holtz		$N=4.0+0.015\frac{2.4}{\tan\varphi}\times\left[\tan^2\varphi\left(\frac{\pi}{4}+\frac{\varphi}{2}\right)e^{\pi\tan\varphi}-1\right]+0.1\sigma'_V\times\tan^2\left(\frac{\pi}{4}+\frac{\varphi}{2}\right)e^{\pi\tan\varphi}\pm 8.7$	该公式不仅考虑了砂土的种类，还反映了土层有效自重应力σ'_V的影响
《水运工程岩土勘察规范》(JTS 133—2013)		$\varphi=\sqrt{15N}+15$	$N<10$时，取$N=10$ $N>50$时，取$N=50$

注 φ—内摩擦角，(°)；N—标准贯入击数；σ'_V—上覆有效应力，kPa。

(2) 江苏地区资料见表6.5-12和表6.5-13。

表6.5-12　黏性土的c、φ经验值

土类	粉质黏土			黏土			粉质黏土夹砂			黏土夹砂		
N	2	4	6	2	4	6	2	4	6	2	4	6
c/kPa	12	14.5	19.5	8	12	16	7	10	12	8	11	13
φ/(°)	10	14	16	6	8	12	12	15	17	10	12	14

注 杆长均不作修正。

表6.5-13　砂土内摩擦角φ经验值

砂土名称	N										
	4	5	6	7	8	9	16	20	28	30	31
	φ/(°)										
粉土、粉砂	16	18	20	22	24						
细砂、极细砂	20	22	24	26	28			28		32	
中砂								33			36
粗砂、砾砂						36	38		41		

(3) 冶金行业资料见表6.5-14。

表6.5-14　黏性土和粉土c、φ值

N	15	17	19	21	25	29	31
c/kPa	78	82	87	92	98	103	110
φ/(°)	24.3	24.8	25.3	25.7	26.4	27.0	27.3

表 7.3.4 相关关系式为

$$\begin{aligned} c &= 38.7781\ln N - 26.533 \quad (r=0.998) \\ \varphi &= 4.1049\ln N + 13.1956 \quad (r=0.999) \end{aligned} \tag{6.5-4}$$

4. 黏性土和粉土天然状态判定

(1) 冶金行业用 N 值区分黏性土的状态见表 6.5-15。

表 6.5-15　液性指数 I_L 与 $N_手$ 的关系

$N_手$	<2	2~4	4~7	7~18	18~35	>35
I_L	>1	1~0.75	0.75~0.50	0.50~0.25	0.25~0	<0
土的状态	流塑	软塑	软可塑	硬可塑	硬塑	坚塑

表 6.5-15 相关关系式为 $\lg I_L = 0.2942 - 0.672\lg N_手$。

(2) 上海市标准《岩土工程勘察规范》(DGJ 08—37—2012) 建议按表 6.5-16 划分土的状态。

表 6.5-16　土的稠度状态划分表

N	<2	2~3	4~7	8~15	16~30	>30
土的状态	流塑	软塑	软可塑	硬可塑	硬塑	坚塑

5. 地基土无侧限抗压强度的确定

(1) Terzaghi 和 Peck 等给出的经验关系见表 6.5-17。

表 6.5-17　标贯击数 N 与无侧限抗压强度 q_u 的关系

N	<2	2~4	4~8	8~15	15~30	>30
土的状态	极软	软	中等	硬	很硬	坚塑
抗压强度/kPa	25	25~30	50~100	100~200	200~400	>400

(2)《水运工程岩土勘察规范》(JTS 133—2013) 按表 6.5-184 确定黏土和壤土的无侧限抗压强度 q_u。

表 6.5-18　标贯击数 N 与无侧限抗压强度 q_u 的关系

N		1	2	4	6	8	10	12	14	16	18	20	22	24	26	28	30
q_u /kPa	黏土	0.025	0.035	0.04	0.06	0.12	0.14	0.17	0.20	0.23	0.25	0.28	0.31	0.33	0.36	0.39	0.42
	壤土	0.02	0.03	0.05	0.08	0.11	0.13	0.16	0.19	0.22	0.24	0.27	0.30	0.32	0.35	0.38	0.41

6. 砂土密实度的确定

(1) 国家标准《建筑地基基础设计规范》(GB 50007—2011) 给出的砂土密实度见表 6.5-19。

表 6.5-19　砂土的密实度

N	$N \leqslant 10$	$10 < N \leqslant 15$	$15 < N \leqslant 30$	$N > 30$
密实度	松散	稍密	中密	密实

注　N 值经杆长修正，不做上覆有效压力修正。

（2）上海市标准《岩土工程勘察规范》（DGJ 08—37—2012）给出的砂土密实度划分见表6.5-20。

表6.5-20　砂土的密实度划分

N	$0<N\leqslant3$	$3<N\leqslant8$	$8<N\leqslant25$	$N>25$
密实度	松散	稍密	中密	密实
D_r	<0.20	0.20～0.35	0.35～0.65	>0.65

注　1. N值经上覆有效压力修正，不作杆长修正。
2. 本表适用于正常固结中砂，对细砂取表内N乘以0.92；对粗砂取表内N乘以1.08。
3. D_r为相对密度。

（3）北京市标准《北京地区建筑地基基础勘察设计规范》（2016年版）（DBJ 11—501—2009）给出确定砂土密实度的方法见表6.5-21。

表6.5-21　实测标贯击数N与砂土密实度的关系

深度/m	密实度	标贯击数N					
		0～1.25m	1.25～5m	5～10m	10～15m	15～20m	20～25m
0～1.25	密	28～21					
	中上	21～15					
	中	15～9					
	中下	9～3					
	松	<3					
1.25～5	密	30～22	31～23				
	中上	22～16	23～17				
	中	16～10	17～11				
	中下	10～4	11～5				
	松	<4	<5				
5～10	密	31～24	32～25	33～26			
	中上	24～17	25～18	26～19			
	中	17～12	18～13	19～14			
	中下	12～5	13～6	14～7			
	松	<5	<6	<7			
10～15	密	32～25	33～26	34～27	36～28		
	中上	25～19	26～20	27～21	28～22		
	中	19～13	20～14	21～15	22～17		
	中下	13～7	14～8	15～9	17～10		
	松	<7	<8	<9	<10		
15～20	密	34～26	35～28	36～28	37～30	39～31	
	中上	26～20	28～21	28～22	30～23	31～25	
	中	20～14	21～16	22～17	23～18	25～19	

续表

深度/m	密实度	标贯击数 N					
		0～1.25m	1.25～5m	5～10m	10～15m	15～20m	20～25m
15～20	中下	14～8	16～9	17～10	18～12	19～13	
	松	<8	<9	<10	<12	<13	
20～25	密	35～28	36～29	37～30	38～31	40～32	42～34
	中上	28～21	29～23	30～23	31～25	32～26	34～27
	中	21～16	23～17	23～18	25～19	26～21	27～22
	中下	16～9	17～10	18～11	19～13	21～14	22～16
	松	<9	<10	<11	<13	<14	<16

注　表中标贯击数不作杆长和上覆有效压力修正。

(4)《冶金工业建设岩土工程勘察规范》(GB 50749—2012) 给出的确定砂土密实度的方法与表6.5-21相同，只是表中N值为实测值，不作杆长和上覆有效压力修正，对地下水水位以下的中砂，N值可按实测锤击数增加5击计。

(5) Terzaghi 和 Peck 等提出标准贯入击数N与砂土相对密度的关系见表6.5-22。

表6.5-22　　N与D_r的关系表

N	相对密度D_r	土的状态	静力触探锥尖阻力q_c/kPa	内摩擦角/(°)
4	0.2	疏松	<200	<30
4～10	0.2～0.4	松	200～400	30～35
10～30	0.4～0.6	中密	400～1200	35～40
30～50	0.6～0.8	密	1200～2000	40～45
50	0.8～1.0	极密	>2000	>45

(6) 砂土相对密度的经验公式。

Schultze (1965) 公式：

$$\ln D_r = 0.478\ln N - 0.262\ln\sigma'_V - 0.56 \tag{6.5-5}$$

Meyerhof 公式：

$$D_r = 2.10\sqrt{\frac{N}{\sigma'_V + 70}} \tag{6.5-6}$$

式中：N为标准贯入击数；σ'_V为上覆有效压力，kPa；D_r为相对密度（以小数计）。

7. 饱和砂土及粉土液化判别

对于饱和砂土及粉土，首先应宏观判定是否有产生液化的可能性，在宏观判定有产生液化可能的场地，可根据标准贯入试验击数作深入详细的判定。

用标准贯入试验确定饱和砂土和粉土液化的判别式为

$$N_{cr} = N_0[0.9 + 0.1(d_s - d_w)]\sqrt{\frac{3}{\rho_\sigma}} \tag{6.5-7}$$

式中：d_s为饱和土标准贯入点深度，m；d_w为地下水水位深度，m；ρ_σ为饱和土黏粒含量百分率，当ρ_σ(%)<3时，取$\rho_\sigma=3$；N_{cr}为饱和土液化临界标准贯入锤击数；N_0为

饱和土液化判别的基准标准贯入锤击数，按表6.5-23采用。

表6.5-23　　液化判别基准标准贯入锤击数 N_0 值

地震烈度	Ⅶ度	Ⅷ度	Ⅸ度
近震	6	10	16
远震	8	12	—

注　本表适用于深度15m范围内。

当实测标准贯入锤击数 N（未作杆长修正）小于 N_{cr} 值时，则应判为可液化土；否则为不液化土。

式（6.5-7）只适用于标准贯入点在地面以下15m以内的深度，大于15m的深度需采用其他方法判定。

由于标准贯入试验贯入点深度和地下水水位在试验地面以下的深度，不同于工程正常运用时，因此，《水力发电工程地质勘察规范》（GB 50287—2016）要求实测标准贯入锤击数应按下式进行修正，并按修正后的锤击数作为标准贯入锤击数 N 进行土的液化性判别：

$$N=N'\left(\frac{d_s+0.9d_w+0.7}{d_s'+0.9d_w'+0.7}\right) \tag{6.5-8}$$

式中：N'为实测标准贯入锤击数；d_s 为工程正常运用时，标准贯入点在当时地面以下的深度，m；d_s'为标准贯入试验时，标准贯入点在当时地面以下的深度，m；d_w 为工程正常运用时，地下水水位在当时地面以下的深度，m，当地面淹没于水面以下时，d_w 取0；d_w'为标准贯入试验时，地下水水位在当时地面以下的深度，m，当地面淹没于水面以下时，d_w'取0。

8. 桩基承载力的确定

（1）Schmertmann于1967年提出用 N 值估算桩基承载力的方法，详见表6.5-24。

表6.5-24　　用 N 预估桩尖阻力和桩身阻力

土　名	q_c/N	摩阻比/%	桩尖阻力 p_p/kPa	桩身阻力 p_f/kPa
各种密度的净砂（地下水水位上、下）	374.5	0.60	2.03N	342.4N
粉土、粉砂、砂混合，粉砂及泥炭土	214.0	2.00	4.28N	171.2N
可塑黏土	107.0	5.00	5.35N	74.9N
含贝壳的砂、软石灰岩	428.0	0.25	1.07N	385.2N

注　本表用于预制打入混凝土桩，$N=5\sim60$，当 $N<5$ 时 N 取5，当 $N>60$ 时 N 取60；q_c—静力触探探头阻力。

（2）Meyerhof（1976）的计算公式。

排水量多时：

$$P_u=428NA_p+2.14\overline{N}A_S \tag{6.5-9}$$

排水量少时：

$$P_u=428NA_p+1.07\overline{N}A_S \tag{6.5-10}$$

式中：P_u 为桩的极限承载力，kN；A_p 为桩的断面积，m^2；A_S 为桩身表面积，m^2；N 为桩尖附近 N 值平均值；$\overline{N}$ 为桩贯入深度内 N 值平均值。（注：①该式适用于砂土，但对饱和粉、细砂，由于超孔隙水压力，N 值往往偏大，此时，应按式 $N=15+(N'-15)/2$ 进行修正；②该公式不适用于桩长与桩径比大于 10 的情况。）

（3）日本相关文献提出的计算单桩承载力的公式。

当地基土全部为砂层时：

$$P_a=400NA_p+2\overline{N}A_S \tag{6.5-11}$$

当地基土为砂土及黏性土时：

$$P_a=400NA_p+2\overline{N}_S A_S+5\overline{N}_o A_o \tag{6.5-12}$$

式中：P_a 为单桩承载力，kN；$\overline{N}_S$ 为桩在砂土部分的 N 平均值；$\overline{N}_o$ 为桩在黏土部分的 N 平均值；A_S 为桩在砂土部分的侧面积，m^2；A_o 为桩在黏性土部分的侧面积，m^2；其余符号意义同前。

（4）北京市勘察设计研究院有限公司提出的计算钻孔灌柱桩极限承载力的公式。

当 $H<0.5$m 时：

$$P_u=27.8N_P A_P+(3.3N_S L_S+3.1N_C L_C)U-181H+177.3 \tag{6.5-13}$$

当 $H\geqslant 0.5$m 时：

$$P_u=(3.3N_S L_S+3.1N_C L_C)U+86.8 \tag{6.5-14}$$

式中：H 为孔底虚土厚度；P_u 为桩基础极限承载力，kN；A_P 为桩的断面积，m^2；A_S 为桩身表面积，m^2；N_S 为桩侧砂土层的标贯平均值；L_S 为砂土层中桩长，m；N_C 为桩侧黏性土和粉土层的标贯平均值；L_C 为黏性土和粉土中桩长，m；U 为桩周长，m。

9. 地基土横波速度的确定

（1）中国冶金建设集团沈阳勘察研究总院根据 269 组试验得出标贯击数 N 与横波速度 V_S(m/s) 的相关关系式为

$$V_S=91.347N^{0.3471}\qquad (r=0.833) \tag{6.5-15}$$

（2）日本今井提出用横波速度推算地基土标贯击数的关系式为

$$N=8.233\times 10^{-14}V_S^{6.9638}h^{-1.7848} \tag{6.5-16}$$

式中：h 为地基土横波速度的相应深度；V_S 为横波速度，m/s；N 为标贯击数。

（3）日本今井根据 756 组试验得出标贯击数 N 与横波速度 V_S（m/s）的相关关系式为

$$V_S=89.8N^{0.341} \tag{6.5-17}$$

6.6　工程应用实例

金沙江下游某坝址河床砂砾石层，根据其物质颗粒粒度特征，可以划分为粗粒土和细粒土两类。其中，Ⅰ岩组（Q_3^{al}-Ⅰ）为含卵砾中细砂土层，Ⅱ岩组（Q_3^{al}-Ⅱ）为含漂块石卵砾碎石土层，Ⅳ岩组 Q_3^{al} -Ⅳ$_1$ 为漂块石碎石土层，Ⅴ岩组（Q_4^{al} -Ⅴ）为漂块石碎石土夹砂卵砾石层，以上岩组均为粗粒土。Ⅲ岩组（Q_3^{al} -Ⅲ）为粉砂质黏土层，Ⅳ岩组的 Q_3^{al} -Ⅳ$_2$ 为粉砂质黏土层，均为细粒土。

标准贯入测试是确定细粒土物理力学常用的一种原位测试方法。根据标准贯入测试结果确定细粒土的可塑性的标准较多，根据砂砾石层细粒土的标准贯入测试结果，采用岩土工程勘察标准，对砂砾石层细粒土的可塑性分析结果见表 6.6-1。

表 6.6-1　　根据标贯试验对细粒土岩组的可塑性分析结果表

指　　标	Ⅳ$_2$	Ⅲ
修正后击数（N）	11.36	22.525
土的状态	硬可塑（可塑）	硬塑

从表 6.6-1 可以看出，不同测试钻孔获得的同一岩组的杆长修正标准贯入击数差异较大。如第Ⅲ岩组的 ZK44 钻孔的 54.65m 处的标准贯入击数仅为 9.88，而 ZK06 的 27.25m 处的标准贯入击数为 41.15。说明同一岩组不同位置的性状差异很大，在实际应用测试结果判断土的可塑性时，应对测试结果不合理的数值予以剔除。砂砾石层细粒土Ⅳ$_2$ 岩组为硬可塑（可塑），Ⅲ岩组为硬塑状态，与室内试验结果比较发现，室内试验确定的土的可塑性比原位测试确定的可塑性要高，其主要原因是：①室内试验改变了土的赋存环境及天然结构与状态，提高了土的可塑性；②钻探过程中，由于采用有水钻进方式，使得岩芯样品含水量增高。室内试验确定的可塑性难以反映土的天然结构与状态，而原位测试的可塑性结果比较可靠，可作为评价砂砾石层细粒土的可塑性的主要依据，即细粒土Ⅳ$_2$ 岩组为硬可塑（可塑）状态，Ⅲ岩组为硬塑状态。

第 7 章

注水试验

在河床深厚砂砾石层水文地质勘察中，渗透特性是勘察工作的重点，也是设计和施工中关键参数的组成部分，其物理意义为水力梯度等于1时的渗透速度。

注水试验是用人工抬高水头，向试坑或钻孔内注水，来测定松散砂砾石地层渗透性的一种原位试验方法，主要适用于不能进行抽水试验和压水试验，取原状样进行室内试验又比较困难的松散砂砾石地层。

河床深厚砂砾石层常用的注水试验方法有：①试坑法、单环和双环法；②钻孔常水头和钻孔变水头注水试验等。试坑注水试验主要适用于地下水水位以上且地下水水位埋藏深度大于5m的各类土层；钻孔注水试验则适用于各类土层和结构松散、软弱的岩层，且不受水位和埋藏深度的影响。

《水利水电工程注水试验规程》（SL 345—2007）明确给出了单环注水、双环注水、钻孔常水头注水、钻孔降水头注水等试验的适用条件、试验设备、现场试验和资料整理规定等内容，并给出了注水试验的记录格式和形状系数取值。

7.1 试坑法注水试验

试坑法注水试验是向试坑底部一定面积内注水，并保持固定水头，以测定土层渗透系数的原位试验。

试坑法注水试验的基本要求：①试坑深30～50cm，坑底一般高出潜水位3～5m，大于5m时最佳；②坑底应修平并确保试验土层的结构不被扰动；③应在坑底铺垫2～5cm厚的粒径为5～10mm的砾石或碎石作为过滤缓冲层；④水深达到10cm，开始记录时间及量测注入水量，并绘制$Q-t$关系曲线；⑤试验过程中，应保持水深在10cm，波动幅度不应大于0.5cm，注入的清水水量量测精度应小于0.1L。

试坑法注水试验的操作方法和要求：①水位稳定30min后，每隔5min量测1次，至少连续量测6次；②当连续2次量测的注入流量之差小于最后一次注入流量时，试验即可结束，并取最后一次注入流量作为计算值；③当注入水量达到稳定并延续2～5h时，试验即可结束。

试坑法注水试验的优点是安置简便；缺点是受侧向渗透影响较大，成果精度低。

试坑法注水试验示意见图7.1-1。

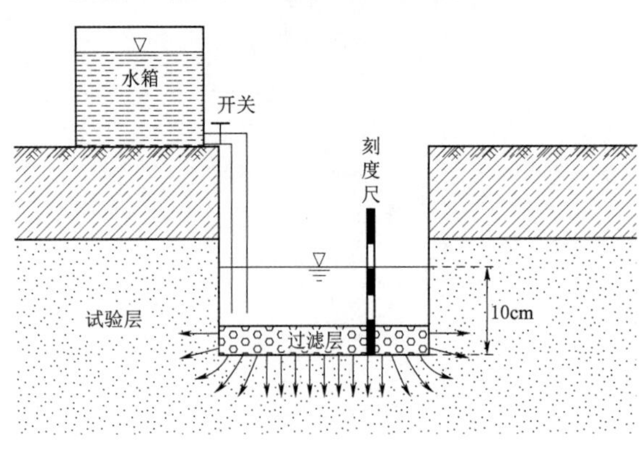

图7.1-1 试坑法注水试验示意图

渗透系数的计算公式为

$$k=\frac{Q}{F(H+l+H_k)} \tag{7.1-1}$$

式中：k 为试验土层渗透系数，cm/s；Q 为注入流量，L/min，1L/min=16.7cm³/s；F 为试坑底面积，cm²；H 为试验水头，cm，H=10cm；H_k 为试验土层的毛细上升高度，cm；l 为从试坑底起算的渗入深度，cm。

7.2 单环法注水试验

(1) 适用范围：试坑法单环注水试验适用于土层毛细作用不大、地下水水位以上的砂土、砂卵砾石等强透水地层（图7.2-1）。

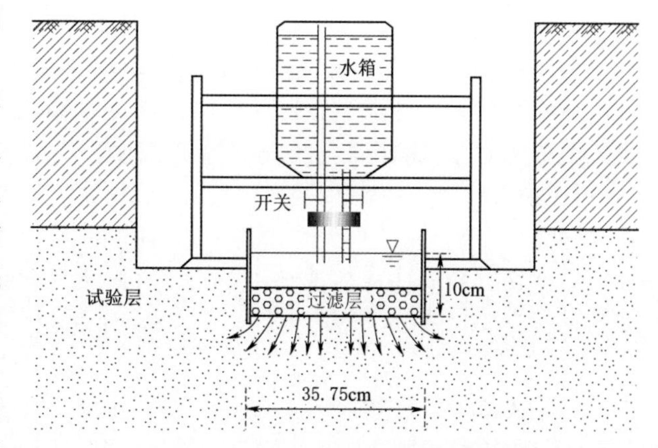

图7.2-1 单环法注水试验示意图

(2) 试验常用方法的基本要求：①注水环（铁环）嵌入试验土层深度不小于5cm，且环外用黏土填实，确保周边不漏水；②环底铺2～3cm厚的粒径为5～10mm的砾石或碎石作为缓冲层；③水深达到10cm后，开始时每隔5min量测1次，连续量测5次，以后每隔20min量测1次，连续量测次数不少于6次；④当连续2次观测的注入流量之差不大于最后一次注入流量的10%时，试验即可结束，并取最后一次注入流量作为计算值。

(3) 单环法注水试验的优点是安置简单；缺点是未考虑受侧向渗透的影响，成果精度稍差。

(4) 渗透系数的计算公式：

$$k=\frac{Q}{F} \tag{7.2-1}$$

式中：k 为试验土层渗透系数，cm/s；Q 为注入流量，L/min，1L/min=16.7cm³/s；F 为试坑底面积，cm²，为方便计算可取环内径为35.75cm，即 F 约为1000cm²。

7.3 双环法注水试验

(1) 适用范围：双环法注水试验适用于毛细作用较大、地下水水位以上的粉土层和黏性土层（图7.3-1）。

(2) 双环法注水试验要求：①两注水环（铁环）按同心圆状嵌入试验土层深度不小于5cm，并确保试验土层的结构不被扰动，环外周边不漏水；②在内环及内、外环之间环底

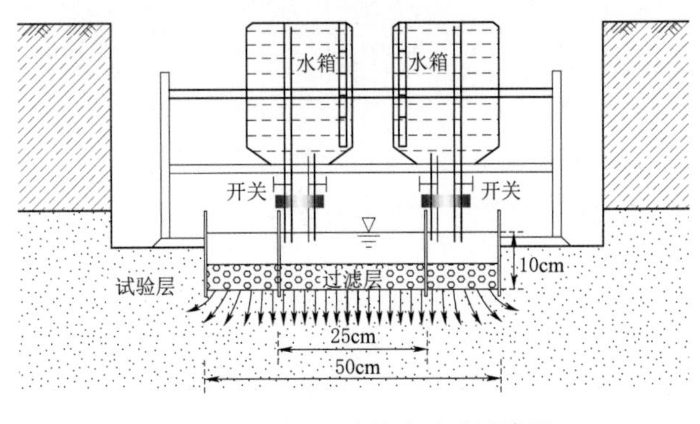

图 7.3-1　双环法注水试验示意图

铺 2～3cm 厚的粒径为 5～10mm 的砾石或碎石作为缓冲层；③水深达到 10cm 后，开始每隔 5min 量测 1 次，连续量测 5 次，之后每隔 15min 量测 1 次，连续量测 2 次，之后每隔 30min 量测 1 次，连续量测次数不少于 6 次；④当连续 2 次观测的注入流量之差不大于最后一次注入流量的 10%时，试验即可结束，并取最后一次注入流量作为计算值；⑤试验前在距试坑 3～5m 处打一个比坑底深 3～4m 的钻孔，并每隔 20cm 取土样测定其含水量。试验结束后，应立即排出环内积水，在试坑中心打一个同样深度的钻孔，每隔 20cm 取土样测定其含水量，与试验前资料对比以确定注水试验的渗入深度。

（3）双环法注水试验缺点是安置、操作较复杂；优点是基本排除侧向渗透的影响，成果精度较高。

（4）渗透系数的计算公式：

$$k=\frac{16.67Qz}{F(H+z+0.5H_a)} \tag{7.3-1}$$

式中：k 为试验土层渗透系数，cm/s；Q 为内环的注入流量，L/min；F 为内环的底面积，cm^2；H 为试验水头，cm，$H=10cm$；H_a 为试验土层的毛细上升高度，cm；z 为从试坑底算起的渗入深度，cm。

7.4　钻孔注水试验

钻孔注水试验可用于测定砂砾石地层渗透系数，根据注水头稳定情况，可分为定水头注水试验和降水头注水试验。注水试验应考虑试验操作的方便和孔壁稳定情况，宜采用自上而下分段注水。

7.4.1　钻孔定水头注水试验

钻孔定水头注水试验适用于渗透性比较大的壤土、粉土、砂土和砂卵砾石层。

稳定水头注水试验［图 7.4-1（a）］的要求如下：

（1）试验装置安设完毕后，进行注水试验前，应进行地下水水位观测，水位观测结束后，向孔内注入清水至一定高度或至孔口并保持稳定，测定水头值，保持水头不变，量测注入流量。

（2）开始时按每 5min 间隔观测 1 次流量，连续量测 5 次，之后每隔 20min 量测 1 次，至少连续量测 6 次，并绘制 $Q-t$ 关系曲线。

（3）当连续 2 次量测的注入流量之差不大于最后一次注入流量的 10%时，试验即可

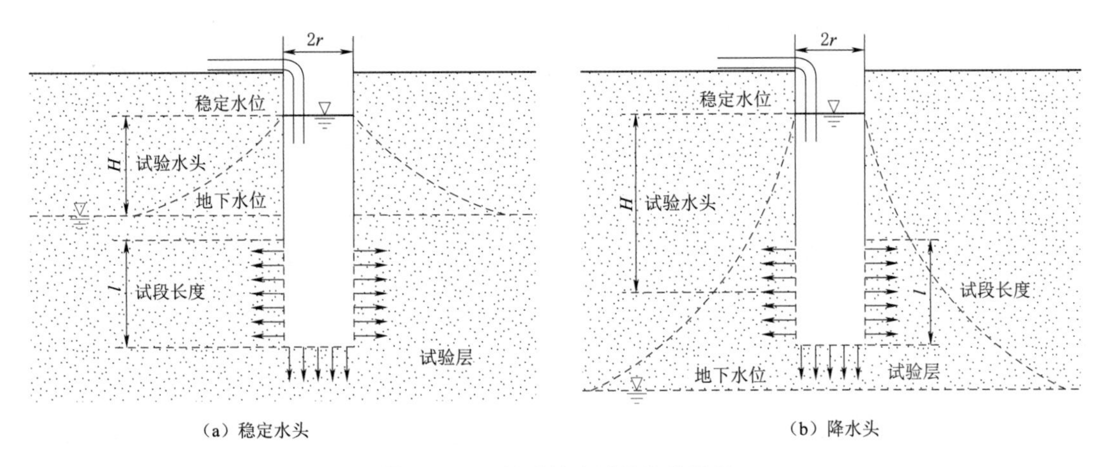

图 7.4-1　钻孔注水试验结构简图

结束，取最后一次注入流量作为计算值。

(4) 当注水试验段位于地下水水位以下时，渗透系数多采用以下方法进行计算：

当 $l/r>8$，试验段顶部无隔水层时，渗透系数按式（7.4-1）计算：

$$k=\frac{6.1Q}{lH}\lg\frac{l}{r} \tag{7.4-1}$$

当 $l/r>8$，试验段顶部为隔水层时，渗透系数应按式（7.4-2）计算：

$$k=\frac{6.1Q}{lH}\lg\frac{2l}{r} \tag{7.4-2}$$

式中：k 为试验土层渗透系数，cm/s；l 为注水试段长度，m；Q 为注入流量，L/min；H 为水头高度，m；r 为试验段钻孔半径，m。

对渗透性比较大的碎石土、砂土和砂卵砾石层按式（7.4-3）计算：

$$k=\frac{16.67Q}{AS} \tag{7.4-3}$$

式中：A 为形状系数，cm，按表 7.4-1 选用；S 为孔中试验水头高度，m。

当注水试验段位于地下水位以上，且 $50<H/r<200$，$H\leqslant l$ 时，渗透系数一般采用式（7.4-4）计算：

$$k=\frac{7.05Q}{lH}\lg\frac{2l}{r} \tag{7.4-4}$$

7.4.2　钻孔降水头注水试验

钻孔降水头注水试验［图 7.4-1（b）］适用于地下水水位以下粉土、黏性土层或渗透系数较小的砂砾石层。试验要求如下：

(1) 试验装置安设完成后，确认试验段已隔离后，向孔内注入清水至一定高度或以套管顶部作为初始水头值，停止供水，开始记录管内水位随时间变化的情况。

(2) 开始时每间隔 1min 量测 1 次，连续量测 5 次；后间隔为 10min 量测 1 次，连续量测 3 次；后期观测间隔时间应根据水位下降速度确定，可每隔 30min 量测 1 次。并在现场绘制 $\ln(H_t/H_0)-t$ 关系曲线，当水头下降比与时间关系不呈直线时说明试验不正确，应检查并重新试验。

（3）当试验水头下降到初始试验水头的 30%或连续观测点达到 10 个以上时，即可结束试验。

（4）渗透系数可按式（7.4-5）进行计算：

$$k=\frac{0.0523r^2}{A}\frac{\ln\frac{H_1}{H_2}}{t_2-t_1} \tag{7.4-5}$$

式中：k 为试验土层渗透系数，cm/s；r 为套管内半径，cm；t_1、t_2 为试验某一时刻的试验时间，min；H_1、H_2 为在试验时间 t_1、t_2 时的试验水头，cm；A 为形状系数，cm，按表 7.4-1 选用。

表 7.4-1　　钻孔形状系数值

试验条件	示　意　图	A 值	备注
试段位于地下水水位以下，钻孔套管下至孔底，孔底进水	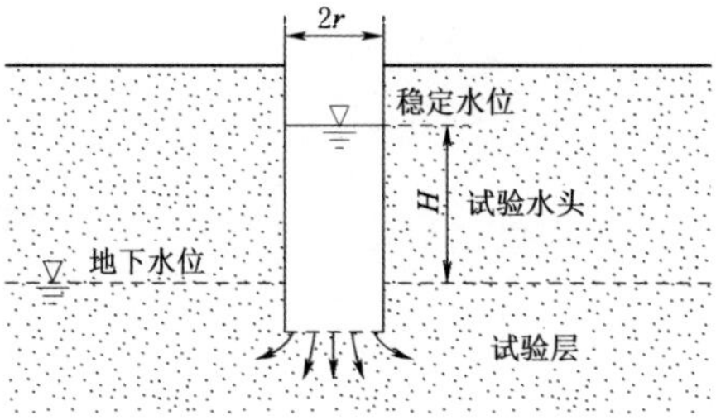 2r 稳定水位 H 试验水头 地下水位 试验层	$A=5.5r$	
试段位于地下水水位以下，钻孔套管下至孔底，孔底进水，试验土层顶部为不透水层	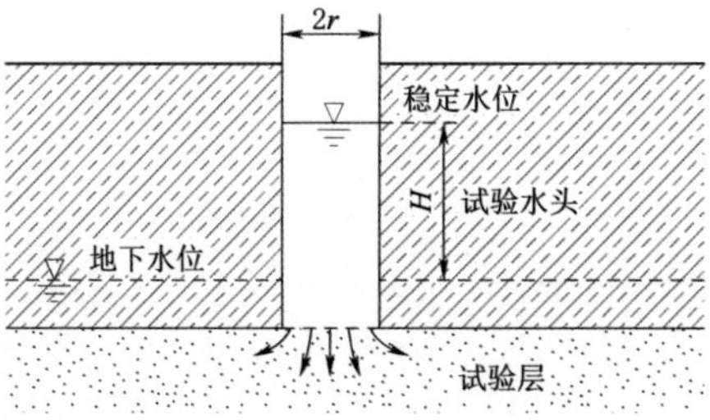 2r 稳定水位 H 试验水头 地下水位 试验层	$A=4r$	
试段位于地下水水位以下，孔内不下套管或部分下套管，试验段裸露或下花管，孔壁与孔底进水	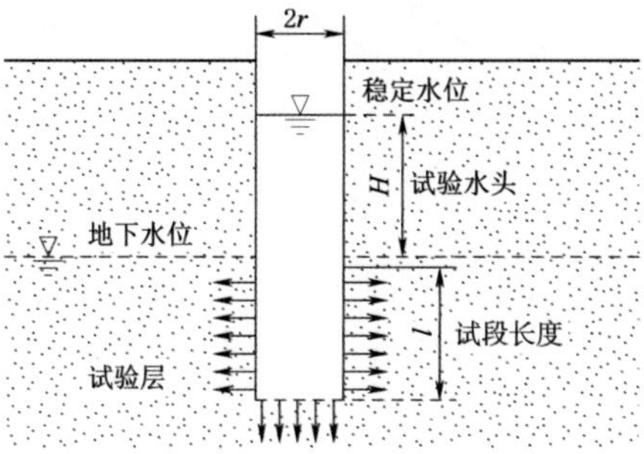 2r 稳定水位 H 试验水头 地下水位 l 试段长度 试验层	$A=\frac{2\pi l}{\ln\frac{ml}{r}}$	$\frac{ml}{r}>10$ $m=\sqrt{k_h/k_v}$ 式中：k_h、k_v 分别为试验土层的水平垂直渗透系数；无资料时，m 值可根据土层情况估算

续表

试验条件	示 意 图	A值	备注
试段位于地下水水位以下，孔内不下套管或部分下套管，试验段裸露或下花管，孔壁和孔底进水，试验土层顶部为不透水	2r 稳定水位 H 试验水头 地下水位 l 试段长度 试验层	$A=\frac{2\pi l}{\ln\frac{2ml}{r}}$	$\frac{2ml}{r}>10$ $m=\sqrt{k_h/k_v}$ 式中：k_h、k_v分别为试验土层的水平垂直渗透系数；无资料时，m值可根据土层情况估算

7.5　工程应用实例

7.5.1　青海某大型水利水电工程注水试验

在该工程的1号、3号勘探平洞及坝址区左右岸卵石中进行了单环注水试验（表7.5-1～表7.5-3），从试验结果看，渗透系数均为10^{-3}cm/s，属中等透水。

表7.5-1　　1号平洞现场注水试验成果

钻孔深度/m	密度ρ/(kg/m³)	含水率ω/%	干密度$\rho_干$/(kg/m³)	渗透系数k/(cm/s)
50	2.395	6.42	2.25	3.26×10^{-3}
45	2.334	7.12	2.178	—
40	2.45	6.94	2.291	3.27×10^{-3}
35	2.467	8.19	2.28	—
30	2.196	6.658	2.06	3.29×10^{-3}
25	2.419	6.85	2.263	—
20	2.42	7.58	2.249	3.18×10^{-3}
15	2.286	7.79	2.122	—
10	2.216	7.44	2.063	3.12×10^{-3}
5	1.84	7.22	1.713	—

表7.5-2　　3号平洞现场注水试验成果

钻孔深度/m	密度ρ/(kg/m³)	含水率ω/%	干密度$\rho_干$/(kg/m³)	渗透系数k/(cm/s)
100	2.107	6.75	1.97	1.66×10^{-2}
95	2.319	8.13	2.14	—
90	2.34	7.08	2.185	7.54×10^{-3}
85	2.414	9.03	2.21	—
80	2.252	6.38	2.116	3.78×10^{-3}

续表

钻孔深度/m	密度 ρ/(kg/m³)	含水率 ω/%	干密度 $\rho_{干}$/(kg/m³)	渗透系数 k/(cm/s)
75	2.309	8.53	2.128	—
70	2.309	8.81	2.122	1.35×10^{-2}
65	2.346	6.03	2.21	—
60	2.278	7.15	2.125	5.12×10^{-3}
55	2.38	5.93	2.25	—
50	2.41	10.15	2.187	3.07×10^{-3}
45	2.18	5.15	2.07	—
40	2.21	6.61	2.073	5.15×10^{-3}
35	1.952	5.25	1.883	—
30	2.209	3.58	2.133	5.97×10^{-3}
25	2.179	4.4	2.087	—
20	2.415	6.73	2.26	3.18×10^{-3}
15	2.614	5.58	2.472	—
10	2.26	7.12	2.11	2.12×10^{-3}
5	2.418	9.59	2.2	—

表 7.5-3　注水试验成果表

试验位置	岩性	组数	渗透系数范围值/(cm/s)	平均值/(cm/s)	渗透性等级
左岸 1 号	卵石	4	$1.9\times10^{-3}\sim5.6\times10^{-3}$	3.1×10^{-3}	中等透水
左岸 2 号	卵石	4	$3.2\times10^{-3}\sim5.1\times10^{-3}$	4.5×10^{-3}	中等透水
右岸	卵石	4	$4.2\times10^{-3}\sim7.9\times10^{-3}$	6.3×10^{-3}	中等透水

7.5.2　现场双环注水试验工程实例

在金沙江上游某水电站坝址区，为了解河床砂砾石层的渗透特性，对砂砾石层粗粒土进行了现场双环注水试验。根据试验观测曲线和数据记录，按照相关公式对砂砾石层的渗透系数进行计算，代表性试验成果见表 7.5-4。

表 7.5-4　砂砾石层Ⅳ岩组注水试验成果

试验方法	值别	渗透系数/(cm/s)	临界坡降
探槽单环法	最大值	1.04×10^{-1}	0.53
	最小值	1.66×10^{-3}	0.27
	平均值	3.83×10^{-2}	0.40

通过对注水试验资料的整理分析后可知，砂砾石层各岩组的渗透性较强，其中Ⅰ岩组试样的渗透系数平均值为 1.80×10^{-5}cm/s；Ⅱ岩组平均值为 7.00×10^{-3}cm/s，临界坡降平均为 0.60；Ⅲ岩组平均值 7.00×10^{-3}cm/s；Ⅳ岩组的深部钻孔样渗透系数平均值为 1.44×10^{-2}cm/s，临界坡降平均为 0.47；地表浅表部岸坡砂砾石层平均值为 3.83×10^{-2}cm/s，

临界坡降平均为0.4。

7.5.3　西藏某水库工程钻孔常水头注水试验

西藏某水库坝基砾石层钻孔揭露最大厚度84.4m。根据注水试验（表7.5-5），卵、砾石层各层之间由于密实度及含泥量的不同，在透水性上存在一定差异。上部0～30m渗透系数11.73～82.62m/d，为强透水层；30～60m渗透系数12.53～23.07m/d，为强透水层；60m以下渗透系数4.16～19.71m/d，为中等～强透水层。

在坝基渗漏量计算时，由相应公式计算坝基总体渗透系数在水平向计算时取值为：0～30m取46.2m/d，30～60m取17.8m/d，60～84.4m取10.8m/d。

表7.5-5　钻孔注水试验成果表

位置	试验深度/m	渗透系数/(m/d)	渗透系数/(cm/s)	透水性分级
	36.1	12.53	1.45×10^{-2}	强透水层
	61.6	4.16	4.81×10^{-3}	中等透水层
ZK3	31.2	23.07	2.67×10^{-2}	强透水层
	62	8.56	9.91×10^{-3}	中等透水层
	72	19.71	2.28×10^{-2}	强透水层
ZK09-1	11.6	32.1	3.72×10^{-2}	强透水层
	13.5	53.0	6.13×10^{-2}	强透水层
ZK09-4	6.0	50.4	5.83×10^{-2}	强透水层
	9.7	61.6	7.13×10^{-2}	强透水层
	15.8	79.0	9.14×10^{-2}	强透水层

第 8 章

钻孔抽水试验

钻孔抽水试验是通过钻孔抽水，量测抽水孔抽出的水量和水位或距抽水孔一定距离的观测孔中的水位随时间的变化等数据，根据井、孔涌水的稳定流或非稳定流理论，采用涌水量与水位降深值的函数关系式来计算含水层渗透性参数的一种原位渗透试验。

在水利水电工程地质勘察过程中，它是一种在钻孔内进行的含水层原位渗透试验方法，是水文地质试验的重要手段之一，其目的是查明砂砾石地层的渗透性，测定水工建筑物基础渗透性参数，为计算坝（闸）基、渠道、水库渗漏量和水工建筑物基坑涌水量，确定防渗处理方案提供依据。

为保证抽水试验有序进行和成果质量，在钻孔抽水试验前，应根据试验地段的地质结构和水文地质条件，结合水工建筑物布置方案，做好钻孔抽水试验设计，编制钻孔抽水试验任务书，主要包括试验目的，抽水孔及试验段位置的布置、多孔抽水的观测孔的布置，钻孔结构要求和钻进工艺要求，抽水设备的规格及数量要求，试验设备的安装及现场抽水试验的技术要求，试验记录与校核，渗透性参数计算公式的选择与计算，以及对成果图件的要求等。

《水电水利工程钻孔抽水试验规程》（DL/T 5213—2005）中给出了钻孔抽水试验的一般要求、试验设备、技术要求和计算方法等，可满足单孔、多孔抽水试验时计算砂砾石地层水文地质参数的要求。

8.1 抽水试验类型与选择

8.1.1 单孔抽水试验与多孔抽水试验

1. 单孔抽水试验

不带观测孔、只在一个抽水孔中抽水，并量测其涌水量与水位随时间的变化等数据的抽水试验称为单孔抽水试验。

为了查明选定的水利水电工程地段含水层的渗透性能及其变化规律，进行砂砾石地层渗透性分级，宜选用单孔抽水试验。

2. 多孔抽水试验

除在一个抽水孔抽水并量测其涌水量和水位随时间的变化外，还根据含水层的岩性、岩相和水文地质结构或地下水流向变化情况，以抽水孔为原点，沿一定方向或不同方向、不同距离布置一定数量的观测孔、线，在任一观测线上的一个或多个观测孔进行动水位观测的带观测孔的抽水试验称为多孔抽水试验。

对于水文地质条件复杂的大型水利水电工程，为了测定含水层渗透参数，确定影响半径大小及动水位下降漏斗形态，判断不同方向地下水的连通性和各向异性，提出不同方向的渗透系数和涌水量，宜布置一定数量的多孔抽水试验。

8.1.2 完整孔抽水试验与非完整孔抽水试验

1. 完整孔抽水试验

抽水试验段长度贯穿整个含水层厚度的抽水试验称为完整孔抽水试验。

2. 非完整孔抽水试验

抽水试验长度仅为含水层厚度一部分的抽水试验称为非完整孔抽水试验。

采用完整孔抽水试验还是非完整孔抽水试验，主要取决于含水层厚度和在铅直方向的均一性，均质含水层厚度小于15m时，采用完整孔抽水；均质含水层厚度大于15m时，由于过滤器过长可能无法达到降深要求，采用非完整孔。

8.1.3 稳定流抽水试验与非稳定流抽水试验

1. 稳定流抽水试验

在抽水过程中，要求涌水量与动水位同时相对稳定，并有一定相对稳定延续时间的抽水试验称为稳定流抽水试验。

试验过程中，应同步观测、记录抽水孔的涌水量和抽水孔及观测孔的动水位。涌水量和动水位的观测时间，宜在抽水开始后的第1min、2min、3min、4min、5min、10min、15min、20min、30min、40min、50min、60min各测一次，出现稳定趋势以后每隔30min观测一次，直至结束。

2. 非稳定流抽水试验

在抽水过程中，保持涌水量固定而观测地下水水位随时间的变化，或保持水位降深固定而观测涌水量随时间的变化，这种抽水试验称为非稳定流抽水试验。

抽水试验时每个阶段（每个固定流量或每个固定降深），涌水量和动水位的观测时间，宜在抽水开始后的第1min、2min、3min、4min、6min、8min、10min、15min、20min、25min、30min、40min、50min、60min、80min、100min、120min各观测一次，以后可隔30min观测一次，直至结束。

采用稳定流抽水试验计算渗透性参数，为目前水利水电工程地质勘察常用的水文地质试验方法。

8.2 抽水试验方法与要求

8.2.1 观测孔的布置原则

1. 观测线的布置方向

多孔抽水试验观测孔的布置，是以抽水孔为中心，布置1～2条观测线。布置1条观测线时，应垂直地下水流向布置，原因是沿此方向可减少水力坡度对计算参数的影响，所得渗透系数更为合理。布置2条观测线时，应分别垂直和平行地下水流向布置，以此确定不同方向地下水的连通性和各向异性。对岩性岩相变化大的松散含水层，应布置2条观测线，一条沿岩性变化大的方向或透水性强的方向布置，另一条应与前一条垂直布置。

2. 观测孔的数量

为了采用多种方法计算同一资料，相互比较、论证，稳定流抽水试验每条观测线上的观测孔不宜少于3个，非稳定流抽水试验如果利用 $s-\lg t$（时间-降深）关系曲线计算渗透系数时可布置1～2个观测孔，利用 $s-\lg r$（钻孔半径-降深）关系曲线计算渗透系数时，宜布置3～4个观测孔。水文地质条件复杂或有特殊要求时，可视需要适当增加。

3. 观测孔的距离

当抽水孔为完整孔时，观测孔至抽水孔距离，根据裘布依公式，各个断面的流量不可能完全相等，为使各观测孔都取得较大降深值，观测孔距抽水孔越近越好，同时，当含水层渗透性能较好时，强烈抽水会在抽水孔附近的一定范围内产生紊流，造成一定的水头损失。根据已有的试验研究资料证明，紊流区一般在抽水孔的1～3m范围内。因此，第一个观测孔距抽水孔的距离宜控制在2～3m，并应尽量避开紊流和三维流的影响；第二个观测孔的距离宜为含水层厚度的1～1.5倍；第三个观测孔的距离宜为含水层厚度的2～3倍。

抽水孔为非完整孔时，当观测孔至抽水孔距离大于承压含水层厚度时，紊流及三维流的影响较小，同时三维流的影响与抽水孔涌水量及过滤器直径大小有关，因此观测孔布置应根据抽水孔的结构和拟选计算公式的要求确定。

至于最远观测孔至抽水孔的距离，由于观测孔中测得的水位易受含水层边界的影响而不易达到稳定，因此不宜太远，应保证最远观测孔的降深不小于0.1m。

4. 观测孔的深度

为保证水文地质参数的准确性，观测孔的深度应深入试验目的层5～10m，非完整孔抽水时，观测孔过滤器设置深度应达到抽水孔过滤器的中部。

8.2.2 抽水试验段的划分原则

1. 分层抽水

在各含水层水文地质特征尚未查清的情况下，采用严格的分层止水进行分层抽水试验，确定各含水层的水文地质参数。当多孔抽水的观测孔的观测位置分别布置在不同含水层时，尚可了解各含水层之间的水力联系。

2. 分段抽水

非均质层状含水层单层厚度大于6m时，采用非完整孔进行分段抽水，过滤器置于单层的中部，其长度不宜大于1/3单层厚度，但不小于2m；单层厚度为3～6m时，采用非完整孔进行分段抽水，但过滤器安放位置及长度宜根据单层厚度及上、下土层的渗透性确定。分段抽水确定厚层含水层在不同埋深段渗透系数差异，综合确定该层水文地质参数。

3. 混合抽水

当含水层厚度小于3m时，层数较多，或相邻含水层水文地质特征差异较小时，可进行跨层混合抽水，确定该含水层组（或含水层段）的渗透系数，采用工程类比法，确定各含水层水文地质参数。

8.2.3 抽水试验的降深要求

1. 降深次数

抽水试验的水位降深应根据工程特点、试验目的和要求确定，由于计算水文地质参数时需要获得符合实际的抽水试验特征曲线，以便正确选择渗透系数的计算公式，同时需要渗透系数的相互验证，因此稳定流抽水试验应进行三次降深试验，而非稳定流抽水试验应进行三次不同的固定涌水量（或固定降深）试验。抽水孔降深值应以测压管测得的为准。抽水孔相邻两次降深的差值宜相近。

2. 降深顺序

大量的实践经验表明：鉴于抽水水位降深从小到大，符合降落漏斗的发展趋势，能缩短到达相对稳定的时间，该降梁顺序为抽水试验常用的顺序；相反，降落漏斗在不断缩小中趋于稳定，所需时间较长，抽水试验较少采用此降深顺序；同时，抽水水位降深从小到大，其最后一次是最大降深，有利于恢复水位观测资料的利用，因此要求抽水试验降深从小到大，逐渐增大。

3. 降深值

抽水孔水位最小降深值，单孔抽水试验时不应小于0.5m；多孔抽水试验时应保证最远观测孔的降深不小于0.1m，或各相邻观测孔的降深值之差不小于0.2m。抽水孔水位最大降深值，潜水含水层抽水时，不宜大于含水层厚度的3/10；承压含水层抽水时，不应降到含水层顶板以下。

8.2.4 抽水试验的稳定延续时间

1. 稳定标准

抽水过程中实测涌水量最大值与最小值之差应小于平均涌水量的5%，且无持续增大或变小的趋势。

采用离心泵、深井泵、潜水泵、拉杆式水泵抽水过程中，抽水孔测压管的水位波动值不应大于3cm；同一时间内观测孔的水位波动值不应大于1cm；采用空压机抽水，抽水孔测压管的水位波动值不应大于10cm；动水位应无持续上升或下降的趋势。

多孔抽水试验，以最远观测孔的水位达到稳定为标准。

2. 稳定流抽水试验稳定延续时间

各次降深稳定延续时间，在中、强透水性含水层中的单孔抽水试验，稳定延续时间不应小于4h；多孔抽水试验的稳定延续时间不应小于8h，并应以最远观测孔的动水位波动值判定；透水性弱的含水层抽水试验，应适当延长抽水稳定延续时间；每次降深的稳定延续时间不宜间断；因故中断时，应适当延长抽水稳定时间。各次降深的转换应尽量连续进行。以下几种情况，可适当延长稳定延续时间：①补给条件差的细粒含水层；②水位降深值大，而涌水量小；③雨季进行抽水试验，地下水水位持续上涨；④抽水过程中水温发生变化；⑤抽水过程中因故停止后恢复进行的试验。

3. 非稳定流抽水试验的延续时间

应根据水位下降与时间的 $s-\lg t$ 或 $(\Delta h)^2-\lg t$ 关系曲线确定 Δh 为各级降深之差，

并应满足以下相关关系：

（1）$s-\lg t$ 或 $(\Delta h)^2-\lg t$ 关系曲线呈现出有拐点时，延续时间宜延到拐点后的线段趋于水平为止；当关系曲线变陡时，延续时间宜延伸至拐点以后的线段使其水平投影在 $\lg t$ 轴上的数值不少于两个对数周期。

（2）$s-\lg t$ 或 $(\Delta h)^2-\lg t$ 关系曲线没有拐点时，延续时间宜根据试验目的确定，并宜使其水平投影在 $\lg t$ 轴上的数值不少于两个对数周期。

（3）在承压含水层中抽水时，应采用 $s-\lg t$ 关系曲线；在潜水含水层中抽水时，应采用 $(\Delta h)^2-\lg t$ 关系曲线。

（4）当有观测孔时，应采用最远观测孔的 $s-\lg t$ 或 $(\Delta h)^2-\lg t$ 关系曲线。

4. 抽水试验的排水要求

根据地形坡度、含水层埋深、地下水流向和地表含水层渗透性能等因素确定排水方向和排水距离。排水时应使水流畅通，防止试验抽出的水渗入到试验目的含水层中。

8.3 抽水试验设备的选择

8.3.1 过滤器

（1）过滤器选择。抽水试验过滤器，应根据不同类型含水层的物质组成和孔壁稳定情况按表 8.3-1 选用。抽水试验的观测孔应采用包网过滤器。

表 8.3-1　过滤器类型选择

含水层性质及孔壁稳定情况	抽水孔过滤器类型
卵（碎）石，圆（角）砾、粗砂、中砂	包网过滤器或缠丝过滤器
细砂，粉细砂	填砾过滤器

（2）过滤器规格。包网过滤器、缠丝过滤器和填砾过滤器的骨架管孔隙率宜为 25%～35%，骨架管上应先设垫筋而后包网或缠丝。观测孔过滤器骨架管的孔隙率不宜小于 15%。包网过滤器、缠丝过滤器的网眼和缝隙尺寸可按表 8.3-2 确定。

表 8.3-2　包网过滤器、缠丝过滤器的网眼、缝隙尺寸

过滤器类型	网眼及缝隙尺寸/mm	
	颗粒均匀的含水层	颗粒不均匀的含水层
包网过滤器	$(1.5\sim2.0)d_{50}$	$(2.0\sim2.5)d_{50}$
缠丝过滤器	$(1.25\sim1.5)d_{50}$	$(1.5\sim2.0)d_{50}$

注　含水层为细砂时，过滤器的网眼及缝隙尺寸取小值；粗砂取大值。

填砾过滤器骨架管缠丝的缝隙尺寸和网眼可采用 D_{10}。填砾过滤器的滤料规格（D_{50}）宜按下列规定确定。

1）砂土类含水层土粒的不均匀系数小于 10 时，滤料规格宜按下式计算：

$$D_{50}=(6\sim8)d_{50} \tag{8.3-1}$$

式中：D_{50} 为 d_{50} 为填砾过滤器滤料试样筛分中，过筛砾料的颗粒累计质量占总质量分别

为50%时的最大颗粒直径，mm。

2）碎石土类含水层土粒的d_{20}小于2mm时，滤料规格宜按下式计算：

$$D_{50}=(6\sim8)d_{20} \tag{8.3-2}$$

式中：d_{20}为填砾过滤器滤料试样筛分中，过筛砾料的颗粒累计质量占总质量为20%时的最大颗粒直径，mm。

碎石土类含水层土粒的d_{20}大于或等于2mm时，滤料规格可直接确定为10～20mm。

滤料的不均匀系数宜小于或等于5。填砾过滤器的滤料厚度应大于或等于50mm。

（3）过滤器直径。过滤器骨架管的外径，在松散含水层中，采用填砾过滤器时宜为73～89mm，采用包网或缠丝过滤器时宜为108～130mm；在基岩含水层中，不下过滤器时钻孔直径不宜小于130mm，下过滤器时其骨架管外径宜为108～127mm。抽水试验观测孔过滤器骨架管的内径宜大于或等于50mm。

8.3.2 沉砂管

过滤器的下端应设置管底封闭的沉砂管，其长度宜不小于2m。

8.3.3 水泵

抽水试验用的水泵类型，应根据地下水水位埋深、过滤器直径和孔内可能的最大涌水量，按表8.3-3确定。当过滤器直径影响抽水量增大时，可选用大于进水管口径的水泵，但不得大于2倍的进水管口径。

表8.3-3 水泵类型选择

水泵名称	适用条件	优缺点
离心式水泵	水位埋深小于6m，出水量较大	出水均匀，试验资料可靠
潜水泵	水位埋深小于9m，出水量较大	出水均匀，试验资料可靠
深井泵	水位埋深不受限制，出水量较大	出水均匀，试验资料可靠
拉杆式水泵	水位埋深不受限制，出水量小	出水不均，水位波动大
空气压缩机	水位埋深不受限制，出水量大	成本高，水位波动大

8.3.4 测试工具与精度

观测水位宜使用电测水位计；地下水位较浅时，可采用浮标水位计；有条件时，宜采用自记水位计。观测读数应精确到1cm。

涌水量的测试用具应根据涌水量大小选定。涌水量小于1L/s时，可采用容积法或水表；涌水量为1～30L/s时，宜采用三角堰；涌水量大于30L/s时，应采用矩形堰。

采用容积法时，量桶或提筒充满水所需的时间不宜少于15s，观测读数应精确到1s；采用水表时，观测读数应精确到0.01m^3；采用堰箱时，观测水层厚度的读数应精确到1mm。

测量气温可采用普通温度计；测量水温宜用缓变温度计。测量读数应精确到0.5℃。

8.4 现场抽水试验

8.4.1 钻探技术要求

1. 钻孔孔位及施工顺序

抽水孔和观测孔的孔位，应由地质、钻探、测量人员按钻孔抽水试验任务书要求共同在现场确定。为防止含水层与设计方案有较大出入而需调整试验方案等情况发生，多孔抽水试验的钻探施工顺序，应先进行抽水孔施工，查明试验段含水层情况，抽水试验方案确定后，再钻造观测孔。

2. 孔径

抽水孔试验的孔径，应根据含水层的性质、渗透性和过滤器的类型确定。在松散含水层中，涌水量一般较大，为保证抽水试验的降深值，或是由于选择填砾过滤器，为满足填砾厚度，孔径不应小于168mm。

3. 钻进工艺

由于泥浆钻进或植物胶护壁钻进会对抽水试验成果产生影响，因此抽水孔和观测孔的钻进方法，在松散含水层中应采用清水跟管钻进。

4. 钻进质量

抽水孔和观测孔钻进时，应保持孔壁铅直，为保证岩芯采取率，应将回次进尺控制在0.8m以内，对于细粒含量较多的孔段，应采取有效的钻探技术，防止细粒大量流失。钻进过程中及时跟管，防止孔壁坍塌、掉管、埋钻等孔内事故发生，以保证抽水试验的正常进行。

5. 水文地质观测

抽水孔和观测孔钻进过程中，对每一含水层进行地下水水位、水温、涌水和漏水等的观测，综合判断含水层性质及其在铅直方向上的差异。各项观测工作要求见表8.4-1。

表8.4-1 水文地质观测项目

观测项目	观测方法及要求	备注
水位	各含水层要求观测稳定水位，观测时间每间隔30min测量一次，连续观测4次的水位变化幅度不大于1cm，且无持续上升或下降趋势时，才可认定为稳定	起、下钻要求各测一次水位，如发现水位突变，停钻观测稳定水位
水温	采用缓变温度计，与稳定水位观测同步，连续观测4次的水温变化幅度不大于0.5℃，方可停止观测	同时观测气温
涌水漏水现象	钻进中钻孔涌水时，记录其位置，停钻接长套管，测定水头高度。若发现严重漏水，应记录起止深度及耗水量	可进行扬水试验，初步计算该段渗透参数
特殊现象	对钻进过程中的掉块、掉钻、孔壁坍塌、返水颜色的突变、涌砂及淤砂、冲洗液消耗量的变化、气体的逸出等特殊现象，均应记录其起止深度	如有影响抽水试验的进行，需通知相关人员进行抽水试验方案调整
孔深孔斜校正	要求在各含水层底部进行孔深和孔斜校正，如有较大误差，应及时予以纠正	如孔斜不能满足要求，需要重新造孔

6. 岩芯编录

在查看钻探原始记录、校正回次位置、整理岩芯、确认岩芯深度无误的基础上进行。对于松散地层，应对定名、颜色、湿度、物质组成、粒度及含量、磨圆度、分选性、密实度及结构层的相互关系、岩芯采取率等内容进行详细的地质描述。通过岩芯编录，参照水文地质观测记录，着重对含水层的以下孔段进行分析判断，以便确定抽水试验调整方案：

(1) 松散岩石中分选性极差，粗粒及细粒风化强烈，岩芯采取率低，进尺相对加快，返水颜色突变，极为松散的孔段。

(2) 钻进中突然涌水或严重漏水，冲洗液大量漏失，地下水水位突然升降，水温变化较大，有气体逸出的孔段。

(3) 钻进中掉块、掉钻、涌砂、淤砂、孔壁坍塌现象严重，孔壁不稳定的孔段。

8.4.2 设备安装

1. 过滤器的安装

抽水孔和观测孔安装过滤器前，应采用清水或其他有效方法，将孔内淤积物清除干净。过滤器的安装应按照钻孔抽水试验设计书的要求进行，下放过程中不得损坏过滤器，抽水孔的测压管应固定在过滤器的外壁上，并与过滤器一同下入孔内设计深度。

填砾过滤器的砾石应清洗干净，砾料粒径应略大于网眼直径，分批填入，每次填入高度不宜大于0.8m，套管靴内保留的高度不宜小于0.2m，填充的最终高度应高出过滤器工作部分的顶端0.5m。安装时应详细记录过滤器各部分的规格、长度和实际深度，并及时绘制安装结构图（图8.4-1）。

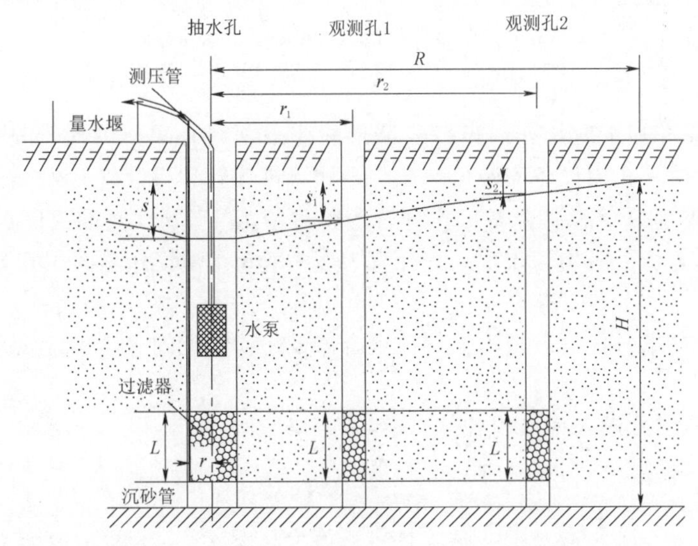

图8.4-1　非完整孔多孔抽水试验安装示意图

H—含水层厚度；L—试验段长度；r—过滤器半径；r_1，r_2—观测孔至抽水孔距离；s—抽水孔降深；s_1，s_2—观测孔降深；R—降深漏斗半径

2. 吸水龙头及量水堰的放置

水泵抽水时，吸水龙头在各次降深中应放在同一深度。吸水龙头在承压含水层中，宜放在含水层顶板处；在潜水含水层中，宜放在最大降深动水位以下 0.5～1m 处。

量水堰应放置在稳固的基础上，保持水平。试验前，应准确测定堰前水尺起始读数。

3. 空压机抽水设备安装

(1) 用空压机抽水时，孔内供气管与排液管的安装形式，应根据气液混合器的类型和抽水孔的孔径确定，其要求有以下几点：

1) 使用直式气液混合器时，应采用同心式；选用钩式气液混合器时，可采用并列式（图 8.4-2）。

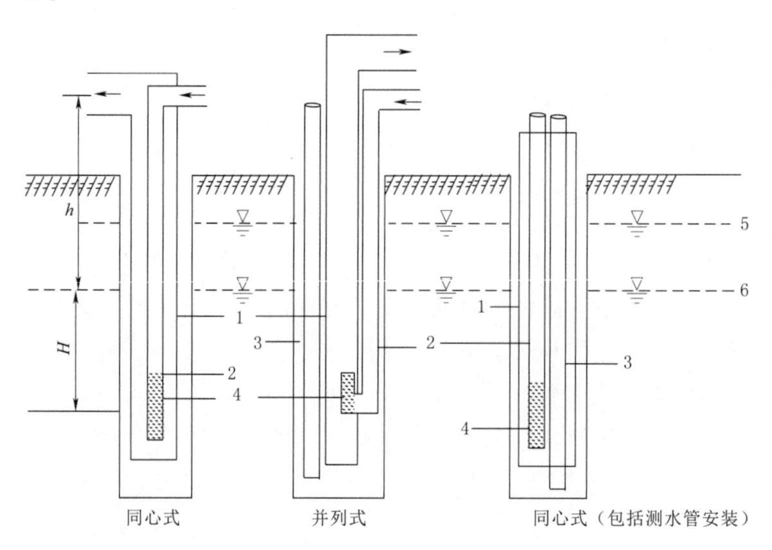

图 8.4-2　空压机抽水孔内安装形式示意图

1—排液管；2—供气管；3—测水管；4—气液混合器；5—静水位；6—动水位

2) 小口径钻孔抽水时，孔内设备安装形式应采用同心式，供气管安装在排液管内；大口径钻孔抽水时，孔内设备安装可选用并列式，供气管和排液管并列安装。

3) 供气管下部的气液混合器工作部分的长度应大于 1m，底端封闭严密；混合器的喷气孔应呈上稀下密径向均匀布置，直径宜为 4～6mm，喷气孔总面积宜为供气管截面面积的 2～4 倍。

(2) 空压机抽水时，一般是根据气液混合器没入动水位的深度确定没入率、空气压力和空气消耗量。

1) 气液混合器的没入率 a 可按式（8.4-1）计算：

$$a=\frac{H}{H+h}\times 100\% \tag{8.4-1}$$

式中：a 为没入率；H 为气液混合没入动水位以下的深度，m；h 为气液混合器上升的高度，m。

一般地，气液混合器的没入率不宜小于 50%。

2) 空压机风压 P 可按式（8.4-2）计算：

$$P = \gamma H + \Delta P \tag{8.4-2}$$

式中：P 为压缩空气的风压，kN/m^2；γ 为水的容重，一般取 $9.8kN/m^3$；ΔP 为压缩空气在借风管中的压力损失，一般小于 $49kN/m^2$。

3）每抽 $1m^3$ 水所需要向钻孔中送入的空气消耗量 V 可按式（8.4－3）计算：

$$V = K_0 \frac{h}{23\lg\frac{H+10}{10}} \tag{8.4-3}$$

其中

$$K_0 = 2.17 + 0.016h \tag{8.4-4}$$

式中：V 为抽 $1m^3$ 水的空气消耗量，m^3；K_0 为与气液上升高度有关的系数。

每抽 $1m^3$ 水的压缩空气消耗量与没入率、气液混合上升高度的关系见表 8.4－2。

表 8.4－2　　耗气量与没入率、气液混合上升高度的关系

没入率	50%					
气液上升高度/m	5	10	20	30	40	50
空气消耗量/m^3	2.78	3.37	4.55	5.77	7.03	8.35

（3）空压机抽水时，抽水孔内涌水量与排液管、供气管、井管（或钻孔）的直径的匹配关系见表 8.4－3。

表 8.4－3　　涌水量与排液管、供气管、井管（或钻孔）直径配合关系

涌水量/(L/s)	管（孔）口外径/mm					
	并列式			同心式		
	排液管	供气管	井管（钻孔）	排液管	供气管	井管（钻孔）
1～2	42	12	100			
2～3	48	12～20	100	48	12	75
3～4.5	60	20～25	150	60	20	100
4.5～6				73	20	100
6～9	73	25～30	150	89	25	125
9～12	89	25～30	200	108	30	150
12～18	108	30～38	200	127	38	175

试验过程中，气液混合器在各次降深中均应放置在同一深度；排液管下入深度应比气液混合器深 2～3m。排液管上端应安装气液（水）分离器，如出水三通、消能桶或接水桶。供气管和排液管安装结束后应下入测水管，测水管下入深度应大于排液管。排液管、供气管、测水管均应连接严密、牢固，各接口丝扣应缠棉纱、涂铅油、拧紧；在下管前应对各连接接头进行严格检查。

4. 安装记录

在钻孔抽水试验安装的过程中，详细、完整、及时、准确地填写各项安装记录，以免数据遗漏给室内资料整理工作造成影响，安装记录包括基本技术资料、抽水孔安装记录和观测孔安装记录等内容。

（1）基本技术资料记录。基本技术资料记录表格内容包括孔号、试验段号、孔深、孔径、含水层类型及分布位置、过滤器类型与规格、测压管位置、动力设备及测试工具的类型等。

（2）抽水孔安装记录。抽水孔安装记录表格内容包括套管、连接管、沉淀管和测压管的直径、长度和顶底端位置。

（3）多孔抽水的观测孔安装记录。应分别记录垂直地下水流向的观测孔和平行地下水流向的观测孔的孔口高程、孔径过滤器规格与位置等详细内容。

8.4.3 洗孔和试验抽水

正式抽水试验前，抽水孔和观测孔均应进行反复清洗，直到水清砂净无沉淀。洗孔的方法可选用活塞洗孔、空压机洗孔、液态 CO_2 洗孔或焦磷酸钠洗孔。

正式抽水试验前应进行试验抽水，试验抽水可与洗孔结合进行。在松散含水层中的试验抽水降深宜逐渐增大，达到最大降深后的延续时间不应少于 2h。

通过试验抽水，全面检查水泵、动力、过滤器、测压管等试验设备的运转情况和工作效果，并实测可能达到的最大降深，发现问题应及时解决。

8.4.4 静止水位观测

正式抽水前，应同步观测抽水孔和观测孔的静止水位和校核静止水位。静止水位每 30min 观测一次，2h 内变幅不大于 1cm，且无连续上升或下降趋势时，即可认定为稳定。

校核静止水位时，在抽水影响范围或以外与抽水孔抽水可能有水力联系的地表水体，应设置天然水位观测点，定时观测。当天然水位变化幅度较大，静止水位校正有困难时，可暂停试验工作。

8.4.5 抽水试验观测

1. 涌水量与动水位观测

按照稳定流抽水试验规定时间要求，同步观测并记录抽水孔的涌水量、抽水孔及观测孔的动水位。当稳定流抽水试验的降深达到稳定的设计值，同时动水位保持稳定后，继续观测至规定的稳定延续时间，本降深阶段的抽水试验结束，调整动力参数，继续进行下一降深阶段的抽水试验观测工作。稳定流抽水试验一般进行三次降深试验观测。

非稳定流抽水试验过程中，控制动力参数，使抽水孔的涌水量保持常量，按照非稳定流抽水试验规定时间要求，同步观测并记录抽水孔的涌水量、抽水孔及观测孔的动水位，当达到非稳定流抽水试验时间要求后，本流量阶段的观测工作结束；调整动力参数，继续进行下一流量阶段的抽水试验观测工作。非稳定流抽水试验一般进行三次流量试验观测。

2. 水温、气温观测

抽水试验前，应先观测一次水温、气温，抽水过程中，稳定流抽水试验的每个降深阶段各观测一次，非稳定流抽水试验的每个流量阶段各观测一次。

3. 取样分析

应在抽水前和抽水即将结束时各取一次水样，进行含水层水质分析，抽水试验结束后，可取沉淀样品进行颗粒分析。

4. 恢复水位观测

抽水试验结束后，立即同步观测抽水孔和观测孔的恢复水位，以便利用非稳定流理论与抽水试验成果进行相互校核。恢复水位的观测时间应在抽水结束后的第1min、2min、3min、4min、6min、8min、10min、15min、20min、25min、30min、40min、50min、60min、80min、100min、120min各观测一次，以后可隔30min观测一次，直至结束。

8.4.6 抽水试验异常现象的分析与处理

在抽水试验过程中，常因机械设备故障，抽水现场地表水的影响以及含水层地下水的特殊性，涌水量和降深值出现异常现象，应及时分析原因，并进行有效的处理，使抽水试验得以完满成功，试验资料可靠。现将几种常见的异常现象分述如下：

(1) 降深不变，涌水量逐渐增加，或是涌水量不变，降深逐渐上升。原因是有地表水补给，如是抽水现场的坑水或池水补给，应对坑、池进行排水处理；如是永久性河流补给，应适当增加试验段埋深，重新安装后再进行抽水试验；如是排水的反补给，检查排水渠道，及时堵塞或改变排水位置和方向。

(2) 降深不变，涌水量骤然增加，或是涌水量不变，降深骤然上升。这是因为含水层过水断面增大所致。在河床冲积层中抽水，出砂量过大，部分含水层被“抽空”。遇到此种情况，应延长抽水时间，尽量符合抽水试验的“稳定”要求，为避免过水断面进一步扩大，在条件许可的情况下，可控制涌水量，改为非稳定流抽水试验。

(3) 降深不变，涌水量逐渐减少，或是涌水量不变，降深逐渐下降，或是降深下降，涌水量也逐渐减少。原因之一是补给源不足，或是出水量控制不匹配，可控制为小流量进行抽水，或是改为非稳定流抽水试验。也可能是由于含水层中细小颗粒淤塞过滤器，需对过滤器进行冲洗后再进行试验。

(4) 降深不变，涌水量骤然减少，或是涌水量不变，降深骤然下降。由于含水层被抽空，其顶部隔水土层坍塌，导致过水断面突然减小，可延长抽水时间，待降深和涌水量恢复正常后，继续进行抽水试验工作。

(5) 降深和涌水量变化无常，无一定规律。应为抽水试验机械设备运转不正常，及时检查动力系统，进行修复工作，不能满足要求者应及时更换。

(6) 降深改变，测压管水位基本不变。这是测压管堵塞之故，应及时冲洗测压管，必要时予以更换。

8.5 资料整理

1. 现场整理

在抽水试验过程中，及时绘制抽水孔的降深-涌水量曲线、降深历时曲线、涌水量历时曲线和观测孔的降深历时曲线，检查有无反常现象，发现问题及时纠正，同时也为室内资料整理打下基础。

2. 渗透系数计算

抽水试验渗透系数计算，应在分析试验地段的地质、水文地质条件的基础上，结合抽水孔结构和试验方法，根据条件合理地选用公式。以下分列稳定流与非稳定流、完整孔与非完整孔、单孔与多孔、各向异性含水层等类型的抽水试验计算公式以及影响半径计算公式，供计算时选择。

（1）稳定流完整孔单孔抽水试验渗透系数计算公式见表 8.5-1。

表 8.5-1　稳定流完整孔单孔抽水试验渗透系数计算公式

示意图	计算公式	适用条件	公式提出者
R, r, s, M	$k=\frac{0.366Q}{Ms}\lg\frac{R}{r}$	承压水	裘布依
R, r, s, H	$k=\frac{0.732Q}{(2H-s)s}\lg\frac{R}{r}$	（1）潜水。 （2）远离河流	裘布依
b, r, s, H	$k=\frac{0.732Q}{(2H-s)s}\lg\frac{2b}{r}$	（1）潜水。 （2）靠近河流。 （3）$b<(2\sim3)H$	弗尔格伊米尔

（2）稳定流完整孔多孔抽水试验渗透系数计算公式见表 8.5-2。

表 8.5-2　稳定流完整孔多孔抽水试验渗透系数计算公式

示意图	计算公式	适用条件	公式提出者
r_2, r_1, s, s_1, s_2, M	$k=\frac{0.366Q}{M(s_1-s_2)}\lg\frac{r_2}{r_1}$	承压水	裘布依

续表

示意图	计算公式	适用条件	公式提出者
	$k=\frac{0.732Q}{(2H-s_1-s_2)(s_1-s_2)}\lg\frac{r_2}{r_1}$	潜水	裘布依
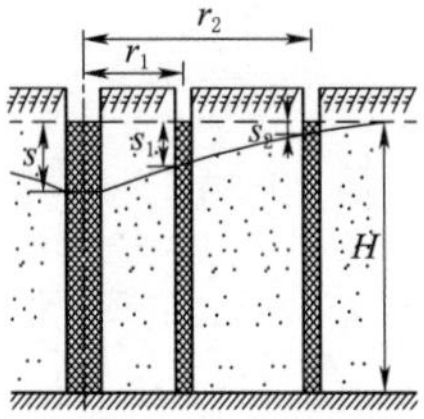	$k=\frac{0.732Q}{(2H-s)s}\lg\sqrt{\frac{4b^2+r_1^2}{r_1^2}}$	(1) 潜水。 (2) 靠近河流。 (3) 观测线平行岸边。 (4) 一个观测孔	裘布依、弗尔格伊米尔
	$k=\frac{0.732Q}{(2H-s_1-s_2)(s_1-s_2)}\cdot\left(\frac{1}{2}\lg\frac{4b^2+r_1^2}{4b^2+r_2^2}+\lg\frac{r_2}{r_1}\right)$	(1) 潜水。 (2) 靠近河流。 (3) 观测线平行岸边。 (4) 两个观测孔	裘布依、弗尔格伊米尔
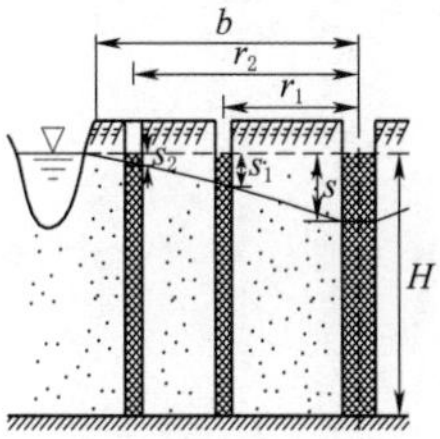	$k=\frac{0.732Q}{(2H-s_1)s_1}\lg\frac{2b-r_1}{r_1}$	(1) 潜水。 (2) 靠近河流。 (3) 观测线垂直于岸边，观测孔位于近河一边。 (4) 一个观测孔	裘布依、弗尔格伊米尔
	$k=\frac{0.732Q}{(2H-s_1-s_2)(s_1-s_2)}\cdot\lg\frac{r_2\ (2b-r_1)}{r_1\ (2b-r_2)}$	(1) 潜水。 (2) 靠近河流。 (3) 观测线垂直于岸边，观测孔位于近河一边。 (4) 两个观测孔	裘布依、弗尔格伊米尔

(3) 稳定流非完整孔单孔抽水试验渗透系数计算公式见表8.5-3。

表8.5-3 稳定流非完整孔单孔抽水试验渗透系数计算公式

示 意 图	计 算 公 式	适 用 条 件	公式提出者
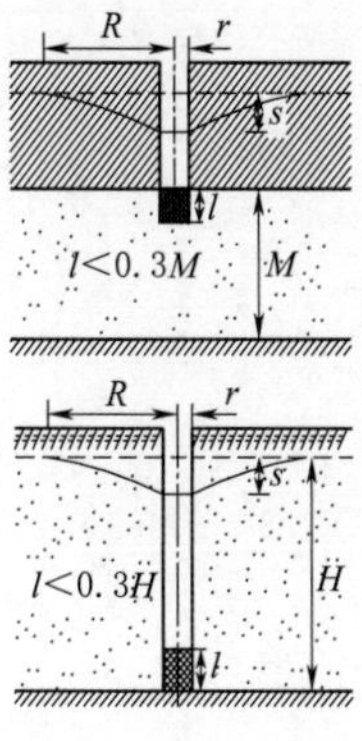	$k=\frac{0.366Q}{ls}\lg\frac{\alpha l}{r}$ $\alpha=1.6$（吉林斯基） $\alpha=1.32$（巴布什金）	(1) 承压水，潜水。 (2) 过滤器紧接含水层顶板或底板。 (3) $l<0.3M$，$l<0.3H$	吉林斯基、巴布什金

续表

示意图	计算公式	适用条件	公式提出者
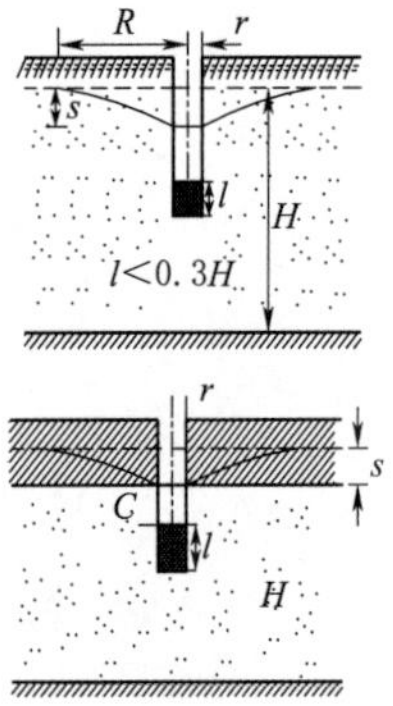	$k=\frac{0.366Q}{ls}\lg\frac{0.66l}{r}$	（1）承压水、潜水。 （2）过滤器置于含水层中部。 （3）应用于河床抽水 C 值不应小于3m。 （4）$l<0.3M$ 或 $l<0.3H$	巴布什金
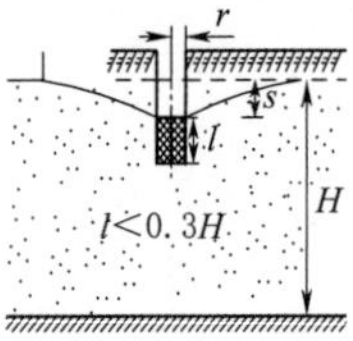	$k=\frac{0.732Q}{s\left(\frac{l+s}{\lg\frac{R}{r}}+\frac{l}{\lg\frac{0.66l}{r}}\right)}$	（1）潜水。 （2）非淹没式过滤器。 （3）$l<0.3H$	巴布什金
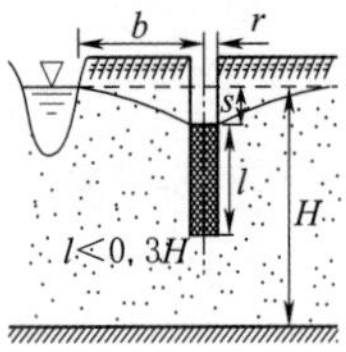	$k=0.732Q\div\left[s\left(\frac{l+s}{\lg\frac{2b}{r}}+\frac{l}{\lg\frac{0.66l}{r}+0.25\frac{l}{m}\lg\frac{b^2}{m^2+0.14}}\right)\right]$ 式中：m 为由含水层底板到过滤器有效工作部分中点的长度	（1）潜水。 （2）非淹没式过滤器。 （3）靠近河流。 （4）含水层厚度有限。 （5）$b>m/2$	巴布什金
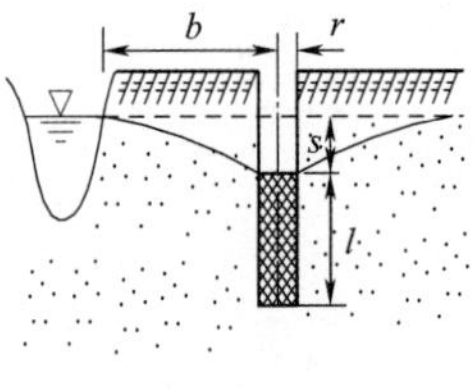	$k=\frac{0.732Q}{s\left(\frac{l+s}{\lg\frac{2b}{r}}+\frac{l}{\lg\frac{0.66l}{r}-0.22\,\mathrm{arsh}\frac{0.44l}{b}}\right)}$	（1）潜水。 （2）非淹没式过滤器。 （3）靠近河流。 （4）含水层厚度很大。 （5）$b>l$	巴布什金
	$k=\frac{0.732Q}{s\left(\frac{l+s}{\lg\frac{2b}{r}}+\frac{l}{\lg\frac{0.66l}{r}-0.11\frac{l}{b}}\right)}$	（1）潜水。 （2）非淹没式过滤器。 （3）靠近河流。 （4）含水层厚度很大。 （5）$b<l$	巴布什金
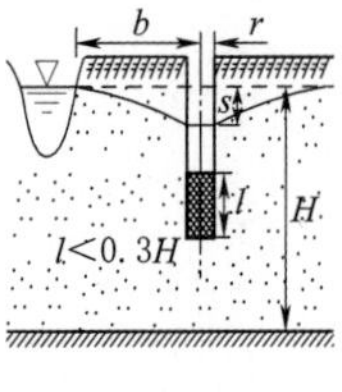	$k=\frac{0.16Q}{ls}\left(2.3\lg\frac{0.66l}{r}-\mathrm{arsh}\frac{0.45l}{b}\right)$	（1）潜水。 （2）靠近河流。 （3）过滤器在含水层中部。 （4）$l<0.3H$	巴布什金

续表

示意图	计算公式	适用条件	公式提出者
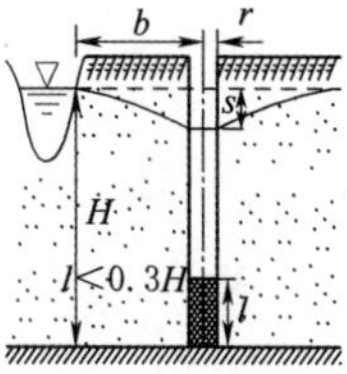	$k=\frac{0.16Q}{ls}\left(2.3\lg\frac{1.32l}{r}-\text{arsh}\frac{0.9l}{b}\right)$	(1) 潜水。 (2) 靠近河流。 (3) 过滤器在含水层底板。 (4) $l<0.3H$	巴布什金
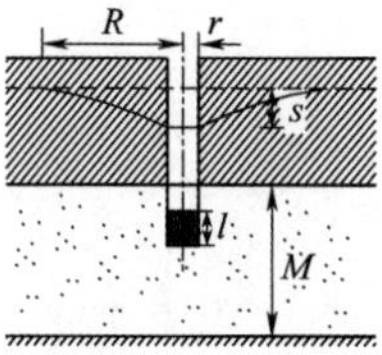	$k=\frac{Q}{2\pi sM}\left(\ln\frac{R}{r}+\frac{M-l}{l}\ln\frac{1.12M}{\pi r}\right)$	(1) 承压水、潜水。用于潜水含水层时，将 M 换成 H 或$\frac{H+h}{2}$。 (2) $l>0.2M$	《供水水文地质勘察规范》(GB 50027—2001)
	$k=\frac{Q}{2\pi sM}\left[\ln\frac{R}{r}+\frac{M-l}{l}\cdot\ln\left(1+0.2\frac{M}{l}\right)\right]$	(1) 承压水、潜水。用于潜水含水层时，将 M 换成 H 或$\frac{H+h}{2}$。 (2) $l>0.2M$	陈济生
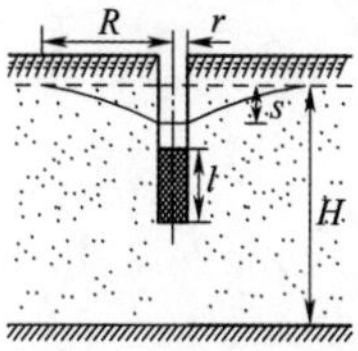	$k=\frac{0.366Q}{(s+l)s}\lg\frac{R}{r}$	(1) 潜水。 (2) 过滤器在含水层中部	斯卡巴拉诺维奇
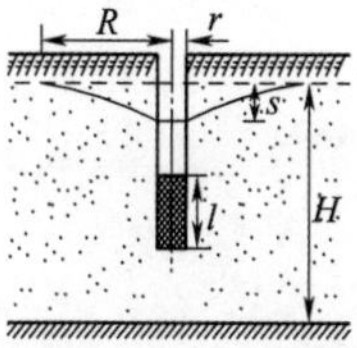	$k=\frac{0.732Q}{(H+l)s}\lg\frac{R}{r}$	(1) 潜水。 (2) 过滤器在含水层下部	多布诺沃里斯基

(4) 稳定流非完整孔多孔抽水试验渗透系数计算公式见表 8.5-4。

表 8.5-4　　稳定流非完整孔多孔抽水试验渗透系数计算公式

示意图	计算公式	适用条件	公式提出者
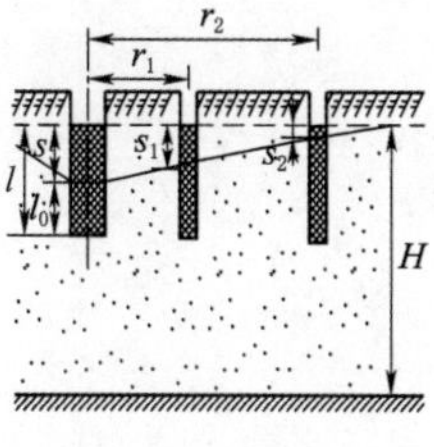	$k=\frac{0.16Q}{l''(s_1-s_2)}\left(\text{arsh}\frac{l''}{r_1}-\text{arsh}\frac{l''}{r_2}\right)$ 式中　$l''=l_0-0.5(s_1+s_2)$	(1) 潜水。 (2) 抽水孔为非淹没式过滤器。 (3) $l<0.3H$。 (4) $s<0.3l_0$。 (5) $r_1=0.3r_2$，$r_2\leqslant 0.3H$	吉林斯基

续表

示意图	计算公式	适用条件	公式提出者
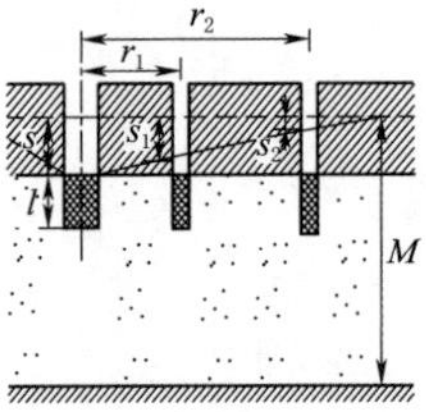	$k=\frac{0.16Q}{l(s_1-s_2)}\left(\operatorname{arsh}\frac{l}{r_1}-\operatorname{arsh}\frac{l}{r_2}\right)$	(1) 承压水。 (2) 过滤器在含水层顶板。 (3) $l<0.3M$。 (4) $r_2\leqslant 0.3M$，$r_1=0.3r_2$。 (5) $t=l$	吉林斯基
	$k=\frac{0.16Q}{l(s_1-s_2)}\left[\left(\operatorname{arsh}\frac{l}{r_1}-\operatorname{arsh}\frac{l}{r_2}\right)-\frac{l}{M}\left(\operatorname{arsh}\frac{M}{r_1}-\operatorname{arsh}\frac{M}{r_2}-\ln\frac{r_2}{r_1}\right)\right]$	(1) 承压水。 (2) $l>0.3M$	纳斯别尔格
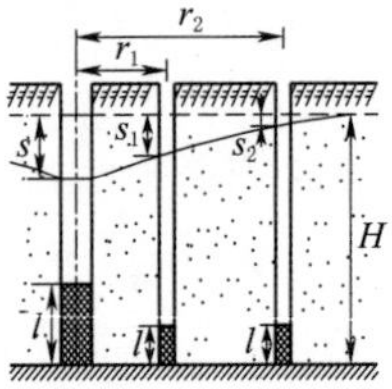	$k=\frac{0.16Q}{l(s_1-s_2)}\left(\operatorname{arsh}\frac{l}{r_1}-\operatorname{arsh}\frac{l}{r_2}\right)$	(1) 潜水。 (2) 过滤器在含水层底部。 (3) $l>0.3H$。 (4) $r_2<0.3H$。 (5) $t\leqslant 0.5H$	巴布什金
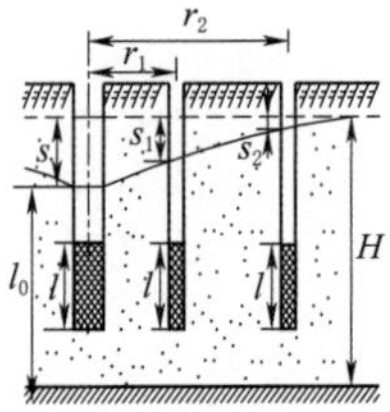	$k=\frac{0.08Q}{l''(s_1-s_2)}\cdot\left[\left(\operatorname{arsh}\frac{0.4l''}{r_1}+\operatorname{arsh}\frac{1.6l''}{r_1}\right)-\left(\operatorname{arsh}\frac{0.4l''}{r_2}+\operatorname{arsh}\frac{1.6l''}{r_2}\right)\right]$ $l''=l_0-0.5(s_1+s_2)$	(1) 潜水。 (2) 过滤器在含水层中部。 (3) $l<0.3H$。 (4) $r_2<0.3H$。 (5) $t=l$	吉林斯基
	$k=\frac{Q}{2\pi l''(s_1-s_2)}\left[\left(\operatorname{arsh}\frac{l''}{r_1}-\operatorname{arsh}\frac{l''}{r_2}\right)-\frac{l''}{H}\left(\operatorname{arsh}\frac{H}{r_1}-\operatorname{arsh}\frac{H}{r_2}-\ln\frac{r_2}{r_1}\right)\right]$	(1) 潜水。 (2) $l>0.5H$	纳斯别尔格
	$k=\frac{0.366Q}{(2s-s_1-s_2+l)(s_1-s_2)}\lg\frac{r_2}{r_1}$	(1) 潜水。 (2) 过滤器位于含水层中部	斯卡巴拉诺维奇
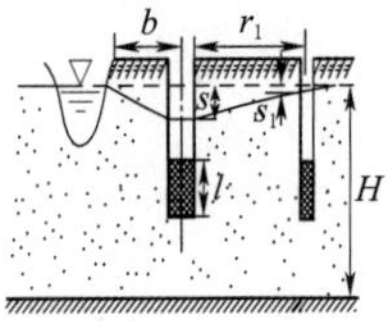	$k=\frac{0.16Q}{ls_1}\left(\operatorname{arsh}\frac{l}{r_1}-\operatorname{arsh}\frac{l}{2b\pm r_1}\right)$	(1) 潜水。 (2) 过滤器位于含水层中部。 (3) 靠近河流。 (4) 观测线垂直岸边且在远河一侧（$2b+r_1$）或近河一侧（$2b-r_1$）。 (5) $l<0.3H$	巴布什金

续表

示意图	计算公式	适用条件	公式提出者
	$k=\frac{0.16Q}{ls_1}\left(\text{arsh}\frac{l}{r_1}-\text{arsh}\frac{l}{\sqrt{4b^2\pm r_1^2}}\right)$	(1) 潜水。 (2) 过滤器位于含水层中部。 (3) 靠近河流。 (4) 观测线平行岸边。 (5) $l<0.3H$	巴布什金

(5) 承压含水层完整孔非稳定流抽水试验渗透系数计算公式见表8.5-5。

表8.5-5　承压含水层完整孔非稳定流抽水试验渗透系数计算公式

示意图	计算公式	适用条件	确定参数的工作步骤
	$T=\frac{0.183Q}{i}$ $\mu^*=\frac{2.25Tt_0}{r_w^2}$ $k=\frac{T}{M}$	承压水，无越流，平面分布为无限含水层，单孔定流量抽水，并且$\frac{r_w^2}{4at}\leqslant 0.05$（时间-降深直线图解法）	(1) 根据抽水孔在抽水开始后不同时间观测到的水位降深资料绘制$s-\lg t$直线。 (2) 求直线的斜率i和直线在$s=0$轴上的截距t_0。 (3) 计算T、μ^*、k
	$T=\frac{0.183Q}{i}$ $\mu^*=\frac{2.25Tt_0}{r_w^2}$ $k=\frac{T}{M}$	承压水，无越流，平面分布为无限含水层，有一个观测孔，定流量抽水，并且$\frac{r_1^2}{4at}\leqslant 0.05$	(1) 根据抽水开始后不同时刻观测孔的降深绘出$s-\lg t$图。 (2) 求直线的斜率i和直线在$s=0$轴上的截距t_0。 (3) 计算T、μ^*、k
	$T=\frac{0.366Q}{i}$ $\mu^*=\frac{2.25Tt}{r_0^2}$ $k=\frac{T}{M}$	无越流，承压完整孔，定流量抽水，有两个或更多观测孔，并且$\frac{r^2}{4at}\leqslant 0.05$时（距离-降深直线图解法）	(1) 作任意一时间各观测孔的降深及相对各孔至抽水孔之距离的半对数直线$s-\lg r$。 (2) 求出直线$s-\lg r$的斜率i和直线在$s=0$轴上的截距r_0。 (3) 计算T、μ^*、k

续表

示意图	计 算 公 式	适用条件	确定参数的工作步骤
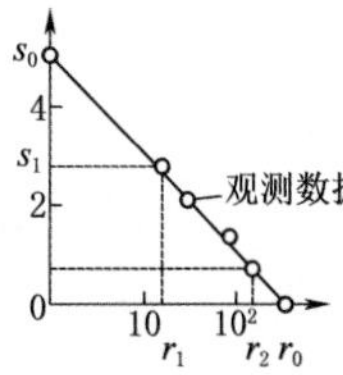	$T=\dfrac{Q\ln\dfrac{r_1}{r_2}}{i}$ $k=\dfrac{T}{M}$		s_1、s_2 为至抽水孔距离 r_1、r_2 的两个观测孔在某一相同时刻的降深
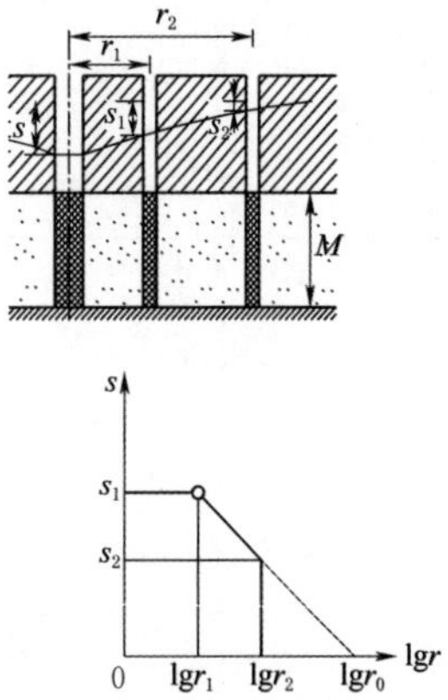	$B=0.89r_0$ $T=\dfrac{0.366Q(\lg r_2-\lg r_1)}{s_1-s_2}$ $k=\dfrac{T}{M}$	有越流，无限含水层，承压完整孔定流量抽水，有两个观测孔，抽水时间很长，达到稳定状态，并且 $\dfrac{r}{B}\leqslant 0.05$（距离-降深直线图解法）	（1）根据观测孔最大水位降深资料绘出 $s-\lg r$ 直线。 （2）延长直线交于横轴得到截距 r_0。 （3）求出越流因数 B、导水系数 T、渗透系数 k
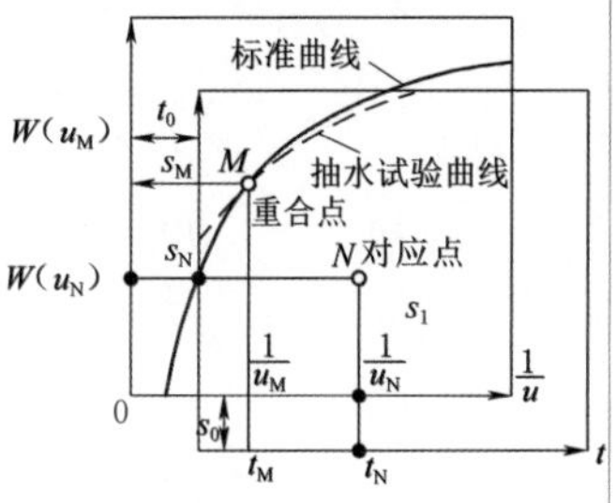	$k=\dfrac{Q}{4\pi M[s]}[W(u)]$ $\mu^*=\dfrac{4T[t]}{r_1^2\left[\dfrac{1}{u}\right]}$	无越流，承压完整孔，有一个观测孔定流量抽水（时间-降深配线法）	（1）选取同标准曲线 $W(u)-1/u$ 模数相同的双对数坐标纸，绘出一个观测孔 $s-t$ 关系曲线。 （2）保持两图坐标轴平行：s 平行 $W(u)$，t 平行 $1/u$ 情况下，移动 $s-t$ 曲线，直到野外测试点与图中标准曲线全部或大部分重合为止。 （3）在重合曲线上任取一点，读出相应的坐标值，$[s]$，$[t]$，$[W(u)]$，$[1/u]$。 （4）将重合点坐标代入公式计算出 k，μ^*
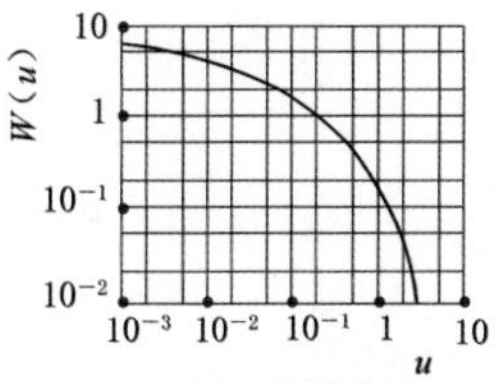	$k=\dfrac{Q}{4\pi M\ [s]}[W(u)]$ $\mu^*=\dfrac{4Tt[u]}{[r_1^2]}$	有越流，承压完整孔，有若干个观测孔定流量抽水（距离-降深配线法）	（1）将各观测孔在同一时间观测到的降深及其各孔至抽水孔距离的平方画在双对数纸上（比例尺与标准曲线相同）。 （2）将抽水试验的 r^2-s 双对数曲线重叠在标准曲线 $W(u)-u$ 图上，保持两图坐标准轴平行，使测点与标准曲线完全重合。 （3）在重合曲线上任取一点，读出相应的坐标值，$[s]$，$[r^2]$，$[W(u)]$，$[u]$。 （4）将重点坐标代入公式计算出 k，μ^*

续表

示意图	计 算 公 式	适用条件	确定参数的工作步骤
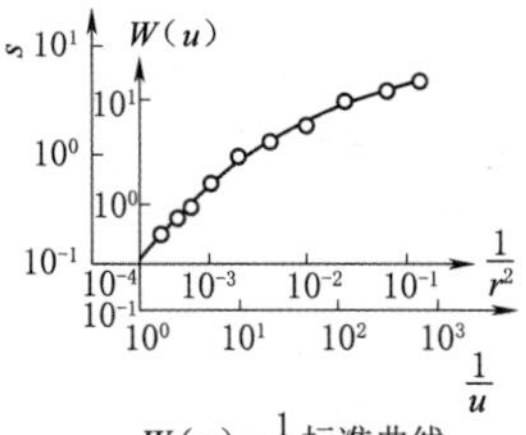 $W(u)-\frac{1}{u}$标准曲线	$k=\frac{Q}{4\pi M[s]}[W(u)]$ $\mu^*=\frac{4T}{\left[\frac{1}{u}\right]}\left[\frac{t}{r_1^2}\right]$	有越流，承压完整孔，有若干个观测孔定流量抽水（距离-降深配线法）	（1）将各观测孔在不同时间不同观测孔观测到的降深及其对应的 t/r_1^2 值画在双对数纸上（比例尺与标准曲线相同）。 （2）将抽水试验的 t/r_1^2-s 双对数曲线重叠在标准曲线 $W(u)-1/u$ 图上，保持两图坐标准轴平行，使测点与标准曲线完全重合。 （3）在重合曲线上任取一点，读出相应的坐标值，$[s]$，$[t/r_1^2]$，$[W(u)]$，$[1/u]$。 （4）将重点坐标代入公式计算出 k，μ^*

（6）承压含水层完整孔非稳定流抽水试验水位恢复法渗透系数计算公式见表 8.5-6。

表 8.5-6　承压含水层完整孔非稳定流抽水试验水位恢复法渗透系数计算公式

示意图	计算公式	适用条件	确定参数的工作步骤
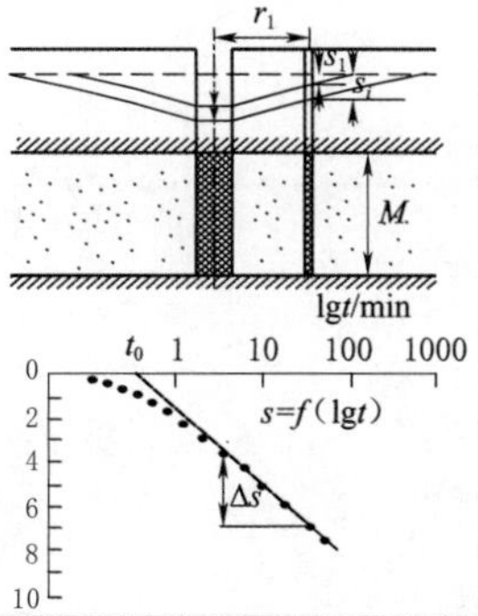	$T=\frac{0.183Q}{i}$ $\alpha=0.44\frac{r_1^2}{t_p}10^{-\frac{t_p}{i}}$ $\mu^*=\frac{T}{\alpha}$ $k=\frac{T}{M}$	无越流承压完整孔在无限含水层中固定流量抽水，有一个观测孔时并且 $\frac{r_1^2}{4at}\leqslant 0.05$	（1）利用水位恢复资料绘出 $s-\lg\frac{t}{t'}$（$t'=t-t_p$，停抽前抽水的总时间）曲线，求得其直线段斜率 i，由此可以计算参数 T。 （2）利用停抽时刻的降深 s_p 求出导压系数 α、储水系数 μ^* 和渗透系数 k

（7）潜水含水层完整孔非稳定流抽水试验渗透系数计算公式见表 8.5-7。

表 8.5-7　潜水含水层完整孔非稳定流抽水试验渗透系数计算公式

计 算 公 式	适用条件	确定参数的工作步骤
$T=\frac{Q}{4\pi[s]}\left[W\left(u_A,\frac{r}{D_t}\right)\right]$　(1) $\mu^*=\frac{4T[t]}{r^2\left(\frac{1}{u_A}\right)}$　(2) $T=\frac{Q}{4\pi[s]}\left[W\left(u_y,\frac{r}{D_t}\right)\right]$　(3) $\mu=\frac{4T[t]}{r^2\left[\frac{1}{u_y}\right]}$　(4) $\frac{1}{\alpha}=\frac{4t}{\left(\frac{r}{D_1}\right)^2\left(\frac{1}{u_y}\right)}$　(5) $\eta=\frac{\mu^*+\mu}{\mu^*}$　(6)	潜水含水层在平面上分布为无限，有一个观测孔，完整孔定流量抽水，并且降深值相对含水层的厚度而言很小时；当 η 值很大时（$\eta>100$）才是严谨的，当 $5<\eta<100$ 时，有一定的误差，但误差值很小	（1）根据观测孔不同时间测得的降深值，在双对数坐标纸上绘出 $\lg s=f(\lg t)$ 曲线，见图 8.5-1，比例尺与标准曲线相同。 （2）$\lg s=f(\lg t)$ 曲线重叠在标准曲线 A 上（图中 r/D_t 值左方曲线列，称标准曲线 A），保持两组坐标轴彼此平行，求观测初期数据与标准曲线 A 的最佳重合。 （3）记下所选择的标准曲线 A 的 r/D_t 值，根据重合点在两图上的坐标值 $[s]$，$[1/u_A]$，$[W(1/u_A,r/D_t)]$ 和 $[t]$，代入式（1）和式（2），即可确定 T 和抽水初期的瞬时储水系数 μ^* 值。 （4）将 $\lg s=f(\lg t)$ 曲线沿水平移动，使抽水后期数据与标准曲线 y 重叠（r/D_t 值右方曲线列，称标准曲线 y）。 （5）根据重合点的坐标值 $[s]$，$[1/u_y]$，$[W(u_y,r/D_t)]$ 和 $[t]$，代入式（3）、式（4）、式（5）、式（6），即可确定导水系数 T，延迟储水系数（即给水度），延迟指数倒数和 η 值

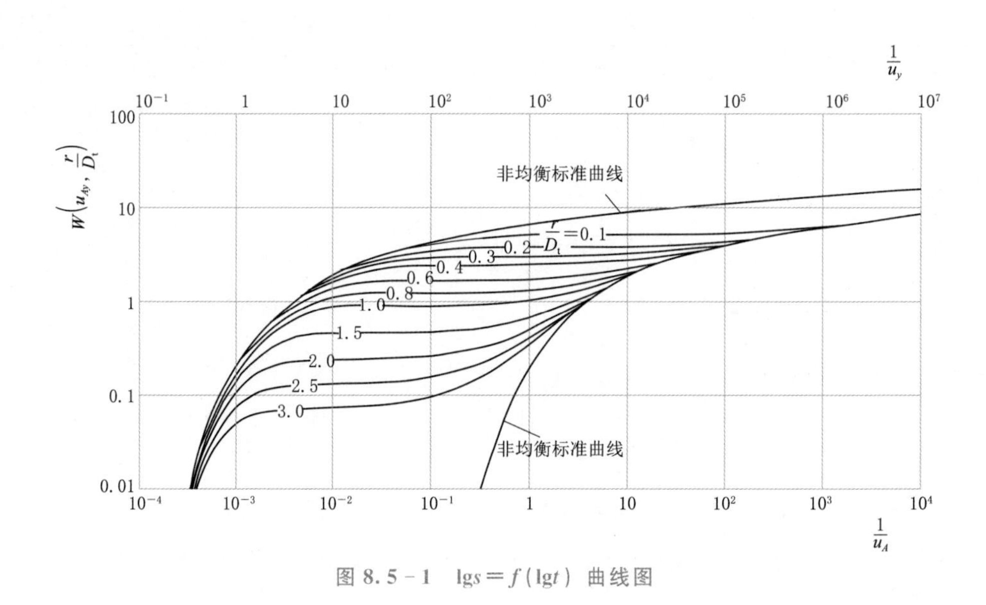

图 8.5-1　$\lg s=f(\lg t)$ 曲线图

（8）轴向各向异性含水层非稳定流抽水试验渗透系数计算公式见表 8.5-8。

表 8.5-8　　轴向各向异性含水层非稳定流抽水试验渗透系数计算公式

示意图	计算公式	适用条件	确定参数的工作步骤
y；(x_2,y_2) 观测孔2；(x_1,y_1) 观测孔1；k_2；k_1；x；抽水井；渗透张量椭圆 1. 井孔布置示意图 s；观测孔1；观测孔2；0 0.01 0.1 1 10；$\ln t$/min 2. $s-\ln t$ 关系曲线图	$k=\sqrt{k_xk_y}=\frac{1}{2}\cdot\frac{Q}{4\pi M}\left(\frac{1}{i_1}+\frac{1}{i_2}\right)$ $\alpha=\frac{x_1^2\,[t_2]-x_2^2\,[t_1]}{y_2^2\,[t_1]-y_1^2\,[t_2]}$ $k_x=\sqrt{\alpha}\cdot k$ $k_y=k/\sqrt{\alpha}$	轴向各向异性含水层中完整孔定流量非稳定流抽水，设坐标原点位于抽水孔上，取坐标轴方向与主渗透方向一致，有两个与抽水孔不在同一直线上的观测孔1和观测孔2，其在全局坐标系中两点的坐标分别为（x_1，y_1）和（x_2，y_2）	（1）分别作观测孔1和观测孔2的 $s-\ln t$ 关系曲线图。 （2）由 $s-\ln t$ 关系曲线图求出两直线的斜率 i_1、i_2 及 $s=0$ 时的截距为 $[t_1]$，$[t_2]$。 （3）计算平均渗透系数 k 和主渗透系数 k_x、k_y

（9）非轴向各向异性含水层非稳定流抽水试验渗透系数计算公式见表 8.5-9。

（10）稳定流多孔抽水试验影响半径计算公式见表 8.5-10。

（11）稳定流单孔抽水试验影响半径计算公式见表 8.5-11。

为了保证抽水试验成果的准确性和客观性，在选择抽水试验计算公式时应考虑以下因素：

1）过滤器长度大于含水层厚度的 3/4 的抽水试验段，可视为完整孔抽水段，否则应按非完整孔公式计算。

表 8.5-9　　非轴向各向异性含水层非稳定流抽水试验渗透系数计算公式

示意图	计算公式	适用条件	确定参数的工作步骤
井孔布置示意图 $s-\ln t$ 关系曲线图 $F(\theta)-\theta$ 关系曲线图	$k=\sqrt{k_x k_y}=\dfrac{1}{3}\cdot\dfrac{Q}{4\pi M}\left(\dfrac{1}{i_1}+\dfrac{1}{i_2}+\dfrac{1}{i_3}\right)$ $f(\theta)=[t_1]^2(P_{y2}P_{x3}-P_{y3}P_{x2})+[t_1][t_2](P_{y3}P_{x1}-P_{y1}P_{x3})+[t_1][t_3](P_{y1}P_{x2}-P_{y2}P_{x1})$ 其中 $P_{yk}=(-x_k\sin\theta+y_k\cos\theta)^2$, $P_{xk}=(x_k\cos\theta+y_k\sin\theta)^2$ $\begin{cases}\left[\dfrac{(x_1\cos\theta+y_1\sin\theta)^2}{k_x}+\dfrac{(-x_1\sin\theta+y_1\cos\theta)^2}{k_y}\right]\mu^*=2.25M[t_1]\\\left[\dfrac{(x_2\cos\theta+y_2\sin\theta)^2}{k_x}+\dfrac{(-x_2\sin\theta+y_2\cos\theta)^2}{k_y}\right]\mu^*=2.25M[t_2]\\\left[\dfrac{(x_3\cos\theta+y_3\sin\theta)^2}{k_x}+\dfrac{(-x_3\sin\theta+y_3\cos\theta)^2}{k_y}\right]\mu^*=2.25M[t_3]\end{cases}$	非轴向各向异性含水层中完整孔定流量非稳定流抽水，设坐标原点位于抽水孔上，假定主渗透方向与坐标轴夹角为 θ，有3个与抽水孔不在同一直线上的观测孔，其在全局坐标系中的坐标分别为 (x_1, y_1)、(x_2, y_2) 和 (x_3, y_3)	(1) 分别作3个观测孔的 $s-\ln t$ 关系曲线。 (2) 由 $s-\ln t$ 关系曲线图求出三直线的斜率 i_1，i_2，i_3 及 $s=0$ 时的截距为 $[t_1]$，$[t_2]$，$[t_3]$。 (3) 作 $F(\theta)-\theta$ 关系曲线，从图中找出令 $F(\theta)=[f(\theta)]^2$ 取最小值的点，所对应的 θ 值即为主渗透方向与坐标轴夹角。 (4) 解方程组求得 k_x，k_y 和 μ^*

表 8.5-10　　稳定流多孔抽水试验影响半径计算公式

计算公式	适用条件	公式提出者	备　注
$\lg R=\dfrac{s_1\lg r_2-s_2\lg r_1}{s_1-s_2}$	(1) 承压水。 (2) 两个观测孔	裘布依	R—影响半径，m； s_1、s_2—观测孔水位降深，m； r_1、r_2—观测孔至抽水孔距离，m； H—潜水含水层厚度，m
$\lg R=\dfrac{s_1(2H-s_1)\lg r_2-s_2(2H-s_2)\lg r_1}{(s_1-s_2)(2H-s_1-s_2)}$	(1) 潜水。 (2) 两个观测孔	裘布依	

表 8.5-11　　稳定流单孔抽水试验影响半径计算公式

计算公式	适用条件	公式提出者	备　注
$R=10s\sqrt{k}$	(1) 承压水。 (2) 概略计算	吉特尔特	R—影响半径，m； k—渗透系数，m/d； H—潜水含水层厚度，m； s—抽水孔水位降深，m； t—时间，d； Q—抽水孔涌水量，m^3/d； μ—给水度； λ—地下水水力坡降
$R=2s\sqrt{Hk}$	(1) 潜水。 (2) 概略计算	库萨金	
$R=\sqrt{\dfrac{12t}{\mu}\sqrt{\dfrac{Qk}{\pi}}}$	(1) 潜水。 (2) 完整孔	柯泽尼	
$R=3\sqrt{\dfrac{kHt}{\mu}}$	潜水	威伯	
$R=\dfrac{Q}{2kH\lambda}$	(1) 承压水。 (2) 概略计算	凯尔盖	

2）当承压含水层的水头高出含水层顶板的高度小于 2m，或上覆隔水层为弱透水层，而降深很大时，应选择潜水公式计算。

3）如果试验结束前，动水位仍有明显的下降，选择非稳定流公式计算。对于试验结束前动水位与涌水量均已稳定的抽水段，也可同时利用非稳定流计算公式计算，以校核稳定流的计算成果。

4）单层厚度小于 1m，各含水层渗透系数相差在 10 倍以内，可视为均质含水层；如果抽水试验段跨越非均质含水层，应采用有效手段，确定各层渗透系数。

8.6 工程应用实例

依托兰州城市轨道交通 1 号线工程，通过抽水试验和示踪试验，取得所需的关键水文地质参数，并进行了不同工法涌水量计算。

8.6.1 抽水试验方案

1. 抽水试验井径选择

根据现场条件，抽水试验主要通过现场钻孔，在钻孔中进行抽水试验，方案一般选择单孔或多孔进行抽水试验。理想的抽水试验一般需要进行三个降深，对于砂卵石地层，如三个降深都完成，就需要大直径的离心泵进行抽水试验，这对抽水孔的孔径要求较一般勘探孔大，但抽水孔的孔径多大、观测孔的孔径多大、是否均采用同一个孔径进行抽水试验等问题，各种规范和手册未有明确规定。本工程通过对抽水试验井的涂抹效应分析，来进行抽水试验井径的选择。

竖井采用挤土方式施工时，由于井壁涂抹及对周围土的扰动而使土的渗透系数降低，称为涂抹效应。抽水试验在成井过程中，所用的各种不同设备以及不同成井材料不可避免地改变其周围土的性质，从而使土的渗透系数降低，进而影响试验的精准度，其扰动的程度与打设机械、打设方法、土的特性（灵敏度、宏观结构）等因素有关。

$$F_s=\left(\frac{k_h}{k_s}-1\right)\ln s \tag{8.6-1}$$

$$s=\frac{d_s}{d_w} \tag{8.6-2}$$

式中：s 为涂抹影响的因子；d_s 为涂抹区直径，cm；d_w 为钻孔直径，cm；k_h 为天然土的水平渗透系数，cm/s；k_s 为涂抹区土的水平渗透系数，cm/s；F_s 为涂抹区影响范围，cm。

涂抹效应影响与涂抹区土的水平渗透系数成反比，涂抹区土的组成一般主要由成井过程中所采用泥浆成分与井壁土混合而成。抽水试验过程中一般在进行抽水试验前需要进行洗井，以达到清除涂抹区的效果。但是洗井并非能洗掉所有涂抹区，钻井过程中，部分涂抹区土经过钻机扰动与地层结合，难以通过洗井达到 100%。为保证涂抹效应对抽水试验的影响降到最低，常规的用于抽水试验钻孔直径主要有 110mm、130mm、168mm、350mm，根据经验，不同钻孔直径涂抹区的效应分析结果见表 8.6-1。针对涂抹区范围直径的研究内容较少，《建筑地基处理技术规范》（JGJ 79—2012）公式中针对涂抹区直径 d_s 与竖井直径 d_w 的比值可取 2～3。根据该建议，针对涂抹区影响范围自井壁向外进行一定程度的递增进行计算，分析其不同钻孔直径的涂抹效应影响，用以分析采用何种直径进行抽水试验是最合理的。

表 8.6-1　　不同钻孔直径涂抹影响效应测算

钻孔直径 D/mm	天然土渗透系数与涂抹区渗透系数比值 k_h/k_s	涂抹区直径/mm					
		50	100	150	200	250	300
		涂抹区影响范围 F_s/mm					
110	1.1	0.04	0.06	0.09	0.10	0.12	0.13
	1.2	0.07	0.13	0.17	0.21	0.24	0.26
	1.3	0.11	0.19	0.26	0.31	0.36	0.39
	1.4	0.15	0.26	0.34	0.41	0.47	0.53
	1.5	0.19	0.32	0.43	0.52	0.59	0.66
130	1.1	0.03	0.06	0.08	0.09	0.11	0.12
	1.2	0.07	0.11	0.15	0.19	0.21	0.24
	1.3	0.10	0.17	0.23	0.28	0.32	0.36
	1.4	0.13	0.23	0.31	0.37	0.43	0.48
	1.5	0.16	0.29	0.38	0.47	0.54	0.60
168	1.1	0.03	0.05	0.06	0.08	0.09	0.10
	1.2	0.05	0.09	0.13	0.16	0.18	0.20
	1.3	0.08	0.14	0.19	0.24	0.27	0.31
	1.4	0.10	0.19	0.26	0.31	0.36	0.41
	1.5	0.13	0.23	0.32	0.39	0.46	0.51
350	1.1	0.01	0.03	0.04	0.05	0.05	0.06
	1.2	0.03	0.05	0.07	0.09	0.11	0.12
	1.3	0.04	0.08	0.11	0.14	0.16	0.19
	1.4	0.05	0.10	0.14	0.18	0.22	0.25
	1.5	0.07	0.13	0.18	0.23	0.27	0.31

通过上述分析表明，涂抹效应一般在涂抹区渗透系数、影响范围一定的的条件下，钻孔直径越大涂抹效应影响越小，对抽水试验成果的影响也就最小。但是直径越大，试验成本也越大。经过现场试验以及经济效益分析，对于富水砂卵石地层抽水试验，建议抽水孔采用钻孔直径 $\phi350$、管径 $\phi300$，观测孔可以采用钻孔直径 $\phi130$、管径 $\phi110$。

2. *抽水试验平面布置研究*

根据工程重要性、地层情况以及周边环境，抽水试验布置形式一般包括：一个主孔一个观测孔（一抽一观），一个主孔两个观测孔（一抽二观），一个主孔三个观测孔（一抽三观），一个主孔六个观测孔（一抽六观）。

（1）单孔抽水试验。只有一个孔用来进行抽水试验，一般降深不大，地层条件简单的

情况下可以进行，宜在主孔过滤器外设置水位观测管，用来观测抽水过程中水位的变化，图 8.6-1、图 8.6-2 分别为单孔抽水试验的平面布置方案以及剖面示意图。

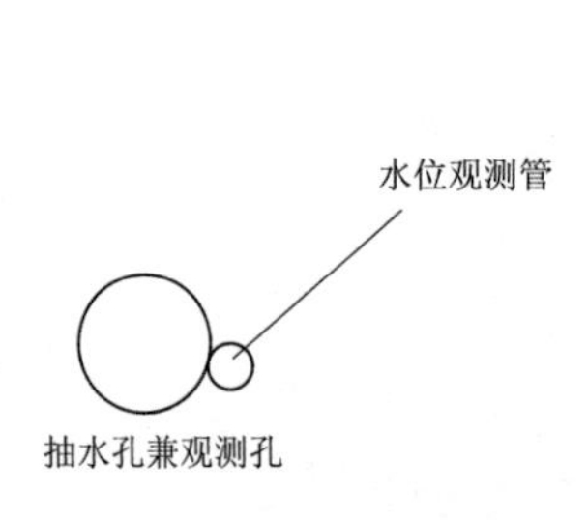

图 8.6-1　单孔抽水平面布置

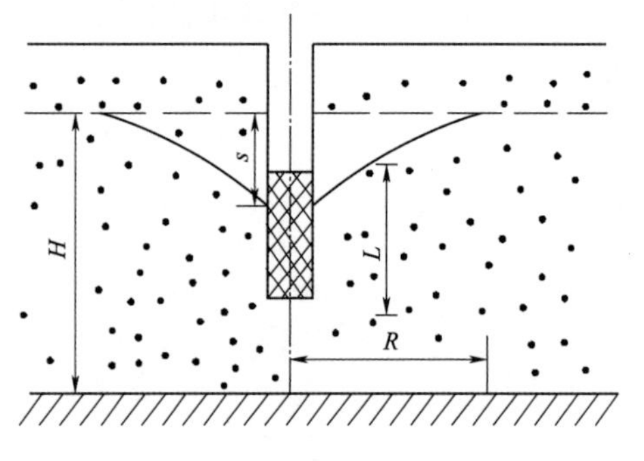

图 8.6-2　单孔抽水剖面示意图

潜水条件下，单孔抽水影响半径以及渗透系数计算公式如下：

$$\lg R=\frac{1.3k(2H-s)}{Q}+\lg r \tag{8.6-3}$$

$$k=\frac{0.366Q}{Ls}\lg\frac{0.66L}{r} \tag{8.6-4}$$

式中：R 为影响半径，m；Q 为抽水孔的涌水量，m^3/d；k 为含水层渗透系数，m/d；H 为抽水前潜水层厚度，m；s 为抽水孔水位下降值，m；r 为抽水孔半径，m；L 为过滤器长度，m。

(2)"一抽一观"抽水试验。采用一个抽水孔进行抽水试验，另外一个孔用来观测地下水水位变化，观测孔一般布置在与地下水流向垂直方向，与抽水孔的距离以 1 倍含水层厚度为宜。图 8.6-3、图 8.6-4 分别为"一抽一观"抽水试验的平面布置方案以及剖面示意图。

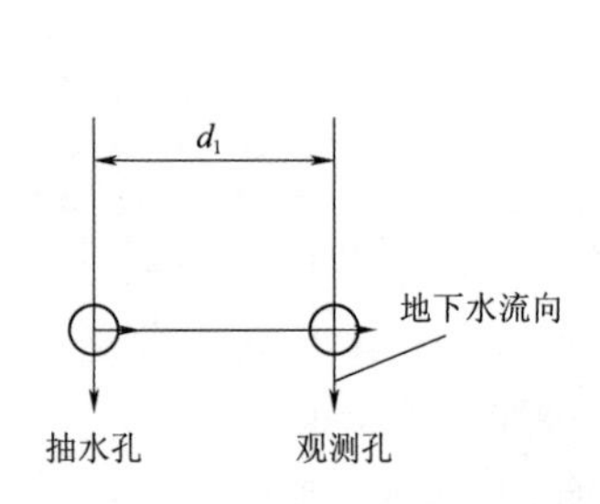

图 8.6-3　"一抽一观"抽水试验平面布置

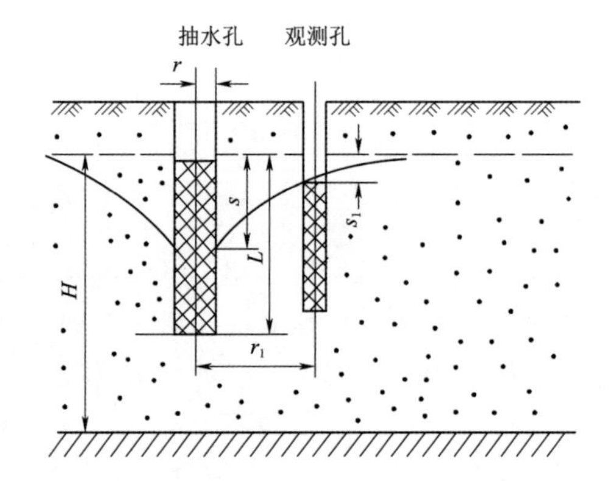

图 8.6-4　"一抽一观"抽水试验剖面示意图

潜水条件下，一个观测孔、一个抽水孔影响半径以及渗透系数计算公式如下：

$$\lg R=\frac{s(2H-s)\lg r_1-s_1(2H-s_1)\lg r}{(s-s_1)(2H-s-s_1)} \tag{8.6-5}$$

$$k=\frac{0.366Q(\lg r_1-\lg r)}{(s-s_1)(s-s_1+L)} \tag{8.6-6}$$

式中：R 为影响半径，m；Q 为抽水孔的涌水量，m^3/d；k 为含水层渗透系数，m/d；H 为抽水前潜水层厚度，m；s 为抽水孔水位下降值，m；s_1 为观测孔水位下降值，m；r 为抽水孔半径，m；r_1 为抽水孔至观测孔之间的距离，m；L 为过滤器长度，m。

（3）“一抽二观”抽水试验。采用一个抽水孔进行抽水试验，另在与地下水流方向垂直方向上布置两个观测孔，第一个观测孔应距离抽水孔 1 倍含水层厚度；第二观测孔应距离主孔 1.5 倍含水层厚度。图 8.6－5、图 8.6－6 分别为“一抽二观”抽水试验的平面布置方案以及剖面示意图。

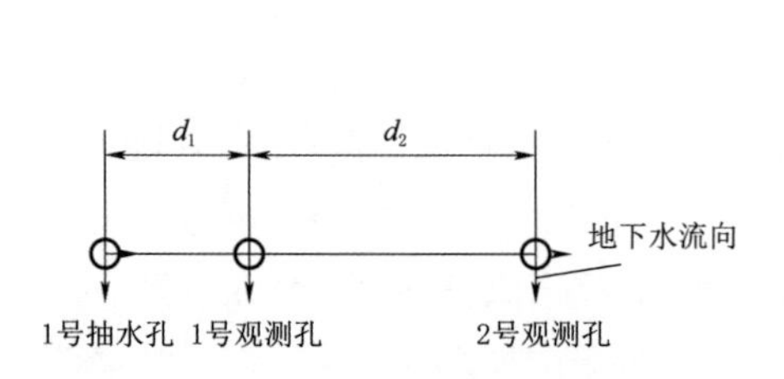

图 8.6－5　“一抽二观”抽水试验平面布置

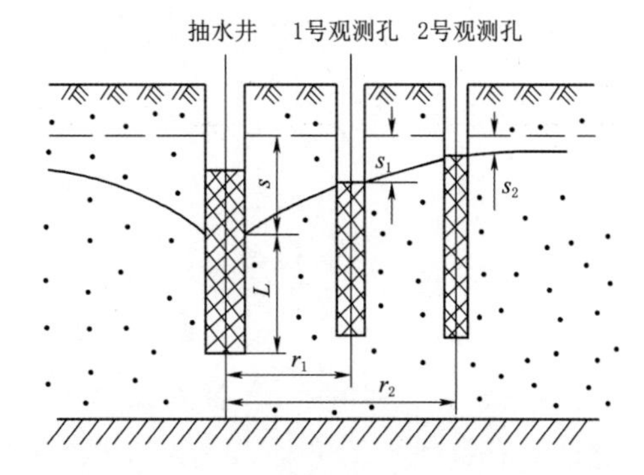

图 8.6－6　“一抽二观”抽水试验剖面示意图

$$\lg R=\frac{s_1(2H-s)\lg r_2-s_2(2H-s_2)\lg r_1}{(s_1-s_2)(2H-s_1-s_2)} \tag{8.6-7}$$

$$k=\frac{0.366Q(\lg r_2-\lg r_1)}{(s_1-s_1)(2s-s_1-s_2+L)} \tag{8.6-8}$$

式中：R 为影响半径，m；Q 为抽水孔的涌水量，m^3/d；k 为含水层渗透系数，m/d；H 为抽水前潜水层厚度，m；s 为抽水井水位下降值，m；s_1 为 1 号观测孔水位下降值，m；s_2 为 2 号观测孔水位下降值，m；r_1 为抽水孔至 1 号观测孔之间的距离，m；r_2 为抽水孔至 2 号观测孔之间的距离，m；L 为过滤器长度，m。

（4）“一抽三观”抽水试验。在“一抽二观”的基础上多布置一个观测孔，距离宜为预估影响半径的 0.178 倍。“一抽三观”实际上与“一抽二观”的原理、计算公式相同，计算过程中实际上只用两个观测孔即可，三个观测孔用来交叉计算对比分析，以验证抽水试验的效果。图 8.6－7、图 8.6－8 分别为“一抽三观”抽水试验的平面布置方案及剖面示意图。

（5）“一抽六观”抽水试验。对于均质无限含水层，宜在垂直和平行地下水流方向各布置一条观测线，形成一个抽水孔、六个观测孔的抽水试验，其每条观测线的试验过程、数据整理以及成果同“一抽三观”抽水试验相同。图 8.6－9 为“一抽六观”抽水试验的平面布

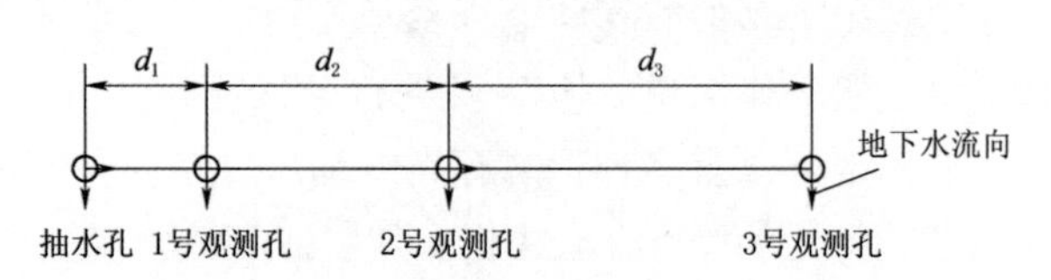

图 8.6－7　“一抽三观”抽水试验平面布置

置方案示意图。

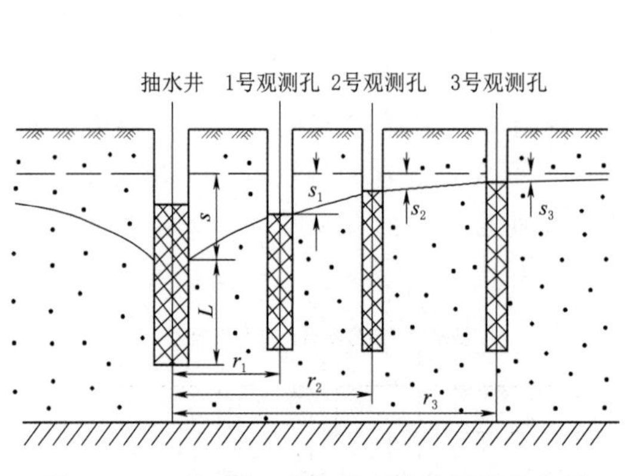

图 8.6-8 “一抽三观”抽水试验剖面示意图

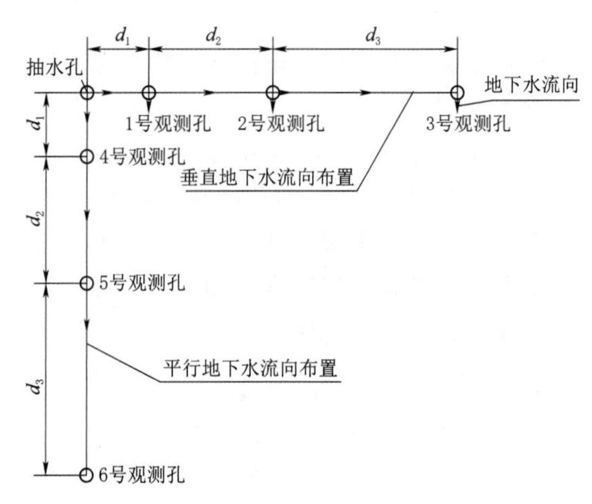

图 8.6-9 “一抽六观”抽水试验平面布置

以上为目前抽水试验普遍采用的方案，均能反映地下水的出水量，渗透系数。除单孔抽水试验，其他抽水试验方案还能反映地下水的流向和流速，流向需要与附近已完成钻孔形成“三角状”。“一抽六观”抽水试验均可通过试验本身完成各项渗透性指标的计算。

经过研究及现场试验对比分析，最终选择“三角状一抽二观”及“三角状一抽三观”抽水试验方案，两种方案均可以反映地下水的出水量、渗透系数、流速及流向。其中后者“三角状一抽三观”包含了前者方案，仅是工作量增加了一个观测孔，两种方案所选用的影响半径、渗透系数计算公式不同，见图 8.6-10、图 8.6-11。

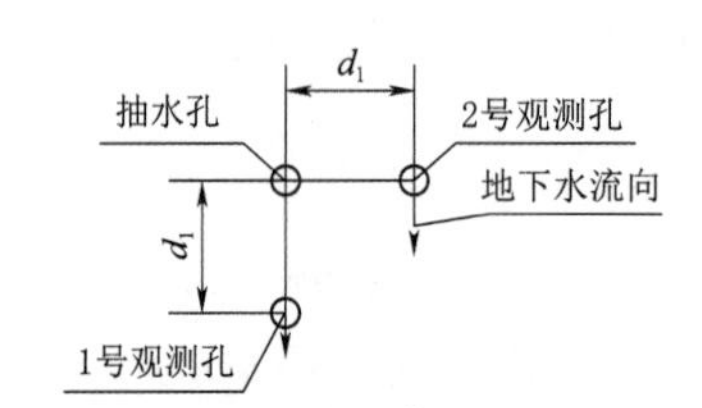

图 8.6-10 “三角状一抽二观”抽水试验平面布置

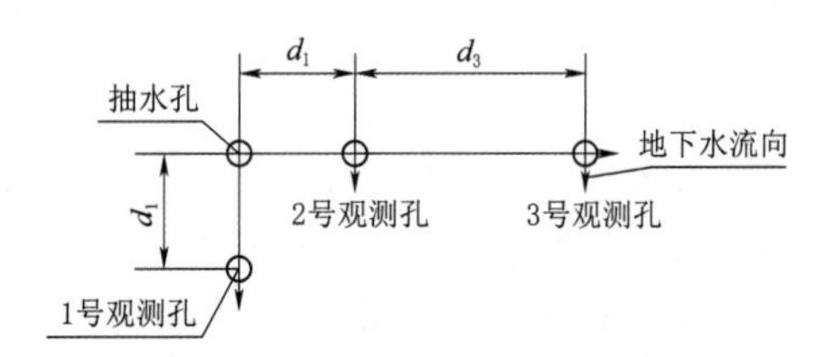

图 8.6-11 “三角状一抽三观”抽水试验平面布置

兰州城市轨道交通 1 号线奥体中心车站，采用了“三角状一抽三观”抽水试验方案（图 8.6-12），通过试验，可以同时计算“三角状一抽二观”及“三角状一抽三观”影响半径及渗透系数。

3. 综合与分层抽水试验

根据地下水的赋存状态以及地层情况，可以采用综合抽水试验或者分层抽水试验。综合抽水试验操作简单，不需要进行分段止水工作，一般适用于地下水赋存条件单一的情况。遇到地下水有多种形式存在或地层复杂时，需要进行分层抽水试验。图 8.6-13、图 8.6-14 分别为综合抽水试验与分层抽水试验主井结构示意图。

兰州城市轨道交通 1 号线穿越黄河段，地层主要为全新统（Q_4）卵石层和下更新

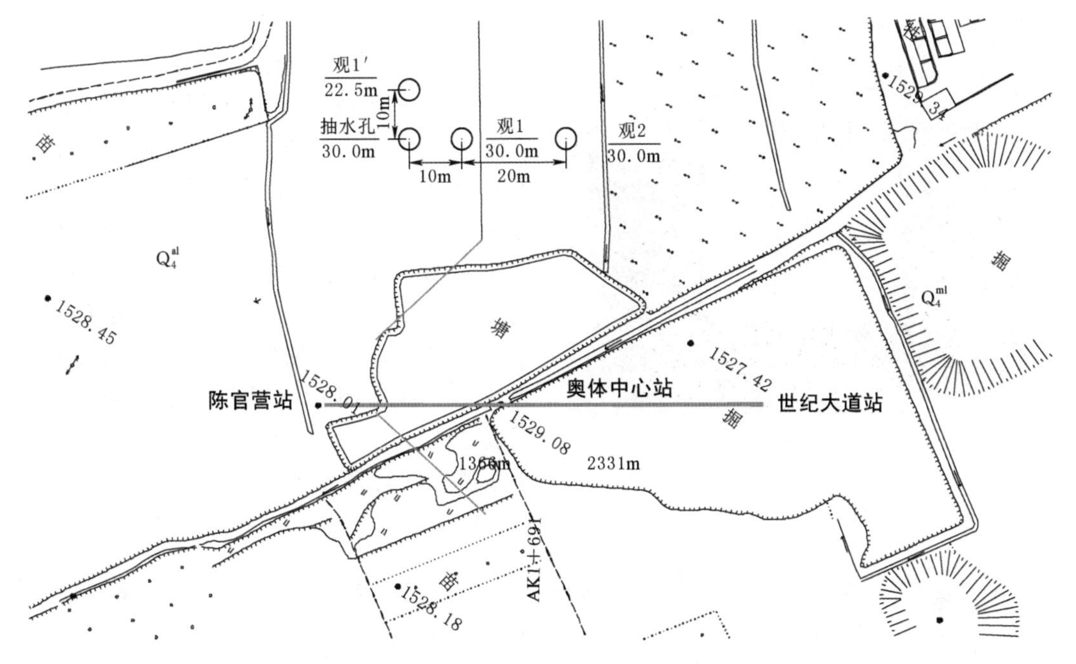

图 8.6-12 兰州城市轨道交通1号线奥体中心车站抽水试验方案

统（Q_1）卵石层，构成同一含水地层，为查明两层卵石渗透系数及影响半径，分别进行了综合抽水试验与分层抽水试验。

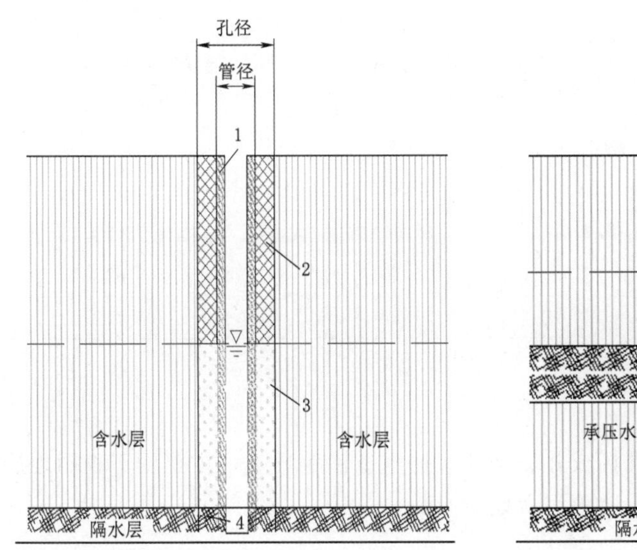

图 8.6-13 综合抽水试验主井结构示意图

1—管壁；2—止水；3—滤料；4—沉砂管

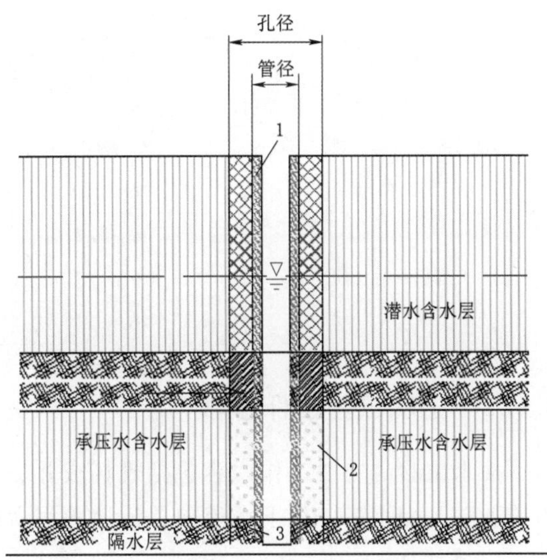

图 8.6-14 分层抽水试验主井结构示意图

1—管壁；2—滤料；3—沉砂管

4. 富水砂卵石地层抽水试验方案布置

根据上述研究，针对富水卵石地层抽水试验建议采用“三角状一抽三观”，抽水井采用钻孔直径 ϕ350、管径 ϕ330；观测孔可以采用钻孔直径 ϕ130、管径 ϕ110。

图 8.6-15　抽水试验现场

5. 卵石地层抽水试验实物工作量

兰州城市轨道交通1号线工程区富水卵石地层主要地貌单位有黄河高漫滩、黄河Ⅰ级阶地，针对这两种不同地貌单元富水卵石地层选取了4个地方进行抽水试验，分别是陈官营站综合抽水试验、奥体中心站综合抽水试验、世纪大道站综合抽水试验、奥体中心～世纪大道区间分层抽水试验。抽水试验现场见图8.6-15。表8.6-2为该工程富水卵石地层抽水试验布置详细列表，表8.6-3为奥体中心站抽水试验水文地质参数计算成果表。

表 8.6-2　兰州城市轨道交通1号线富水卵石地层抽水试验列表

序号	试验位置	地貌单元	方案布置	工作量/(m/孔)
1	陈官营站	黄河Ⅰ级阶地	综合“一抽三观”	45/4
2	奥体中心站	黄河高漫滩	综合“一抽三观”	120/4
3	世纪大道站	黄河Ⅰ级阶地	综合“一抽三观”	120/4
4	奥体中心～世纪大道区间	黄河高漫滩	分层“一抽三观”	210/8

表 8.6-3　奥体中心站抽水试验水文地质参数计算成果

试验方案	落程	影响半径 R/m	渗透系数 k/(m/d)
“三角状一抽二观”	大	54.2	208.7
	中	55.2	200.5
	小	54.0	198.7
“三角状一抽三观”	大	55.06	211.68
	中	56.15	205.83
	小	57.17	203.42

8.6.2　抽水试验工作步骤

抽水试验的主要工作内容包括现场成井、洗井、抽水试验等环节，主要用于查明地层渗透系数、出水量、地下水流向、流速等水文地质参数。

1. 成井工艺

(1) 成井。根据地层及抽水试验井直径，采用乌卡斯钻机或小型钻机进行钻孔，开孔孔径应能保证抽水试验机械和水位测量等设备的顺利安装，主孔终孔孔径为600mm，观测孔孔径为150mm，孔身应保证垂直，其孔斜度小于0.5°，严禁采用向孔内投放黏土块代替泥浆护壁，应根据地层及地下水的情况及时调整泥浆的性能。现场设置简易的泥浆循环系统，并及时清除循环系统中的沉砂。孔内必须准确量测初见及稳定水位。仔细描述岩芯岩性，按先后顺序摆放整齐，岩芯票填写清楚、齐全。详细记录钻探日志，做到不缺层、不漏项。鉴定描述术语及记录符号均应符合规范。钻探结束时，应对所揭露的地层进行准确分层，划分含水层段，确定抽水层段。

（2）下管。依据含水地层情况，下管做好过滤器、实管和沉砂管的长度分截及排序工作，采用钢丝绳直接提调法下管。上层滞水和潜水观测孔井管选用外径350mm混凝土管，管长2～5m；层间基岩裂隙水观测孔井管选用外径350mm钢管，管长2～5m。过滤器为圆孔包网填砾类型，过滤器的位置与含水层位置相对应，含水层薄时选用短管。上层滞水、潜水观测孔沉砂管长1m；基岩裂隙水沉砂管长2m。野外记录上须详细记录钻孔所下管材的长度、位置、类型。

（3）填砾、封填。砾料选用2～4mm的水洗滤料，砾料至过滤器及含水层顶2～5m，对于潜水、层间承压水观测孔，填砾后在上部隔水层部位用3～10mm黏土球止水，止水厚度不小于5m，采用人工方式进行缓慢回填，连续性地使用测线进行止水位置的校核，防止黏土球回填不到位而达不到止水的效果。止水材料应填充密实完全、试压合格，填充厚度达到钻孔设计要求，杜绝上层水窜入取水目的层。上部再用优质黏土回填至孔口；砾料及黏土填入深度分别与花管、实管位置相对应，填砾及填黏土数量应根据井的容积及黏土球压缩情况计算。填入时应边填边测填入深度，并与计算的容积量对比，防止局部架空或填过。野外记录上须详细记录钻孔所下砾料及黏土球的数量及位置。

2. 洗井、检查止水效果

利用空压机洗井或送水拉活塞与深井泵的联合洗井，洗井时间不少于3～6个台班，达到水清沙净，必须当两次试抽单位涌水量误差小于10%、含砂量小于1/20000（体积比）方可结束。洗井结束后井内沉淀物高度应不大于设计井深的5‰，应保证观测水位准确。待水位恢复静止以后观测一次地下水水位，作为第一次观测记录。

3. 抽水试验

抽水落程及稳定时间执行《供水水文地质勘察规范》（GB 50027—2001）的标准。每一次抽水试验大落程结束后，均进行水位恢复观测，并按该规范要求观测记录。

待钻孔成孔及洗井结束后，进行抽水试验，本次抽水为稳定流抽水，抽水试验设备主要选用电潜水泵，水位观测主要采用电子水位计观测，流量测定主要采用三角堰或流量表测定，具体技术要求如下。

（1）水位下降（降深）。正式抽水试验一般进行三次降深，每次降深的差值大于1m。

（2）稳定延续时间。稳定延续时间一般为8～24h。稳定标准：在稳定时间段内，涌水量波动值不超过正常流量的5%，主孔水位波动值不超过水位降低值的1%，观测孔水位波动值不超过2～3cm。若抽水孔、观测孔动水位与区域水位变化幅度趋于一致，则为稳定。

（3）静止水位观测。试验前对自然水位要进行观测，一般地区每小时测定一次，三次所测水位值相同，或4h内水位差不超过2cm，即为静止水位。

（4）水温和气温的观测。一般每2～4h同时观测水温和气温一次。

（5）恢复水位观测。在抽水试验结束后或中途因故停抽时，均应进行恢复水位观测，通常宜按第1min、2min、3min、4min、6min、8min、10min、15min、20min、25min、

30min、40min、50min、60min、80min、100min、120min 进行观测，以后可每隔 30min 观测一次，直至完全恢复为止。观测精度要求同静止水位。水位恢复后，观测时间可适当延长。

（6）动水位和涌水量观测。抽水试验时，动水位和出水量的同步观测时间，宜在抽水开始后的第 5min、10min、15min、20min、25min、30min 各观测一次，以后每隔 30min 或 60min 测一次。

8.6.3 资料整理

（1）水文地质参数。主要采用潜水完整井井流计算公式，结合区域地质资料综合确定，有主要计算过程。

（2）绘制抽水试验综合成果图表。包括 $Q-f(t)$、$s-f(t)$、$q-f(s)$ 过程曲线和关系曲线，钻孔平面布置图，钻孔地质柱状图，岩芯鉴定表，抽水试验记录表，水质分析成果表，以及砂土颗粒分析成果定名表。

（3）提交水文地质试验成果：

1）渗透系数计算。分别采用抽水资料及水位恢复资料进行计算。

2）影响半径计算。采用抽水资料进行计算。

3）涌水量计算。根据所揭露含水层情况，建立相应的水文地质计算模型，再根据水文地质模型及所求的含水层参数，计算基坑的涌水量。

8.6.4 现场抽水试验成果

根据抽水试验方案设计，兰州城市轨道交通 1 号线富水卵石地层不同地貌单元均做了抽水试验。根据现场抽水试验，绘制了抽水井的 $s-t$ 时间关系曲线，$q-s$ 关系曲线、$Q-s$ 时间关系曲线（图 8.6-16～图 8.6-25），根据野外抽水试验观测记录，整理抽水试验成果统计见表 8.6-4。

表 8.6-4　　兰州城市轨道交通 1 号线富水卵石地层抽水试验成果统计表

试验位置		含水层厚度/m	静止水位/m	抽水落程	主井降深/m	流量/(L/s)	流量/(m^3/d)
陈官营站		5.66	6.84	大	5.66	8.531	737.078
			7.01	中	4.19	6.984	603.418
			7.01	小	2.65	5.618	485.395
奥体中心站		8.24	4.46	大	8.24	6.984	603.42
			4.59	中	5.32	6.009	519.18
			4.59	小	3.61	5.002	432.17
世纪大道站		3.81	14.61	大	3.81	14.788	1277.68
			14.61	中	2.15	10.267	887.07
			14.61	小	0.91	6.555	566.35
奥体中心～世纪大道区间	2号试验	4.87	10.23	大	4.87	4.883	421.89
			10.23	中	3.04	3.426	296.01
			10.23	小	1.69	2.030	175.39

续表

试验位置		含水层厚度/m	静止水位/m	抽水落程	主井降深/m	流量/(L/s)	流量/(m³/d)
奥体中心～世纪大道区间	3号试验	15.31	10.23	大	15.31	16.563	1431.04
			10.23	中	11.10	13.148	1135.99
			10.23	小	4.84	7.734	668.22

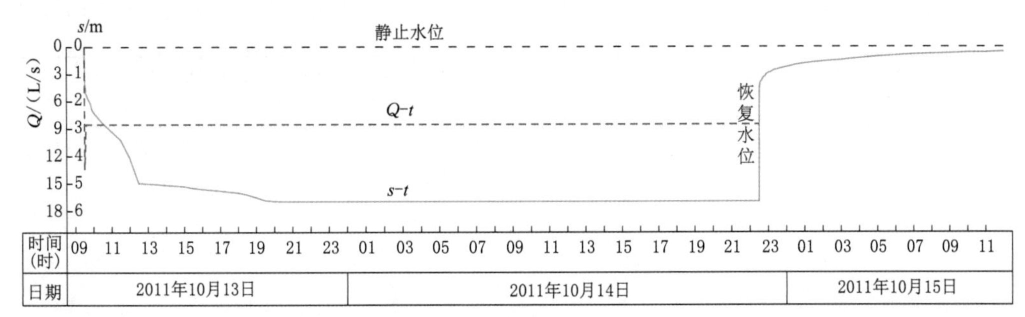

(a) 大落程

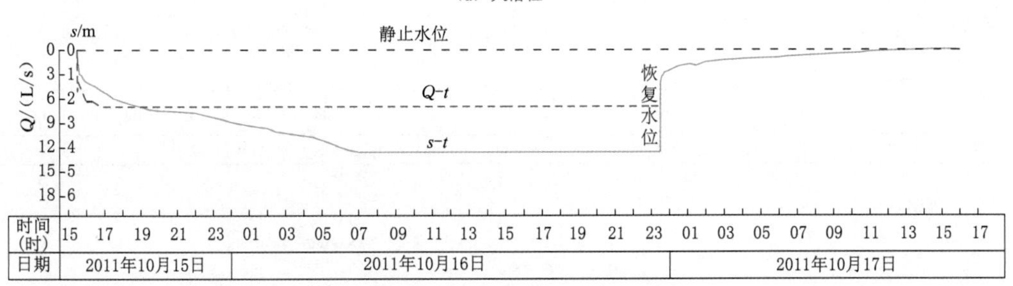

(b) 中落程

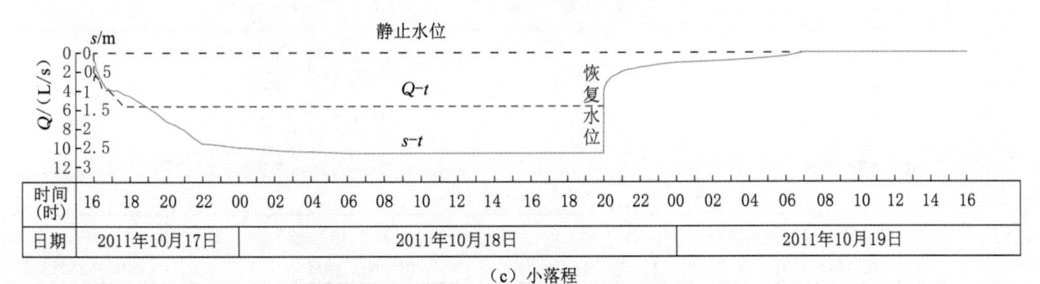

(c) 小落程

图 8.6-16　陈官营站抽水试验水文曲线图

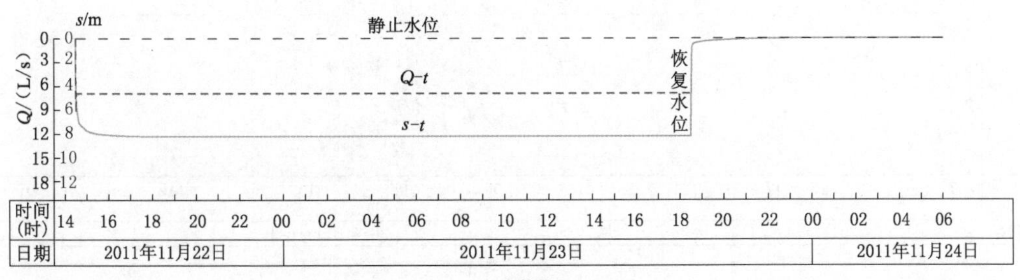

(a) 大落程

图 8.6-17（一）　奥体中心站抽水试验水文试验曲线图

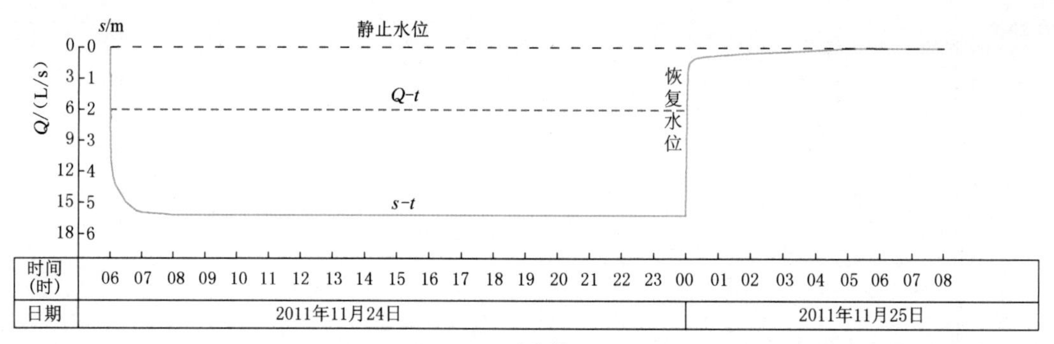

（b）中落程

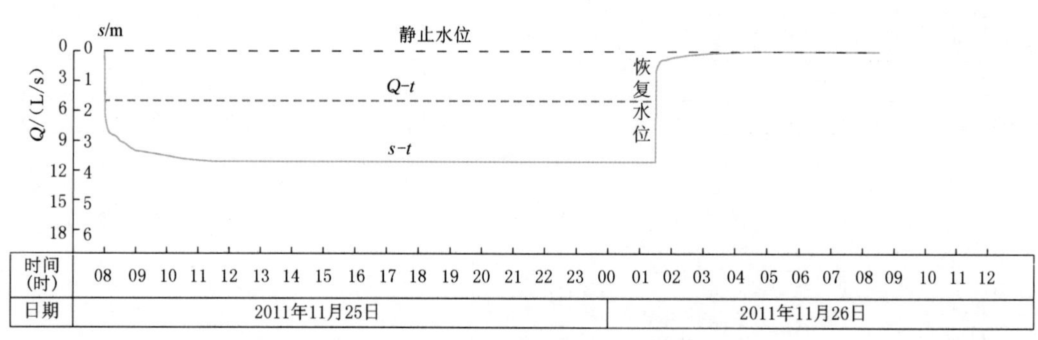

（c）小落程

图 8.6－17（二） 奥体中心站抽水试验水文试验曲线图

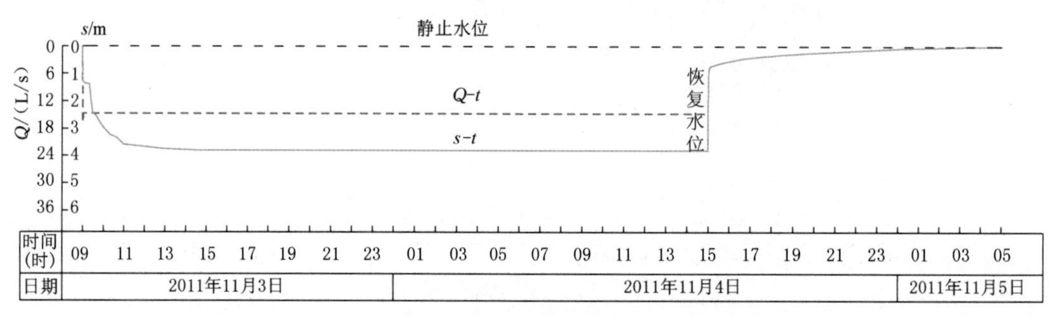

（a）大落程

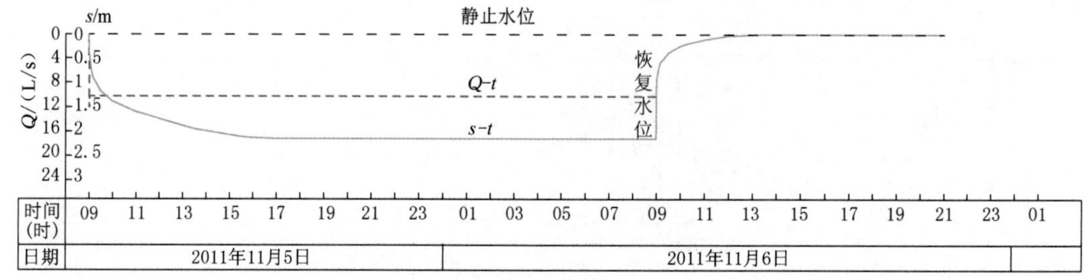

（b）中落程

图 8.6－18（一） 世纪大道站抽水试验水文试验曲线图

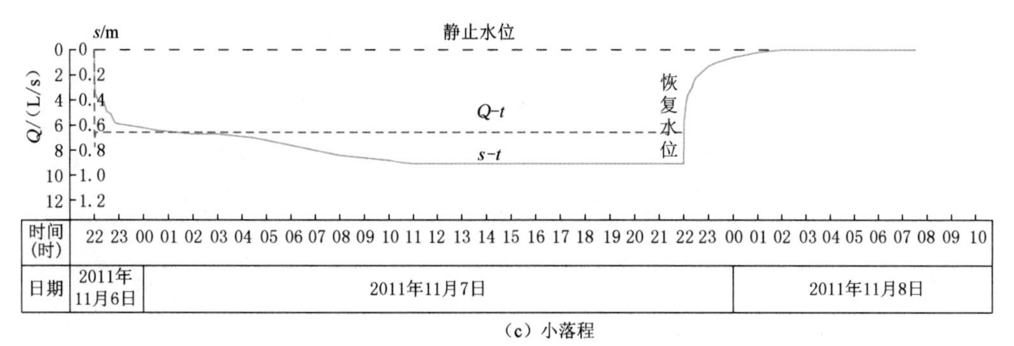

(c) 小落程

图 8.6-18（二）　世纪大道站抽水试验水文试验曲线图

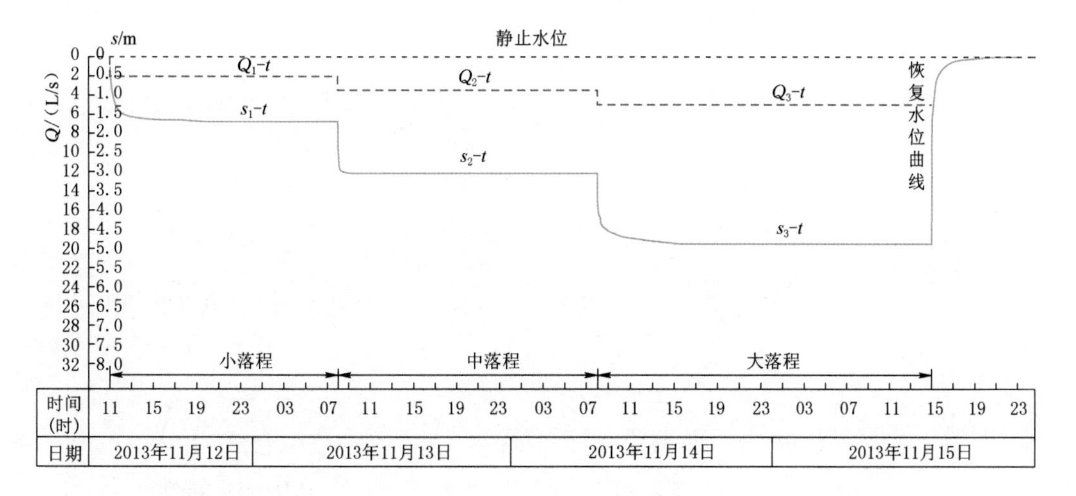

图 8.6-19　奥体中心～世纪大道区间抽水 2 号试验大、中、小落程曲线图

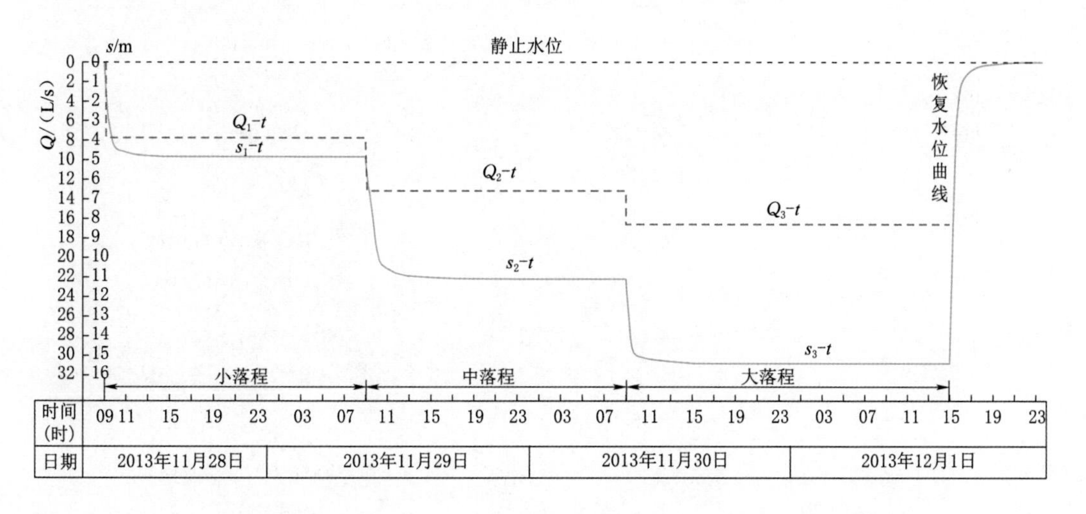

图 8.6-20　奥体中心～世纪大道区间 3 号抽水试验大、中、小落程曲线图

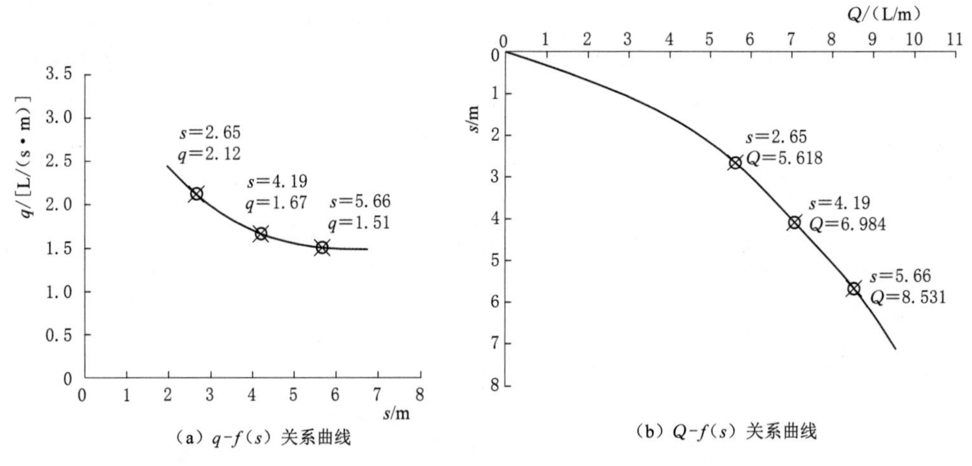

(a) q-$f(s)$ 关系曲线　(b) Q-$f(s)$ 关系曲线

图 8.6-21　陈官营站抽水试验 $q-f(s)$、$Q-f(s)$ 关系曲线图

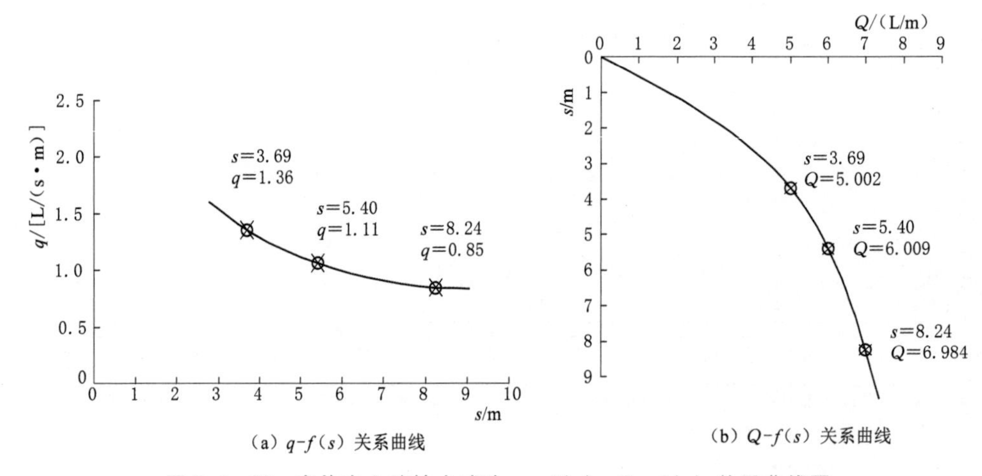

(a) q-$f(s)$ 关系曲线　(b) Q-$f(s)$ 关系曲线

图 8.6-22　奥体中心站抽水试验 $q-f(s)$、$Q-f(s)$ 关系曲线图

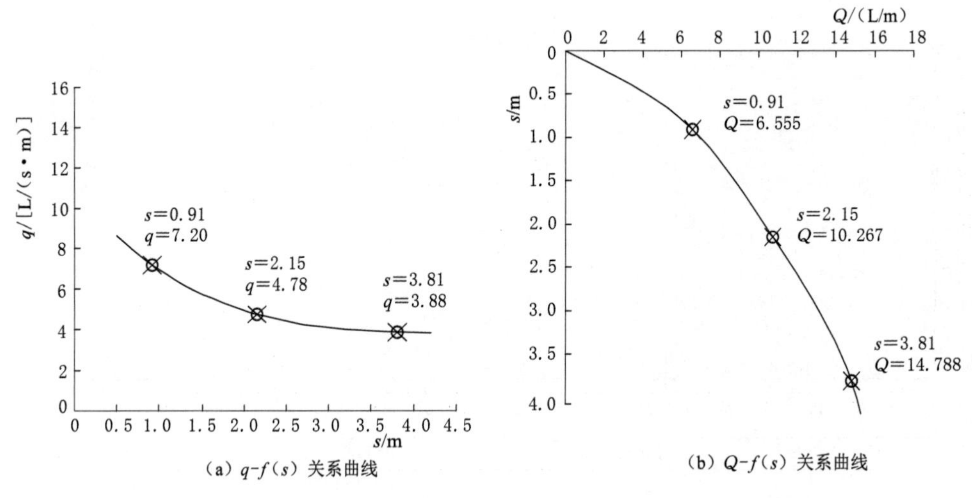

(a) q-$f(s)$ 关系曲线　(b) Q-$f(s)$ 关系曲线

图 8.6-23　世纪大道站抽水试验 $q-f(s)$、$Q-f(s)$ 关系曲线图

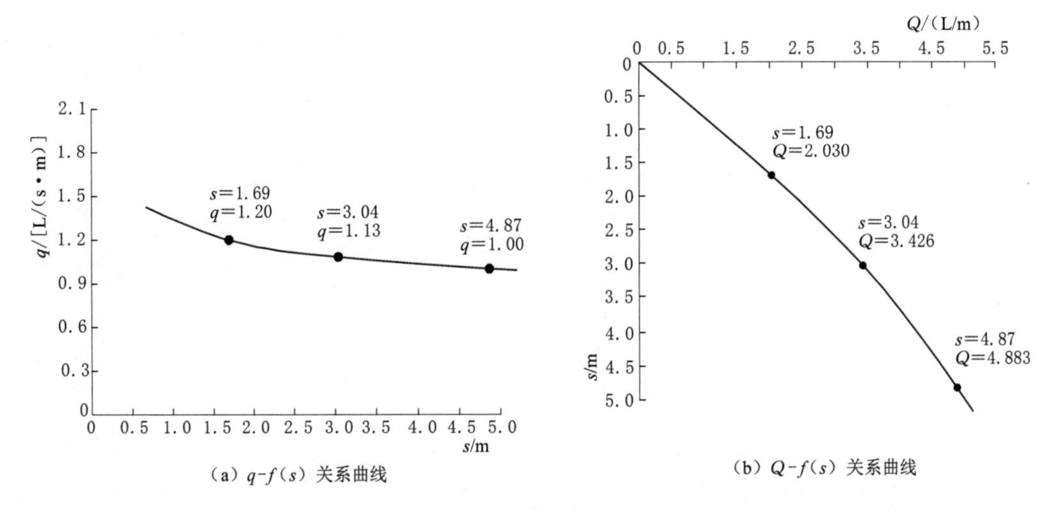

(a) $q-f(s)$ 关系曲线　(b) $Q-f(s)$ 关系曲线

图 8.6-24　奥体中心～世纪大道区间 2 号抽水试验 $q-f(s)$、$Q-f(s)$ 关系曲线图

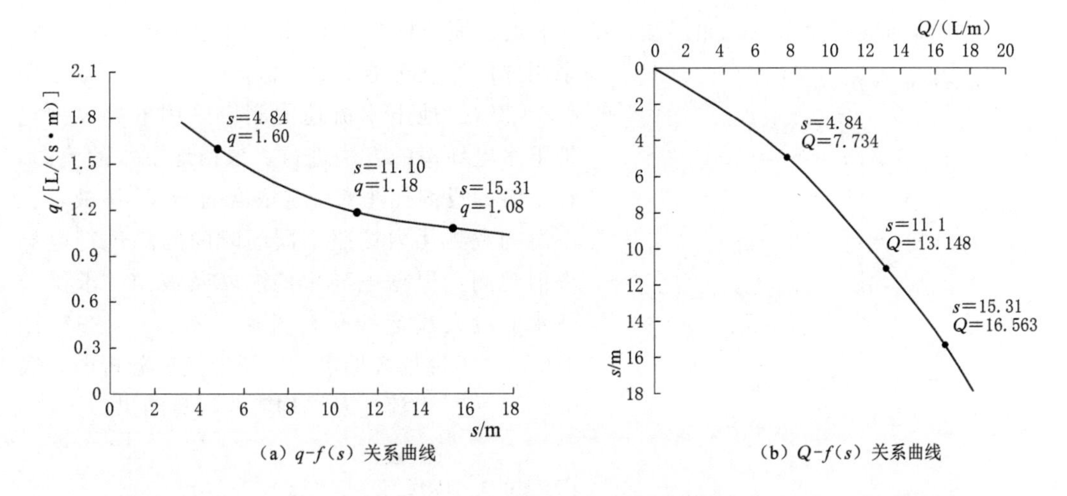

(a) $q-f(s)$ 关系曲线　(b) $Q-f(s)$ 关系曲线

图 8.6-25　奥体中心～世纪大道区间 3 号抽水试验 $q-f(s)$、$Q-f(s)$ 关系曲线图

8.6.5 水文地质参数计算

根据富水卵石地层含水层特征，采用“一抽二观”计算式（8.6-7）和式（8.6-8），计算出含水层渗透系数及不同落程含水层影响半径及渗透系数，结果见表 8.6-5。

表 8.6-5　水文地质参数计算结果统计表

试验位置	落程	降水量/(m^3/h)	平均渗透系数 $\overline{k}$/(m/d)	平均影响半径 $\overline{R}$/m
陈官营站	大	30.712	64.83	243.68
	中	25.142	77.56	214.57
	小	20.225	78.18	202.92

续表

试验位置		落程	降水量/(m³/h)	平均渗透系数 $\overline{k}$/(m/d)	平均影响半径 $\overline{R}$/m
奥体中心站		大	25.142	55.06	211.68
		中	21.632	56.15	205.83
		小	18.007	57.17	203.42
世纪大道站		大	53.237	55.15	226.23
		中	36.961	57.18	220.26
		小	23.598	63.03	208.20
奥体中心～世纪大道区间	2号试验	大	17.579	50.10	199
		中	12.334	51.12	182
		小	7.308	53.89	172
	3号试验	大	59.627	30.75	214
		中	47.333	34.45	191
		小	27.842	38.99	181

8.6.6 地下水流速、流向的测定

地下水流向的测定采用三角形法，结合附近已完成的勘察钻孔，测定其静止水位值，采用作图法确定地下水的流向（图 8.6-26～图 8.6-28）。地下水流速的测定采用电导仪测定地下水电导率的方法进行。根据地下水的流向，在上游的投剂孔注入一定浓度的 NaCl 溶液，在下游的观测孔内按照不同的时间间隔进行电导率值观测，根据电导率的波峰及波角，求出地下水的最大流速和平均流速。图 8.6-29～图 8.6-32 为现场各抽水试验测定流速分析图，表 8.6-6 为最大流速及平均流速计算结果。

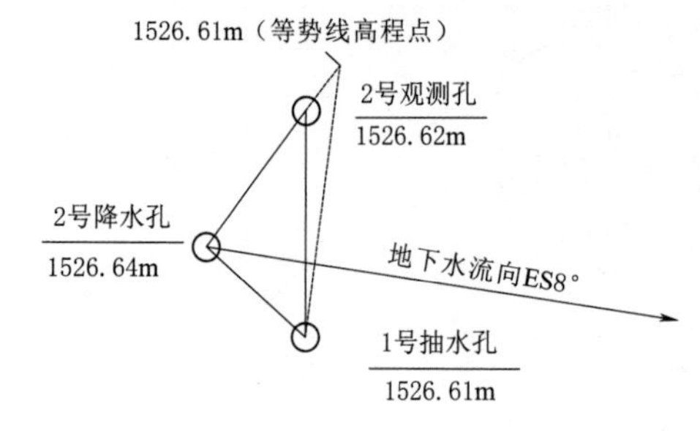

图 8.6-26 陈官营站抽水试验流向分析图

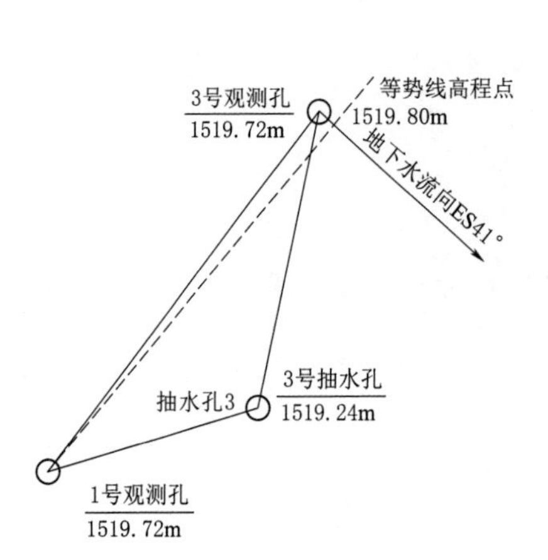

图 8.6-27 世纪大道站抽水试验流向分析图

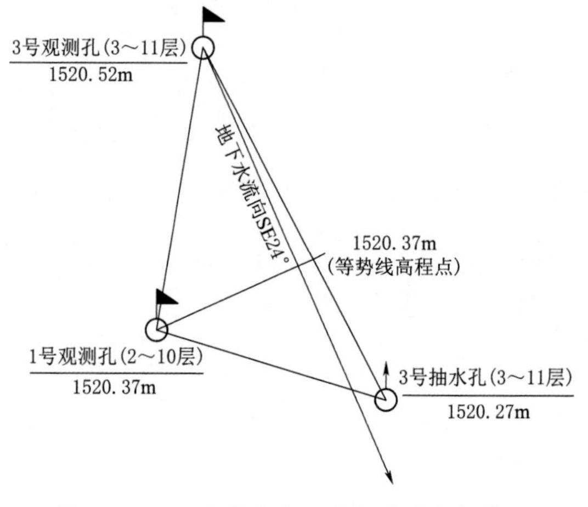

图 8.6-28 奥体中心～世纪大道区间抽水试验流向分析图

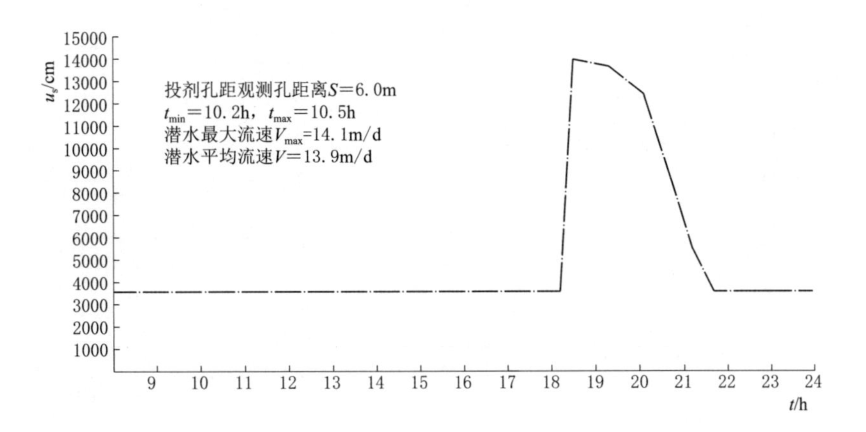

图 8.6-29 陈官营站抽水试验流速图

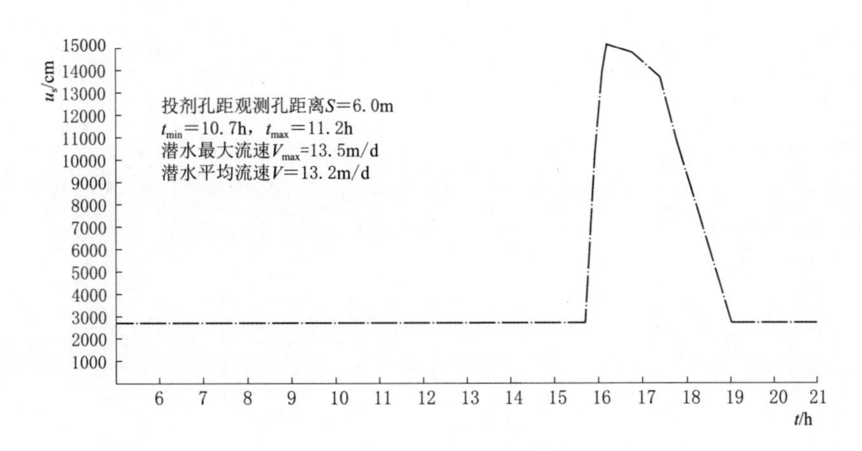

图 8.6-30 奥体中心站抽水试验流速图

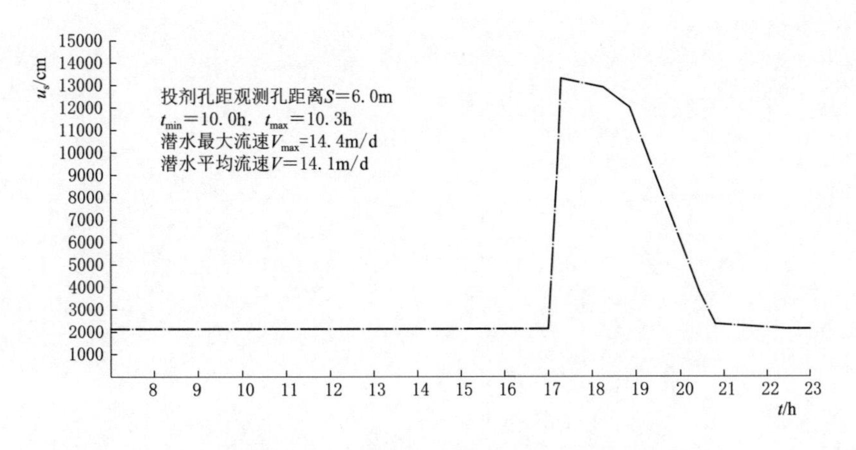

图 8.6-31 世纪大道站抽水试验流速图

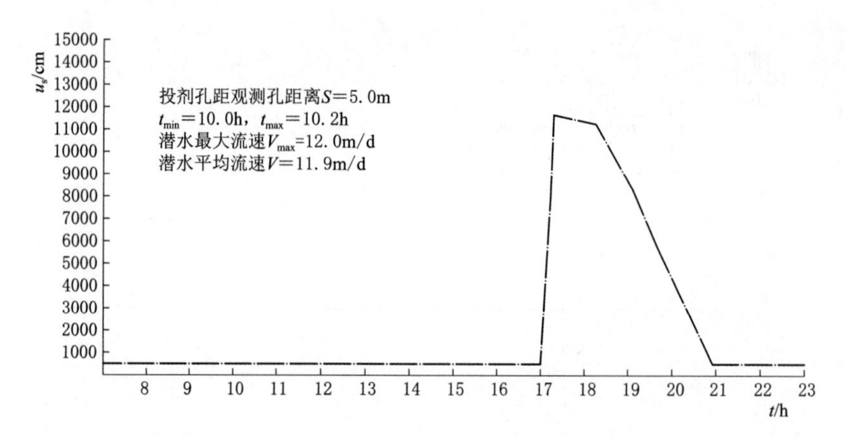

图 8.6-32　奥体中心～世纪大道区间抽水试验流速图

表 8.6-6　兰州城市轨道交通 1 号线工程各工点富水卵石层潜水地下水流速计算成果表

试验位置	投剂孔与观测孔的距离/m	t_{min} /h	t_{max} /h	V_{max} /(m/d)	V /(m/d)
陈官营站	6.0	10.2	10.5	14.1	13.9
奥体中心站	6.0	10.7	11.2	13.5	13.2
世纪大道站	6.0	10.0	10.3	14.4	14.1
奥体中心～世纪大道区间	5.0	10.0	10.2	12.0	11.9

第 9 章

同位素示踪法

放射性同位素测试技术测定含水层水文地质参数的方法是国外于 20 世纪 70 年代初发展起来的，并于 70 年代后期从实验室逐渐走向生产实践，该方法目前已在国外广泛应用。我国自 80 年代开始使用该技术，并在 90 年代得到较大范围应用和推广。

放射性同位素示踪法测井技术在测定含水层水文地质参数方面经过多年理论与实践的发展，已取得了长足进步。该方法目前可以测定含水层诸多水文地质参数，如地下水流向、渗透流速、渗透系数、垂向流速、多含水层的任意层静水头、有效孔隙度、平均孔隙流速、弥散率和弥散系数等。

同位素示踪法渗透系数测试技术与传统水文地质试验相比具有许多优点，传统的抽水试验方法是从钻孔中抽水造成水头或水位重新分布来获得水文地质参数，而同位素示踪方法是利用地下水天然流场来测试地下水参数，因此更能反映自然流场条件下的水文地质参数，所获得的参数更能反映实际情况。

与传统抽水试验相比，同位素示踪法主要具有以下特点：①可以测试厚度很大的松散砂砾石层的地下水参数；②比抽水试验取得的参数质量更高、数量更多，能更大程度地满足地质分析和方案设计要求；③不会对钻孔附近地层的稳定性产生影响，而抽水试验则会影响抽水孔附近地层的稳定性；④可获得用抽水试验不能获得的参数。

9.1 基本原理

目前使用的测试仪器多是在 20 世纪 90 年代我国自行设计研发的放射性同位素地下水参数测试仪器，该仪器结构如图 9.1-1 所示。

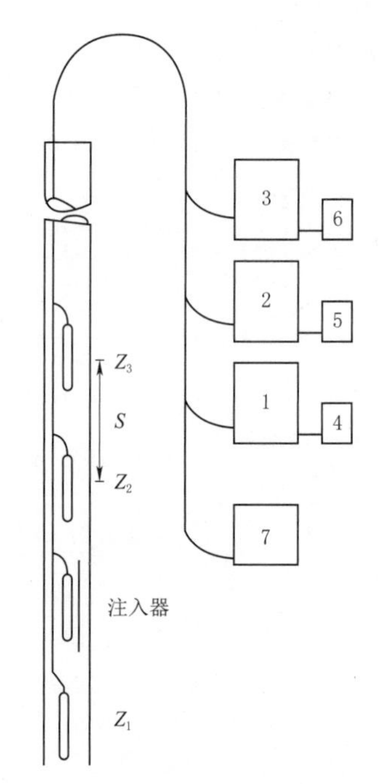

图 9.1-1 放射性同位素地下水参数测试仪器结构示意图

Z_1、Z_2、Z_3—注入同位素示踪的不同深度（m）；S—相邻两次注入的深度（m）；1、2、3—计数器；4、5、6—记录图；7—注入器控制系统

该测试方法的基本原理是对井孔滤水管中的地下水用少量的、无毒无害的放射性示踪剂 ^{131}I 做标记，标记后的水柱示踪剂浓度不断被通过滤水管的含水层渗透水流稀释而降低。其稀释速率与地下水渗透流速有关。根据这种关系可以求出地下水渗透流速，然后根据达西定律可以获得含水层渗透系数。

放射性同位素示踪法测井技术不受井液温

度、压力、矿化度的影响，测试灵敏度高、方便快捷、准确可靠，可测孔径为50～500mm，孔深超过500m。根据测试方法和测试目的，该方法可以分为多种类型（表9.1-1）。采用同位素示踪法测试砂砾石层水文地质参数时，当河流水平流速测试范围为0.05～100m/d、垂向流速测试范围为0.1～100m/d时，每次投放量应低于1×10^{8}Bq，当流速大于0.1m/d时，相对误差小于3%；当流速大于0.01m/d时，相对误差小于5%。

表9.1-1　放射性同位素示踪法测定砂砾石层水文地质参数方法分类

Ⅰ级分类	Ⅱ级分类	可　测　参　数
单孔技术	单孔稀释法	渗透系数、渗透流速
	单孔吸附示踪法	地下水流向
	单孔示踪法	孔内垂向流速、垂向流量
多孔技术	多孔示踪法	平均孔隙流速、有效孔隙度、弥散系数

9.2　计算方法及参数取值

9.2.1　公式法

公式法确定含水层渗透系数是根据放射性同位素初始浓度（$t=0$时）计数率和某时刻放射性同位素浓度计数率的变化来计算地下水渗流速度，然后根据达西定律求出含水层渗透系数。示踪剂浓度变化与地下水渗流流速之间的关系服从下列公式：

$$V_{\mathrm{f}}=(\pi r_1/2\alpha t)\times\ln(N_0/N) \tag{9.2-1}$$

式中：V_{f}为地下水渗流速度，cm/s；r_1为滤水管内半径，cm；N_0为同位素初始浓度（$t=0$时）计数率；N为t时刻同位素浓度计数率；α为流场畸变校正系数；t为同位素浓度计数率从N_0变化到N的观测时间，s。

根据式（9.2-1）可以获得含水层中地下水渗流流速，然后根据达西定律关系式（9.2-2）可以计算含水层渗流速度：

$$V_{\mathrm{f}}=k_{\mathrm{d}}J \tag{9.2-2}$$

式中：k_{d}为含水层渗透系数，cm/s；J为水力坡降。

根据式（9.2-1）和式（9.2-2）可得含水层渗透系数计算公式：

$$k_{\mathrm{d}}=\left(\frac{\pi r_1}{2\alpha t}\cdot\ln\frac{N_0}{N}\right)/J \tag{9.2-3}$$

应用式（9.2-3）计算含水层渗透系数，实际上是利用两次同位素浓度计数率的变化来计算含水层渗透系数。

9.2.2　斜率法

斜率法是根据测试获取的$t-\ln N$曲线斜率来确定含水层渗透系数，该方法考虑了某测点的所有合理测试数据，测试成果更具有全面性与代表性。从理论上讲，若含水层中的地下水为稳定层流时，$t-\ln N$曲线为直线，可以根据曲线斜率计算渗流速度V_{f}。因此，若实际测试曲线为直线，则表明测试试验是成功的，测试结果是可靠的。

斜率法计算含水层渗透系数的具体步骤：首先根据测试数据绘制 $t-\ln N$ 曲线，通过 $t-\ln N$ 曲线一方面可以分析测试试验是否成功，另一方面能够确定 $t-\ln N$ 曲线斜率，为含水层渗透系数计算提供必要参数；然后应用下列计算公式计算含水层渗透系数：

$$t=\frac{\pi r_1}{2\alpha V_f}\times\ln N_0-\frac{\pi r_1}{2\alpha V_f}\times\ln N \tag{9.2-4}$$

式（9.2－4）中的 $\pi r_1/2\alpha V_f\times\ln N_0$ 可以看成常数，则 $t-\ln N$ 曲线的斜率为 $-\pi r_1/2\alpha V_f$。

设曲线的斜率为 m，则

$$m=-\frac{\pi r_1}{2\alpha V_f}\quad,\quad V_f=-\frac{\pi r_1}{2\alpha m} \tag{9.2-5}$$

根据 $t-\ln N$ 曲线上获得的 m 值，即可获得含水层地下水渗流速度。

在渗流速度测试时，同时测得试验钻孔处的水力坡度，根据达西定律可计算含水层渗透系数。可用式（9.2－6）计算含水层渗透系数：

$$k_d=-\frac{\pi r_1}{2\alpha mJ} \tag{9.2-6}$$

该方法根据测试实验的 $t-\ln N$ 半对数曲线斜率计算含水层渗透系数，它考虑了某测点的所有合理测试数据。

9.2.3 计算参数

放射性同位素示踪法测试地下水参数，受多种因素影响，如钻孔直径、滤管直径、滤管透水率、滤管周围填砾厚度、填砾粒径等，进行试验参数处理时应考虑这些影响因素，以使试验结果更可靠、更合理、更能反映实际情况。采用该方法计算砂砾石层渗透系数，主要涉及流场畸变校正系数和水力坡度两个参数。通过多年实践总结提出了放射性同位素示踪法测试含水层渗透系数的流场畸变校正系数 α，该参数考虑了多种因素对测试成果的影响，引入该参数可以使获取的渗透系数更能反映实际情况。为了在确定含水层地下水流流速的基础上计算含水层渗透系数，还应通过现场测试确定测试孔附近的地下水同步水力坡度。

1. 流场畸变校正系数的确定

流场畸变校正系数是由于含水层中钻孔的存在引起滤水管附近地下水流场产生畸变而引入的一个参变量。其物理意义是地下水进入或流出滤水管的两条边界流线，在距离滤水管足够远处两者平行时的间距与滤水管直径之比。

（1）计算理论。流场畸变校正系数受多种因素的影响，主要受测试孔尺寸与结构的影响。一般情况下流场畸变校正系数的计算分两种情况：

1）在均匀流场且井孔不下滤水管、不填砾的裸孔中，取 $\alpha=2$。有滤水管的情况下一般由式（9.2－7）计算获得：

$$\alpha=\frac{4}{1+\left(\frac{r_1}{r_2}\right)^2+\frac{k_3}{k_1}\left[1-\left(\frac{r_1}{r_2}\right)^2\right]} \tag{9.2-7}$$

式中：k_1 为滤水管的渗透系数，cm/s；k_3 为含水层的渗透系数，cm/s；r_1 为滤水管的内半径，cm；r_2 为滤水管的外半径，cm。

2）对于既下滤水管又有填砾的情况，流场畸变校正系数与滤水管内、外半径，滤管渗透系数，填砾厚度及填砾渗透系数等多种因素有关。流场畸变校正系数计算式为

$$\alpha=\frac{8}{\left(1+\frac{k_3}{k_2}\right)\left\{1+\left(\frac{r_1}{r_2}\right)^2+\frac{k_2}{k_1}\left[1-\left(\frac{r_1}{r_2}\right)^2\right]\right\}+\left(1-\frac{k_3}{k_2}\right)\left\{\left(\frac{r_1}{r_3}\right)^2+\left(\frac{r_2}{r_3}\right)^2+\left[\left(\frac{r_1}{r_3}\right)^2-\left(\frac{r_2}{r_3}\right)^2\right]\right\}} \tag{9.2-8}$$

式中：r_3 为钻孔半径，cm；k_2 为填砾的渗透系数，cm/s。

（2）k_1、k_2 和 k_3 的确定方法。

1）滤水管渗透系数 k_1 的确定。滤水管渗透系数 k_1 的确定涉及测试井滤网的水力性质，可根据过滤管结构类型通过试验确定，或通过水力试验测得，或类比已有结构类型基本相同的滤水管来确定。粗略的估计是 $k_1=0.1f$，其中 f 为滤网的穿孔系数（孔隙率）。

2）填砾渗透系数 k_2：

$$k_2=C_2d_{50}^2 \tag{9.2-9}$$

式中：C_2 为颗粒形状系数，当 d_{50} 较小时可取 $C_2=0.45$；d_{50} 为砾料筛下的颗粒重量占全重50%时可通过网眼的最大颗粒直径，mm，通常取粒度范围的平均值。

3）含水层渗透系数 k_3 的估算。如果在砂砾石层钻探时，$k_1>10k_2>10k_3$，且 $r_3>3r_1$，则 α 与 k_3 没有依从关系。但实际上很难实现 $k_1>10k_2$，而且只有滤水管的口径很小时才能达到 $r_3>3r_1$。虽然 α 依赖含水层渗透系数 k_3，但若存在公式（9.2-7）$k_3\leqslant k_1$ 和式（9.2-8）$k_3\leqslant k_2$ 条件时，则 k_3 对 α 的影响很小，当砂砾石层的渗透系数很小时可忽略不计。总体认为，该方法不能测定的渗透系数，可参照已有抽水试验资料或由估值法确定，也可由公式估算。

2. 地下水水力坡降 J 的确定

水力坡降是表征地下水运动特征的主要参数，它一方面可以通过试验的方法确定，另一方面可以通过钻孔地下水水位的变化来确定。应用放射性同位素法测试砂砾石层渗透系数时，应测定与同位素测试试验同步的地下水水力坡降，以便计算测试含水层的渗透系数。

9.3 现场测试

测试时首先根据含水层埋深条件确定井孔结构和过滤器位置，选取施测段；然后用投源器将人工放射性同位素^{131}I投入测试段，适当搅拌使其均匀；接着用测试探头对标记段水柱的放射性同位素浓度进行测量。人工放射性同位素^{131}I为医药上使用的口服液，该同位素放射强度小、衰变周期短，因此，使用人工放射性同位素^{131}I进行水文地质参数测试不会对环境产生危害。

为了保证放射源能在每段被搅拌均匀，每个测试试验段长度一般取2m，每个测段设

置3个测点，每个测点的观测次数一般为5次。在半对数坐标纸上绘制稀释浓度与时间的关系曲线，若稀释浓度与时间的关系曲线为直线，说明测试试验是成功的。

9.4 工程应用实例

九龙河某水电站坝址区河床砂砾石层一般厚度为30～40m，最厚达45.5m。从层位分布和物质组成特征上，河床砂砾石层可分为三大岩组，即上部的Ⅰ岩组为河流冲积和洪水泥石流堆积的漂块石、碎石土混杂堆积形成的砂砾石层，中部的Ⅱ岩组为堰塞湖相的粉质黏土层，下部的Ⅲ岩组为河流冲积形成的砂砾石层。采用同位素示踪法对ZK331号钻孔进行渗透系数测试。ZK331钻孔河床砂砾石层物质组成见表9.4－1。

表9.4－1 ZK331钻孔河床砂砾石层物质组成

岩组	孔深/m	砂砾石层名称	物质组成
Ⅰ	0～5.6	含块碎石砂砾石层	块石为变质砂岩，占10%。砂砾石中粒径1～3cm的砾石占10%，粒径5～7cm的砾石占2%，其余为中粗砂
Ⅱ	5.6～20.5	粉质黏土层	呈青灰色及灰白色，中密状态，部分岩芯呈柱状，含有粒径0.3～1cm的少量砾石
Ⅲ	20.5～44.6	含碎石泥质砂砾石层	青灰色，碎石占30%～35%，未见砾石

按照测试要求，每个测点有5次读数，根据公式法每个测点可以计算4个渗透系数值，根据测试获取的$t-\ln N$半对数曲线应用斜率法可以获得1个渗透系数值。

9.4.1 计算参数的确定

根据渗透系数测试孔的结构特征、砂砾石层物质特征等条件，通过计算分析，流场畸变校正系数采用2.41。根据同期河水面水位测量结果，测试孔附近的同期河水面水力坡度J为6.92‰。

9.4.2 ZK331号钻孔渗透系数测试成果分析

(1) 孔深0～5.6m段。测试可靠性分析：该段为含块石砂砾石层，厚度为5.6m。完成了3.5m长度段5个试验点的测试。孔深4.0m处的$t-\ln N$半对数曲线如图9.4－1所示，曲线具有良好的线性特征，说明该段测试成果是可靠的。

孔深0～5.6m段砂砾石层测试成果见表9.4－2，计算得到的渗透系数为$3.151\times10^{-2}\sim1.69\times10^{-1}$cm/s，两种计算方法获得的测试结果比较接近。由砂砾石层物质组成特征的综合分析可知，该段同位素法获得的渗透系数是合理的。

表9.4－2 孔深0～5.6m段砂砾石层测试成果表

测点深度/m	公式法平均k_d/(cm/s)	拟合曲线斜率m	斜率法k_d/(cm/s)
2.00	1.504×10^{-1}	－31.174	1.691×10^{-1}
3.00	1.381×10^{-1}	－40.652	1.297×10^{-1}

续表

测点深度/m	公式法平均 k_d/(cm/s)	拟合曲线斜率 m	斜率法 k_d/(cm/s)
4.00	3.475×10^{-2}	−153.23	3.441×10^{-2}
4.50	9.026×10^{-2}	−59.578	8.849×10^{-2}
5.20	8.057×10^{-2}	−60.839	8.665×10^{-2}

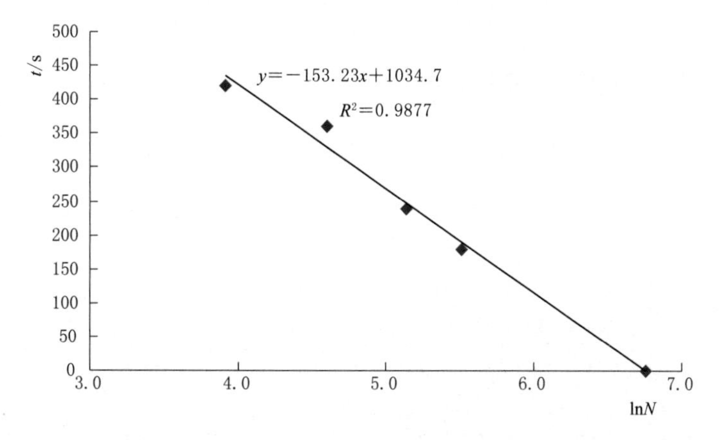

图 9.4-1 ZK331 孔深 4.0m 处的 $t-\ln N$ 曲线

(2) 孔深 5.6～20.5m 段。孔深 5.6～20.5m 段为粉质黏土层，透水性弱，根据其物质组成特征将其归为微透水，用放射性同位素示踪法很难获取该段的渗透系数，故未测试。

(3) 孔深 20.5～24.6m 段。测试可靠性分析：完成了 4 个试验点的测试。孔深 23m 处的 $t-\ln N$ 半对数曲线如图 9.4-2 所示，曲线具有较好的线性特征，说明测试成果是可靠的。

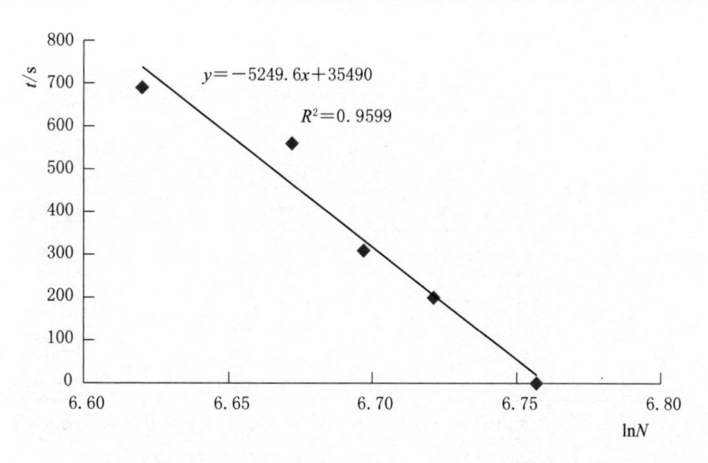

图 9.4-2 孔深 23m 处的 $t-\ln N$ 拟合曲线

孔深 20.5～24.6m 段的测试结果见表 9.4-3，渗透系数为 6.579×10^{-4}～1.316×10^{-3} cm/s，属于 10^{-4} cm/s≤k<10^{-2} cm/s 的范围，由砂砾石层物质组成特征的综合分析可知，该段测试成果是合理的。

表 9.4-3　孔深 20.5～24.6m 段的测试成果表

测点位置/m	公式法平均 k_d/(cm/s)	拟合曲线斜率 m	斜率法平均 k_d/(cm/s)
21.0	1.160×10^{-3}	4320.4	1.220×10^{-3}
22.0	7.464×10^{-4}	-6614.4	7.970×10^{-4}
23.0	0.950×10^{-3}	-5249.6	1.004×10^{-3}
24.0	0.997×10^{-3}	-4822.0	1.093×10^{-3}

9.4.3　渗透系数测试成果综合分析

通过对 ZK331 号钻孔河床砂砾石层各段渗透系数进行分析汇总，可得渗透系数测试综合成果，见表 9.4-4。

表 9.4-4　ZK331 号钻孔河床砂砾石层各段渗透系数测试综合成果

岩组	砂砾石层名称	孔深/m	公式法平均 k_d/(cm/s)	斜率法平均 k_d/(cm/s)
Ⅰ	含块碎石砂砾石层	0～5.6	9.882×10^{-2}	10.16×10^{-2}
Ⅱ	粉质黏土层	5.6～20.5	$<1\times10^{-5}$	$<1\times10^{-5}$
Ⅲ	含碎石泥质砂砾石层	20.5～24.6	9.634×10^{-4}	10.29×10^{-4}

9.4.4　渗透系数测试成果可靠性分析

根据《岩土工程试验监测手册》中不同试验状态下土体的渗透系数经验值和范围值见表 9.4-5、表 9.4-6，分析对比测试成果的可靠性。

表 9.4-5　不同颗粒组成物的渗透系数经验数值

土　类	土　层　颗　粒		渗透系数/(m/d)
	粒径/mm	所占比重/%	
粉砂	0.05～0.1	<70	1～5
细砂	0.1～0.25	>70	5～10
中砂	0.25～0.5	>50	10～25
粗砂	0.5～1.0	>50	25～50
极粗砂	1.0～2.0	>50	50～100
砾石夹砂			75～150
带粗砂的砾石			100～200
砾石			>200

注　此表数据为实验室中理想条件下获得的，当含水层夹泥量多，或颗粒不均匀系数大于 2～3 时，取小值。

从以上分析可以看出，砂砾石层渗透系数具有以下主要特征：

(1) 由于砂砾石层物质组成特征差异大，致使不同深度、不同层位的渗透系数差异大。孔深 0～5.6m 段的浅表层含块碎石砂砾石层的渗透系数较大，为 1.017×10^{-1}cm/s（斜率法平均值）；渗透系数小的是粉质黏土层，孔深 5.6～20.5m 段的粉质黏土层的渗透系数小于 1×10^{-5}cm/s；

表 9.4-6 土的渗透系数范围值

土类	渗透系数/(cm/s)	土类	渗透系数/(cm/s)
黏土	$<1.2\times10^{-6}$	细砂	$1.2\times10^{-3}\sim6.0\times10^{-2}$
粉质黏土	$1.2\times10^{-6}\sim6.0\times10^{-5}$	中砂	$2.4\times10^{-3}\sim2.4\times10^{-2}$
粉土	$6.0\times10^{-5}\sim6.0\times10^{-4}$	粗砂	$2.4\times10^{-2}\sim6.0\times10^{-2}$
黄土	$3.0\times10^{-4}\sim6.0\times10^{-4}$	砾石	$6.0\times10^{-2}\sim1.8\times10^{-1}$
粉砂	$6.0\times10^{-4}\sim1.2\times10^{-3}$		

（2）根据不同计算方法获得的渗透系数值结果，一些测试点由公式法和斜率法获得的砂砾石层渗透系数有差异。总体认为，公式法和斜率法获得的砂砾石层渗透系数大部分基本一致，说明采用同位素示踪法获取的砂砾石层水文地质参数资料是合理可靠的。

9.4.5 砂砾石层渗透系数合理取值

（1）砂砾石层各岩组的渗透系数分析。根据测试结果确定的砂砾石层渗透系数统计结果见表 9.4-7。

表 9.4-7 砂砾石层渗透系数统计结果

岩组	砂砾石层分类	渗透系数 k_d/(cm/s)			
		最大值	最小值	范围值	平均值
Ⅰ	（粗粒土）含块碎石砂砾石层	1.691×10^{-1}	2.177×10^{-2}	$2.177\times10^{-2}\sim1.691\times10^{-1}$	8.23×10^{-2}
Ⅱ	（细粒土）粉质黏土层	$<1\times10^{-5}$	$<1\times10^{-5}$	$<1\times10^{-5}$	$<1\times10^{-5}$
Ⅲ	（粗粒土）含碎石泥质砂砾石层	3.605×10^{-3}	3.90×10^{-4}	$3.90\times10^{-4}\sim3.605\times10^{-3}$	1.43×10^{-3}

注 渗透系数为斜率法计算值。

从表 9.4-7 统计结果可以看出，由于砂砾石层的物质组成、粒度特征差异大，不同砂砾石地层类型的渗透系数差异大。从物质组成特征与砂砾石层渗透系数测试结果看，两者之间具有很好的相关性。

（2）渗透系数等级划分。将测试结果与《水力发电工程地质勘察规范》（GB 50287—2016）中的砂砾石地层渗透性等级进行对比（表 9.4-8），以确定砂砾石层渗透性等级。

表 9.4-8 《水力发电工程地质勘察规范》（GB 50287—2016）地层渗透性分级表

渗透性等级	标 准		岩体特征	土类
	渗透系数 k/(cm/s)	透水率 q/Lu		
极微透水	$k<10^{-6}$	$q<0.1$	完整岩石，含等价开度<0.025mm 裂隙的岩体	黏土
微透水	$10^{-6}\leqslant k<10^{-5}$	$0.1\leqslant q<1$	含等价开度为 0.025～0.05mm 裂隙的岩体	黏土～粉土
弱透水	$10^{-5}\leqslant k<10^{-4}$	$1\leqslant q<10$	含等价开度为 0.05～0.1mm 裂隙的岩体	粉土～细粒土质砂
中等透水	$10^{-4}\leqslant k<10^{-2}$	$10\leqslant q<100$	含等价开度为 0.1～0.5mm 裂隙的岩体	砂～砂砾

续表

渗透性等级	标准		岩体特征	土类
	渗透系数 k/(cm/s)	透水率 q/Lu		
强透水	$10^{-2} \leqslant k < 1$	$q \geqslant 100$	含等价开度0.5～2.5mm裂隙的岩体	砂砾～砾石、卵石
极强透水	$k \geqslant 1$		含连通孔洞或等价开度＞2.5mm裂隙的岩体	粒径均匀的巨砾

表9.4－8根据砂砾石地层渗透系数的大小将砂砾石地层渗透性分为6级。该表渗透性分级标准主要考虑了土层的渗透系数和基岩的透水率指标，其中渗透系数是抽水试验获得的指标，透水率是压水试验获得的指标。

第 10 章

自由振荡法

10.1 试验方法及原理

20世纪90年代初，中国水电顾问集团成都勘测设计研究院（现中国电力建设集团成都勘测设计研究院有限公司）进行了相关方面的试验和研究，1994年完成了题为《自振法抽水试验与地下水长观监测系统》的“八五”国家科技攻关项目，其采用的是气压式激发水头的自由振荡法试验。该试验先后在锦屏、桐子林等水电站进行了生产试验的对比，取得了令人满意的成果。此外，岷江十里铺电站、安徽巢湖电厂、白鹤滩水电站等工程也应用了此方法，同样取得了成功。

广义的自由振荡法试验激发水头的方式还有注水式、抽水式等，其原理与气压式一样。相比气压式激发水头的方式，注水式则只需往孔内注入一定量的水就可以实现孔内的水头差，且需要的设备少，操作简单。故此注入式更加简便快捷。

10.1.1 基本概念

自由振荡法试验即通过一定激发手段使得孔内水位发生瞬时变化，在水头差的作用下，钻孔中水位逐渐恢复到静止状态，测量水位随时间的变化，获得水位-时间响应数据，利用响应数据来确定含水层的渗透系数，这一过程就叫作自由振荡法试验。

试验装置主要包括3个系统：水头激发系统、探测系统、数据采集系统，见图10.1-1。自由振荡法试验主要包括3个过程：①钻孔水位发生瞬时变化；②获得水位-时间数据；③依据相关理论，推导出地层渗透系数。

10.1.2 地层适用条件

自由振荡法试验受水头激发方式的限制，其影响的半径相对常规的抽、注水试验较小，因此，要求自由振荡法试验中影响半径内的地层能够代表整个地层的基本渗透特性。对于潜水层要求其为均质且各向异性的多孔介质，符合定水头有限直径圆岛形的边界条件，同时要求忽略含水介质的弹性储水效应。对于承压含水层的要求为：含水层等厚，含水层顶板及底板隔水，含水层均质，承压含水层各向同性。

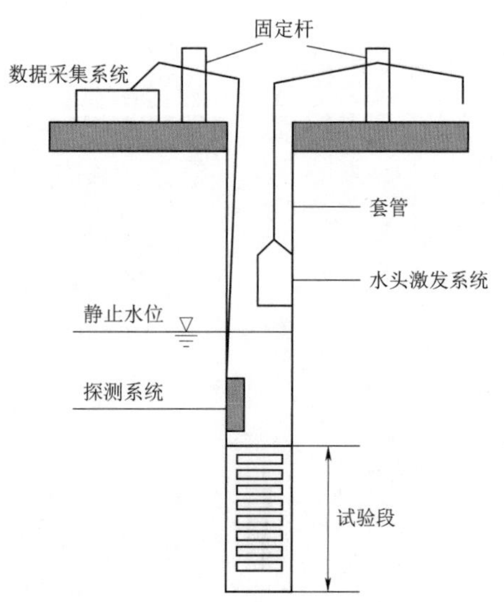

图10.1-1 自由振荡法试验仪器装置简图

10.1.3 基本原理

在砂砾石层钻孔中利用自振法测定含水层的

渗透系数是将钻孔内的水体及其相邻含水层一定范围内的水体视为一个系统，向该系统施加一瞬时压力，再突然释放，系统失去平衡，水体开始振荡，测量和分析这个振荡过程，就是自振法试验研究的内容。振荡过程可用以下振荡方程来表述：

$$\frac{d^2W_t}{dt^2}+2\beta\omega_w\frac{dW_t}{dt}+\omega_w^2W_t=0 \tag{10.1-1}$$

该振荡方程有两种解：

$\beta\geqslant1$ 时：
$$W_t=W_0e^{-\omega_w(\beta-\sqrt{\beta^2-1})t} \tag{10.1-2}$$

$\beta<1$ 时：
$$W_t=W_0e^{-\beta\omega_wt}\cos(\omega_w\sqrt{1-\beta^2}t) \tag{10.1-3}$$

式（10.1-2）为指数振荡，式（10.1-3）为周期性的指数振荡。相应的水位恢复也有两种方式：式（10.1-2）表明水位随时间的推移而趋向稳定；式（10.1-3）表明水位呈周期性振荡，且随时间的推移而趋向稳定。通过求解这个振荡方程建立起阻尼系数 β 与含水层的渗透系数 k 和固有频率 ω_w 的关系，即可计算含水层的渗透系数。

10.2　试验要求

（1）钻进工艺与质量：试验孔应采用清水钻进，试验段的管径应保持一致，孔壁尽量保证规则。

（2）试验段止水：在砂砾石层中进行自振法试验一般利用套管止水分段。

（3）过滤器安装：过滤器安装要求与常规抽水试验相同，可不填过滤料。

10.3　试验设备

（1）密封器。是对钻孔孔口进行密封加压的装置。现场测试中除加压外，压力传感器及限位器都需通过密封器放入钻孔中。密封器应设置进气孔、卸压阀、电缆密封孔等。

（2）压力传感器。是用来测量释放压力后钻孔中水位变化值的装置，应确保其灵敏度高，稳定性好，分辨率至少应达到 1cm，量程可选用 0.1MPa。

（3）二次仪表。应具备精度高、稳定性好，二次仪表中水位和时间的采样应同步，时间精度为 1ms，应能及时记录和打印水位变化与时间关系的历时曲线。

（4）气泵。为适应野外使用，容量不宜太大，宜采用气压约 0.8MPa 的小型高压气泵。

（5）限位器。由自控开关和两个电磁阀组成，用以控制激发水位（即 W_0 值），即当钻孔中水位下降至 W_0 值时，自控开关的进气阀自动关闭，排气阀自动打开。为确保试验的准确性，试验时应使用限位器。

10.4 试验步骤

（1）试验前的准备工作。应包括洗孔、下置过滤器或栓塞隔离试段、静止水位测量、设备安装及量测等步骤，各项工作要求与常规抽水试验和常规压水试验相同。

（2）压力传感器定位。将压力传感器通过密封器放入钻孔中地下水水位以下2～3m处。若放置得太浅，在加压过程中压力传感器易露出水面；若放置得太深，会影响压力传感器测试的分辨率。

（3）限位器放置。将限位器的浮子部分通过密封器放入钻孔中地下水水位以下W_0值处。向钻孔施压后，W_0值宜控制在0.5m。

（4）系统施压泄压。用气泵向钻孔中充气，使地下水水位下降。当水位下降至W_0值时，自控开关的进气阀自动关闭，排气阀自动开启。泄压后，钻孔中水位开始振荡上升，最终恢复至稳定水位。

（5）试验资料记录。试验前，详细记录试验段含水层特征、试验设备及安装等内容；试验开始时，由仪器记录加压后水位下降，泄压后系统振荡，直至水位恢复到稳定为止的孔内压力变化的全过程。每段试验的测量和记录宜重复3～5次。试验完毕后及时检查资料的准确性和完整性，以确保试验资料的可靠性。

10.5 资料整理

在抽水试验过程中，及时绘制抽水孔的降深-涌水量曲线、降深历时曲线、涌水量历时曲线和观测孔的降深历时曲线，检查有无反常现象，发现问题应及时纠正，同时也为室内资料整理打下基础。

10.6 渗透系数计算

（1）用式（10.6-1）计算振荡体在无阻尼状态下自振时的固有频率：

$$\omega_w=(g/H)^{1/2} \tag{10.6-1}$$

式中：g为重力加速度，m/s^2；H为承压水头高度或潜水高出试段顶的高度，m；ω_w为系统的固有频率，1/s，其值只与钻孔中试段顶板以上水柱高度有关，对每段试验而言，ω_w为一常数。

（2）根据自振法试验的振荡波形，确定振荡曲线的类型，即$\beta\geqslant 1$型或$\beta<1$型。

（3）当$\beta\geqslant 1$时，计算出$\lg(W_t/W_0)-t$曲线的斜率m值。将式（10.1-2）线性化并化简后可知，m为$\lg(W_t/W_0)-t$直线的斜率，m值在理论上应为一个常数，但试验数据计算出的m值并不总是一个常数，这是因为在停止向孔内加压后，泄压的前一段时间内，孔内气压不可能突变为0，此时压力传感器测得的压力值是气压与水压的叠加值。随着时间的增加，当气压与大气压相等时，孔内水位则按指数规律振荡，此时段后的m值从理论上说应是一常数。大量的试验资料证明，此时段后的m值在较小范围内变化。整理资

料时应选用 m 值变化较小时间段内的数据进行计算，得出平均的 m 值。

用下式计算振荡时介质对水由于摩擦力所产生的阻尼系数：

$$\beta=-\frac{0.215\omega_{w}^{2}+1.16m^{2}}{m\omega_{w}} \tag{10.6-2}$$

式中：β 为阻尼系数；m 为 $\lg(W_t/W_0)-t$ 直线的斜率，其中 W_t 为振荡时钻孔中水位随时间的变化值，m；W_0 为激发时产生的地下水水位最大下降值，m。

阻尼系数 β 与含水层的水文地质特性密切相关，反映水体在砂砾石层含水层流动时的阻尼特性，它与含水层渗透系数成反比。

（4）当 $\beta<1$ 时，不能用一般的代数法求解，使用试算法通过计算机计算效果较好。式（10.1-3）经变化后得

$$\frac{W_t}{W_0}e^{\beta\omega_w t}=\cos(\omega_w\sqrt{1-\beta^2}\,t) \tag{10.6-3}$$

式中只有 β 是未知数，由于前提条件是 $\beta<1$，故可通过试算法求得使等式左右两边相等的 β 值。

（5）用下式计算含水层的渗透系数：

$$k=\frac{\pi r^2(1-\mu)\omega_w}{2\beta l} \tag{10.6-4}$$

式中：k 为含水层的渗透系数，m/s；l 为试验段长度，m；r 为钻孔半径，m；μ 为含水层的贮水系数或给水度；其余符号意义同前。

砂砾石层等潜水含水层的给水度可从表 10.6-1 中查得其经验值。

表 10.6-1　　各类砂砾石地层给水度经验值

砂砾石地层名称	给水度 μ	砂砾石地层名称	给水度 μ
卵砾石	0.35～0.30	亚砂土	0.10～0.07
粗砂	0.30～0.25	亚黏土	0.07～0.04
中砂	0.25～0.20	粉砂与亚砂土	0.15～0.1
细砂	0.20～0.15	细砂与泥质砂	0.2～0.15
极细砂	0.15～0.10	粗砂及砾石砂	0.35～0.25

10.7　工程应用实例

山西某引黄工程三级泵站位于阶地上，地面高程约 1222.00m。钻孔揭露的地层上部为 Q_4 冲洪积砂卵砾石层，厚度为 3.3～7.9m；下部为 Q_3 砂卵砾石层，厚度为 5.1～9.0m。下伏基岩为条带状泥质灰岩。

自振法试验时地下水水位为 1219.96m，含水层厚度为 13.20m。钻孔开孔孔径为 203.2mm，终孔孔径为 130mm，砂卵砾石层采用管钻法套管护壁，下入长 1.7m。试验设备主要包括密封器、压力传感器、二次仪表、气泵、限位器、止水栓塞等（图 10.7-1）。

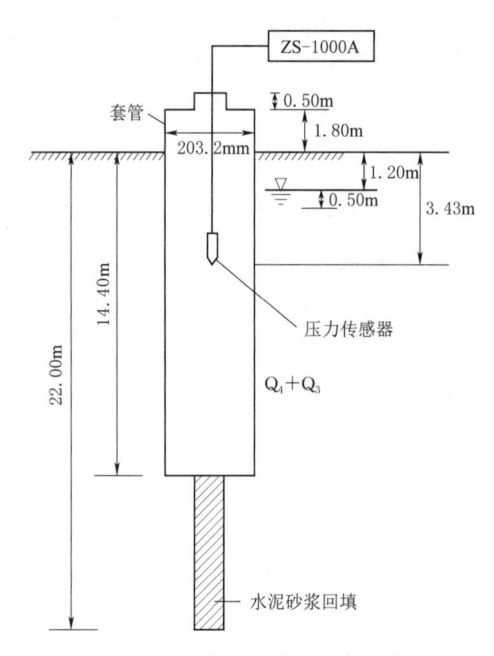

图 10.7-1　自振法试验设备示意图

试验主要步骤如下：

(1) 用过滤器和止水栓塞等对选定试段进行隔离。

(2) 将压力传感器通过密封器放入钻孔中地下水水位以下 2～3m。

(3) 激发：用气泵向钻孔内充气，对地下水水面施加一个压力，使地下水水位下降，然后突然释放，使含水层水体产生振荡。

(4) 测量：为保证资料的准确性，测量记录须从加压开始，要记录水位下降至水位恢复直至稳定为止，以便计算水文地质参数。该项工作由钻孔水文地质综合测试仪自动完成。

自振法试验抽水段孔深为 1.20～14.40m，按曲线计算出的渗透系数为 50m/d，即 5.788×10^{-2}cm/s，为中等～强透水性。

钻孔自振法试验成果见表 10.7-1、表 10.7-2 和图 10.7-2。

表 10.7-1　钻孔自振法试验综合表

H/m	T (h: min: s)	W_t/W_0	$\lg(W_t/W_0)$	t/s
−1.20	16: 31: 33*			
−1.03	16: 31: 34	0.8583	−0.06634	1
−0.55	16: 31: 35	0.4583	−0.33880	2
−0.91	16: 31: 36	0.7583	−0.12010	3
−0.84	16: 31: 37	0.7000	−0.15490	4
−0.57	16: 31: 38	0.4750	−0.32330	5
−0.49	16: 31: 39	0.4083	−0.38900	6

* 表示试验起始时刻。

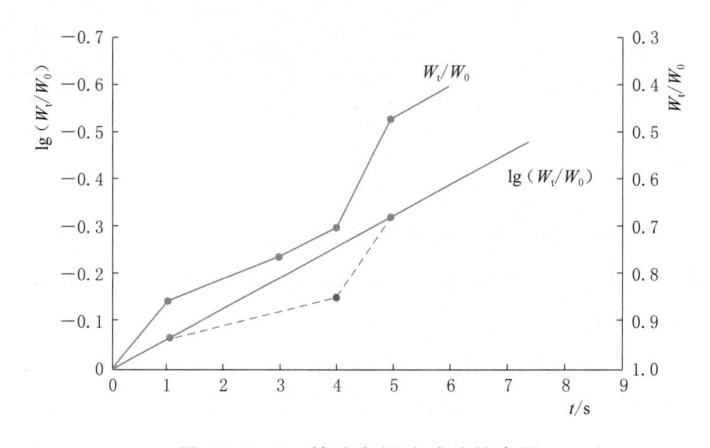

图 10.7-2　钻孔自振法试验综合图

表 10.7-2 计算参数表

参　数	参数值	参　数	参数值	参　数	参数值
H_0/m	0.500	m	0.1488	k/(cm/s)	0.05788
g/(m/s^2)	9.810	μ	0.35～0.30	k/(m/d)	50.0
ω_w/(1/s)	4.420	β	6.440	π	3.1416
L/m	0.1015	d/m	13.20		

第 11 章

探地雷达法

探地雷达法（ground penetrating radar，GPR）是一种用于探测地下（或周围）介质分布的广谱（1MHz～1GHz）电磁技术，它利用高频电磁脉冲波以宽频带短脉冲形式，由地面通过发射天线送入地下，经地下地层或目标体反射后返回地面，被接收天线所接收，根据接收到的反射波来分析判断反射界面或目标体。

11.1 基本原理

根据麦克斯韦方程描述的电磁场的传播规律，在谐波情况下，可求出 E、H 满足的波动方程：

$$\left.\begin{aligned}\nabla^2 E+\omega^2\mu\varepsilon\left(1-i\frac{\sigma}{\omega\varepsilon}\right)E=0\\ \nabla^2 H+\omega^2\mu\varepsilon\left(1-i\frac{\sigma}{\omega\varepsilon}\right)H=0\end{aligned}\right\} \tag{11.1-1}$$

或简写成：

$$\left.\begin{aligned}\nabla^2 E+k^2E=0\\ \nabla^2 H+k^2H=0\end{aligned}\right\} \tag{11.1-2}$$

式中：k 为波动系数，简称波数；E 为电场强度；H 为磁场强度；σ 为电流密度；ω 为电荷密度；ε 为介电常数。

在均匀无限介质中，电磁波在介质中传播可近似为均匀平面波，考虑低耗介质极限情况：$\frac{\sigma}{\omega\varepsilon}\ll 1$ 时，$\alpha\approx\omega\sqrt{\mu\varepsilon}$，则介质中电磁波速度为

$$v=\frac{1}{\sqrt{\mu_0\varepsilon_r\varepsilon_0}}=\frac{c}{\sqrt{\varepsilon_r}} \tag{11.1-3}$$

式中：c 为真空中的电磁波传播速度；μ_0 为真空磁电率，$\mu_0=1.26\times10^{-6}$H/m；ε_0 为真空介电常数，$\varepsilon_0=8.85\times10^{-2}$F/m；$\varepsilon_r$ 为界面相对介电常数。

电磁波在传播过程中，遇到不同的波阻抗（Z_w）界面时将产生反射波和透射波。对于非磁性介质，在电磁波垂直入射情况下，电磁波反射系数为

$$R=\frac{\sqrt{\varepsilon_{r1}}-\sqrt{\varepsilon_{r2}}}{\sqrt{\varepsilon_{r1}}+\sqrt{\varepsilon_{r2}}} \tag{11.1-4}$$

式中：ε_{r1} 和 ε_{r2} 分别为反射界面两侧的相对介电常数。

由于探地雷达一般采用窄角反射法，其发射天线与接收天线的间距较小，基本满足垂直入射与垂直反射条件。

11.2 砂砾石地层的电磁参数

砂砾石地层是由各种不同成分组成的复杂体系。它的介电常数与构成砂砾石地层的固体、液体、气体的成分和相对百分比有关。常见介质的电磁参数见表11.2-1。

表11.2-1 常见介质电磁参数一览表

介质	电导率/(S/m)	相对介电常数/(F/m)	电磁波速度/(m/s)	反射系数
砂（干）	10^{-7}～10^{-3}	4～6	0.15	0.01
砂（湿）	10^{-4}～10^{-2}	30	0.06	0.03～3
黏土（湿）	10^{-1}～10^{2}	8～12	0.06	1～300
土壤	5×10^{-2}～1.4×10^{-1}	2.6～15		20～30
冰		3.2	0.12～0.18	0.01
纯水	10^{-4}～3×10^{-2}	81	0.033	0.1
海水	4	81	0.01	1000
空气	0	1	0.3	0

11.3 探测方式与要求

探地雷达根据任务和条件不同可以选择反射法、折射法和透射法的测量方式。反射法包括剖面法、宽角法；透射法主要用于两孔之间的探测。

11.3.1 反射测量方式

目前常用的双天线探地雷达测量方式主要有两种：剖面法和宽角法。

（1）剖面法。剖面法是发射天线（T）和接收天线（R）以固定间距沿测线同步移动的一种测量方式（图11.3-1）。

（2）宽角法或共中心点法。当一个天线固定在地面某一点上不动，而另一个天线沿测线移动，记录地下各个不同界面反射波的双程走时，这种测量方式称为宽角法。在保持中心点位置不变的情况下，不断改变两个天线之间的距离，记录反射波双程走时，这种方法称为共中心点法[图11.3-2（c）]；发射天线不动，而接收天线移动，则为共深度点测量[图11.3-2（a）、（b）]。

11.3.2 折射测量方式

探地雷达的折射测量方法实际上是宽角测量的一种形式，是近年发展起来的一种测量方式，类似于折射地震勘探。探地雷达折射测量方式必须具备以下两个条件：

（1）雷达波的入射角足够大，或发射天线和接收天线的距离足够大。

（2）雷达波在下伏地层（或介质）中的传播速度大于上覆介质的速度。

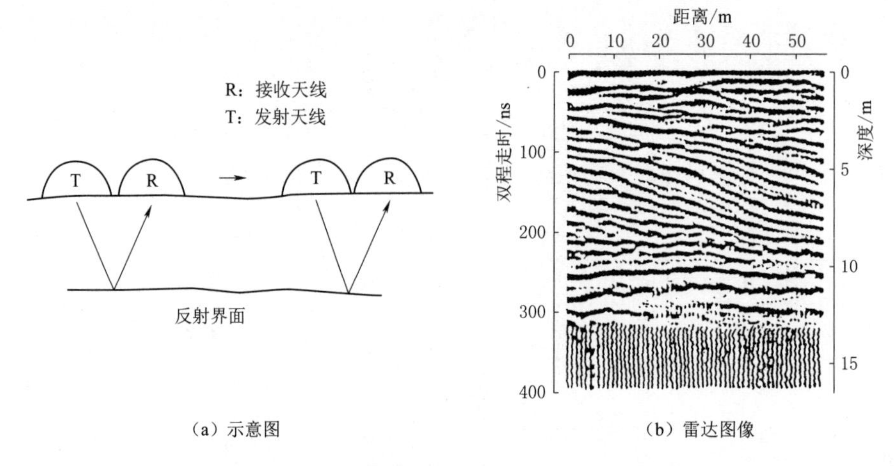

图 11.3-1 剖面法示意图及其雷达图像剖面

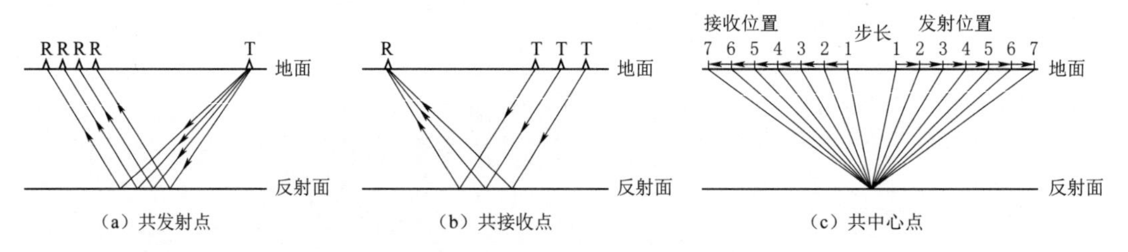

图 11.3-2 共中心和共深度观测方式示意图

11.3.3 透射测量方式

透射测量方法主要测量雷达波透过目标体后的电磁信号。这种测量方式广泛应用于井中雷达 CT 探测。

11.3.4 测量要求

测量参数选择合适与否关系到探测的效果，观测参数包括天线中心频率、时窗、采样率、测量点距与发射、接收天线间距。

(1) 天线中心频率。一般来说，在满足分辨率且场地条件又许可时，应该尽量使用中心频率较低的天线。天线中心频率可由下式初步选定：

$$f_c > \frac{75}{x\sqrt{\varepsilon_r}} \tag{11.3-1}$$

式中：f_c 为天线中心频率，MHz；ε_r 为围岩相对介电常数；x 为预设的相邻检波器的道间距，m。

(2) 时窗。时窗大小主要取决于最大探测深度 h_{max}（单位：m）与地层电磁波速度 v（单位：m/ns）。时窗 W（单位：ns）可由下式估算：

$$\{W\} = 1.3\frac{2\{h_{max}\}}{\{v\}} \tag{11.3-2}$$

（3）采样率。采样率由奈奎斯特采样定律控制，即采样率至少应达到记录的反射波中最高频率的 2 倍。当天线中心频率为 f_c，则采样率 Δt（单位：ms）：

$$\{\Delta t\}=\frac{1000}{6\{f_c\}} \tag{11.3-3}$$

（4）测量点距。在离散测量时，测量点距选择取决于天线中心频率与地下介质的介电特性。为确保地下介质的响应在空间上不重叠，亦应遵循奈奎斯特定律，测量点距 n_x（单位：m）应为围岩中波长的 1/4，即

$$\{n_x\}=\frac{75}{\{f_c\}\sqrt{\varepsilon_r}} \tag{11.3-4}$$

（5）天线间距。偶极天线在临界角方向的增益最强，天线间距 S 的选择应使最深目标体相对接收与发射天线的张角为临界角的 2 倍，即

$$S=\frac{2D_{max}}{\sqrt{\varepsilon_r-1}} \tag{11.3-5}$$

式中：D_{max} 为目标体最大深度，m。

（6）天线的极化方向。天线的极化方向或偶极天线的取向是目标体探测的一个重要方面，通过不同极化方向的雷达波探测，不仅可以确定目标体的形状，而且可研究目标体的性质。

11.4　应用条件与范围

11.4.1　应用条件

（1）测区地形相对平缓，易于行人通行，无障碍。

（2）探测对象与围岩之间应存在明显电性差异，且电性稳定。

（3）探测对象与埋深相比应具有一定规模，埋深不宜过深。探测目标体的厚度应大于探测时所用电磁波在围岩状态中有效波长的 1/4；当要区分两个水平相邻的探测对象时，其探测对象间的最小水平距离应大于第一菲涅尔带直径。

（4）不能探测极高电导屏蔽层（如淤泥、湿性黏土、钢筋网等）下的目标体或地层。

（5）测区内不能有大范围的金属构件或无线电射频源等较强的人工电磁干扰。

（6）孔内或孔间探测时，钻孔应无金属套管。

11.4.2　应用范围

（1）剖面法主要用于浅层覆盖层分层，探测喀斯特、构造破碎带、地质灾害（滑坡、塌陷等）、堤坝隐患、管线，以及隧道施工掌子面超前预报等；也可用于公路施工质量、地下洞室围岩混凝土衬砌方面的质量检查。

（2）透射法主要用于孔间探测或板状、柱状等混凝土构件施工质量检查。

（3）宽角法用于估算介质的电磁波传播速度，确定反射面深度。

（4）折射法目前应用较少，其主要技术尚不成熟，处于探索应用阶段。

11.4.3 探测深度及分辨率

（1）探测深度。探地雷达的有效探测深度受两方面因素影响，其一是探地雷达系统的增益指数或动态范围；其二是介质吸收造成的能量衰减，介质的电导性越好，探测深度越小。天线中心频率与探测深度对应关系见表 11.4－1。

表 11.4－1　天线中心频率与探测深度对应关系

序号	中心频率/MHz	深度/m	序号	中心频率/MHz	深度/m
1	1000	0.5	5	50	10.0
2	500	1.0	6	25	30.0
3	200	2.0	7	10	50.0
4	100	7.0			

（2）探测分辨率。

1）理论计算，当地层厚度 b 超过 $\lambda/4$ 时，一般把地层厚度 $b=\lambda/4$ 作为垂直分辨率的下限；当地层厚度 $b<\lambda/4$ 时，复合反射波形变化很小，其振幅与地层厚度呈正比关系。实际工作中，探地雷达垂向分辨率通常取探测深度的 1/10 或波长的 1 倍。

2）雷达剖面的横向分辨率通常可用菲涅尔带加以说明。根据波的干涉原理，法线反射波与第一菲涅尔带外线的反射波的光程相差 $\lambda/2$（双程光路），反射波之间发生相长性干涉，振幅增强。设反射界面的埋深为 h，发射、接收天线的距离远远小于 h 时，可用第一菲涅尔带半径 r_f 表示横向分辨率：

$$r_f=\sqrt{\lambda h/2} \tag{11.4-1}$$

式中，λ 为雷达子波的波长；h 为异常体的埋藏深度。

11.5 数据处理与成果图件

11.5.1 数据处理

探地雷达数据处理流程一般包括以下三方面：

（1）数据编辑。包括数据的连接，废道的剔除，数据观测方向的一致化、漂移处理等。

（2）数据处理。包括数字滤波、振幅处理、道内均衡、道间均衡、反褶积和偏移等。

（3）图像处理。选取合适的雷达波速度，将时间剖面雷达图像转换为深度剖面雷达图像，分析与判读反射层。

11.5.2 成果解释

探地雷达的成果解释分为定性解释和定量解释，应结合地质资料进行综合分析与解释。定性解释通过判读雷达图像，根据反射波同相轴形态及强度、频率、相位等特征，识别与筛选目标地质体或地层雷达反射信号。定量解释是根据雷达反射波同相轴形态、位置，分析计算地质体或地层的埋深、规模及形态，判断其性质，确定其产状。

探地雷达成果应绘制测线布置图、剖面成果解释图和平面成果图。

11.6 工程应用实例

西藏林芝尼洋河多布水电站施工过程中，在左岸挡墙及边坡附近出现多处地面塌陷，其中最明显一处呈直径约为4m、深约4m的圆柱状坑，为电站的施工和运行带来安全隐患，采用探地雷达技术，共完成14条探地雷达剖面，测试长度共2717m，完成野外勘测工作。

11.6.1 基本地质条件

坝址区左岸高程3120m以下为一堆积台地，原始台面高程3070～3110m，台地宽700～1030m，长约1.5km。台面整体上游高、下游低。台面上地势起伏较大，主要为小的山包和小冲沟组成，向下游逐渐变平缓。沿公路及在多布村公路以内，整体较平坦，原为多布村耕地。开挖后形成厂房基坑，最低高程3030m左右。

左岸边坡覆盖层以第四系（Q）地层为主，该地层主要有冲积、洪积、崩坡积等成因类型，沉积时代自Q_2早期至Q_4等均有分布，这些不同成因类型、不同沉积时代的堆积物，根据覆盖层颗粒级配、粒径大小和物质组成，将坝址区覆盖层宏观上划分为14个岩层（组）。钻探和物探表明，左岸台地覆盖层最大厚度359.3m。经现场踏勘，左岸边坡冲沟上游侧覆盖层以砂卵砾石为主，下游侧以细砂为主，细砂表层干燥，接地条件差。

左岸边坡高程3049～3080m，坡顶紧邻公路，坡脚为挡墙，挡墙已部分施工，临挡墙两侧为两条施工便道，部分便道已浇注混凝土。从坡脚向右岸方向延伸空间狭小，地形起伏很大。顺等高线方向具有一定的延侧伸空间，遍布电缆、导水管。泄洪闸、厂房等重要建筑物正在开挖、浇注，基底起自3030m高程，整个现场呈现一巨大漏斗状。下游围堰以内出现河水倒灌形成的蓄水区。总之，测区空间狭小，起伏剧烈，干扰众多，为物探测线的布置、信号采集带来诸多困难。

11.6.2 塌陷坑描述

在基坑开挖施工过程中，坝下左岸河床及边坡局部出现下陷坑5处。

1号坑位于左岸岸坡高程3054～3058m之间，宽约4m，底部凹陷约1m，见图11.6-1（a）；2号坑位于左岸挡墙与岸坡坡脚之间，在所有塌坑之中最为明显，呈直径约4m、深5m的圆柱状深坑，测试期间不断下陷，见图11.6-1（b）。

3号坑和4号坑位于出水口左挡墙基础坡面，塌陷明显。此处坡度较大，3号坑较高，4号坑较低，两坑间距5m。3号坑平面呈不规则椭圆形，尺寸约6m×11m，深约1m；4号坑平面约呈梯形，尺寸约4m×3.5m，深约1.5m。砂层边坡塌陷形态见图11.6-2。5号坑位于上游左岸冲沟至配电盘连线处，该坑塌陷面积小，平面直径2m，深1m的碗状坑，该坑附近朝向岸坡5m处有砂层垮塌，塌陷形态见图11.6-3。

(a) 1号坑

(b) 2号坑

图 11.6-1 砂层边坡塌陷形态图

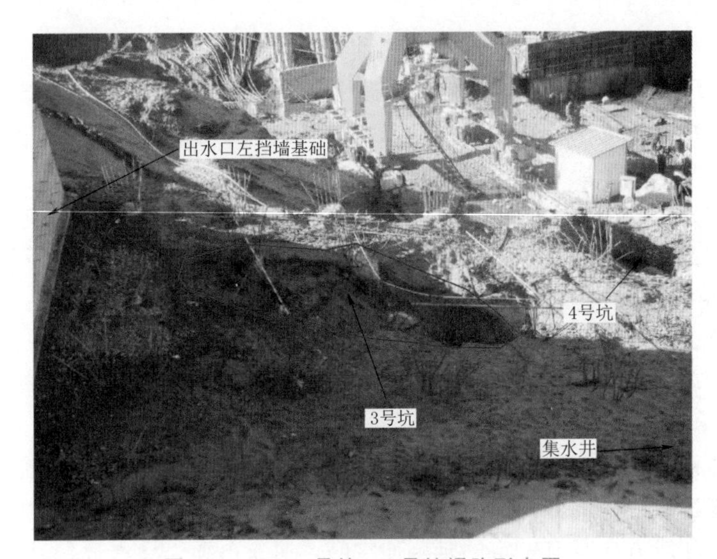

图 11.6-2 3号坑、4号坑塌陷形态图

图 11.6-3 5号坑塌陷形态图

11.6.3　工作方法

（1）技术参数。本次探测采用探地雷达法。探地雷达采用 100MHz 天线，20cm 点距共偏移距采集方式，在保证有效波形完整、连续，同时兼顾观测精度的前提下，合理选取采样率、记录长度等参数。

（2）工作布置。本次探测布置探地雷达法剖面 14 条，位于左岸坝下河床、左岸岸坡、厂房和集水井四周、施工便道等处，另对 2 号坑所在平台及 3 号坑、4 号坑附近做网格状布置；布置高密度电法剖面 7 条，位置主要集中在左岸岸坡、左岸坝下河床。各测线桩号安排按统一原则，即上游、岸坡顶为小桩号，下游、坡脚为大桩号。主要测线位置示意图见图 11.6－4。

图 11.6－4　主要测线位置示意图

11.6.4　探测仪器设备

探地雷达测试仪器使用美国 SIR－3000 型雷达仪，高密度电法采用国产 WDA－1B 数字直流电法仪。两仪器工作期间均在检定的有效期内。

SIR－3000 是美国 GSSI 公司继 SIR－20 之后开发的最新的、轻便而又高效的全数字化探地雷达系统，是目前国内外先进的浅层电磁法勘探仪器之一。和其他多道探地雷达系统相比，该系统采用单道采集方式，在数据质量方面，大大地压制了噪声干扰，提高了信号的信噪比。

WDA－1B 数字直流电法仪相关参数如下：

（1）电压通道测量精度：当 $V_p \geqslant 5mV$ 时，±0.2%±1 个字；当 $0.1mV \leqslant V_p < 5mV$ 时，±1%±1 个字。

（2）电流通道测量精度：当 $I_p \geqslant 5mA$ 时，±0.2%±1 个字；当 $0.1mA \leqslant I_p < 5mA$ 时，±1%±1 个字。

（3）输入阻抗：大于 50MΩ。

（4）视极化率测量范围：±1%±1 个字。

（5）S_p 补偿范围：±10V。

（6）50Hz 工频干扰（共模与差模干扰）压制：优于 80dB。

11.6.5 资料整理与解释方法

应用 SIR-3000 系统提供的 RADAN6 软件进行探地雷达资料处理。野外采集的探地雷达数据经信息预编辑、反褶积、一维频率滤波、偏移归位、静态校正等一系列处理后形成电磁波时间域图像。通过对图像的判别，确定出异常图像，并分析造成图像异常的原因，剔除电线塔、地下管线、人为移动不均匀等干扰因素。图 11.6-5 是正常地层形成的探地雷达典型图像。从图中可以看出，深部雷达信号均匀衰减，无二次强反射信号，同相轴连续，表明探测范围内地层结构均匀密实，无裂隙等不良构造。反之，如果电磁波遇到地下含水层媒质时，反射波具有低频高振幅的特征，随深度增加，能量逐渐减弱，外形呈条带状分布；反射波相位相反，在剖面图上能够连续追踪；当电磁波穿透含水层时，高频成分衰减较快，脉冲周期明显偏大。

图 11.6-5 正常地层的雷达图像

（1）D2 测线。在本测线探地雷达探测成果图上，在集水箱及下游侧处，电磁反射信号较为强烈，说明地下含水量较大，见图 11.6-6。

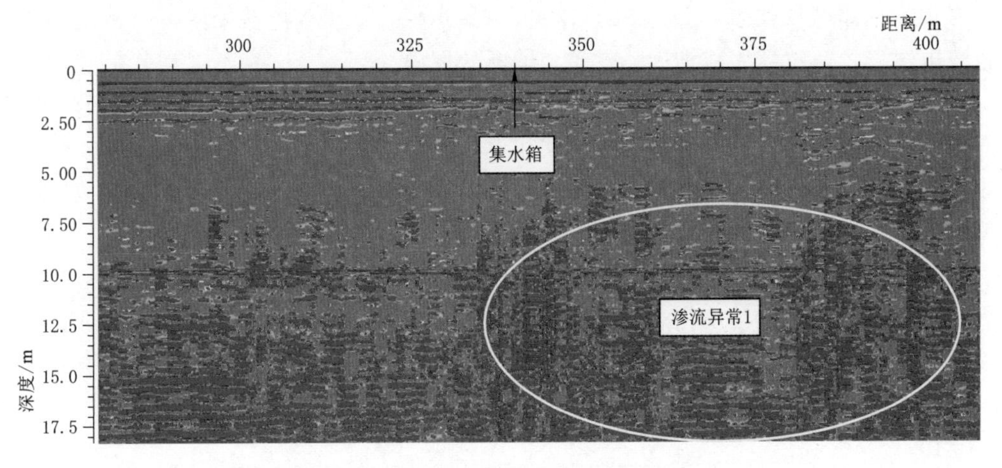

图 11.6-6 D2 测线 280～408m 雷达法勘探成果

（2）D3 测线。此测线 174m 处的探地雷达成果（R3 测线的桩号 180～250m）也表明附近有明显的地下水反映（图 11.6－7）。

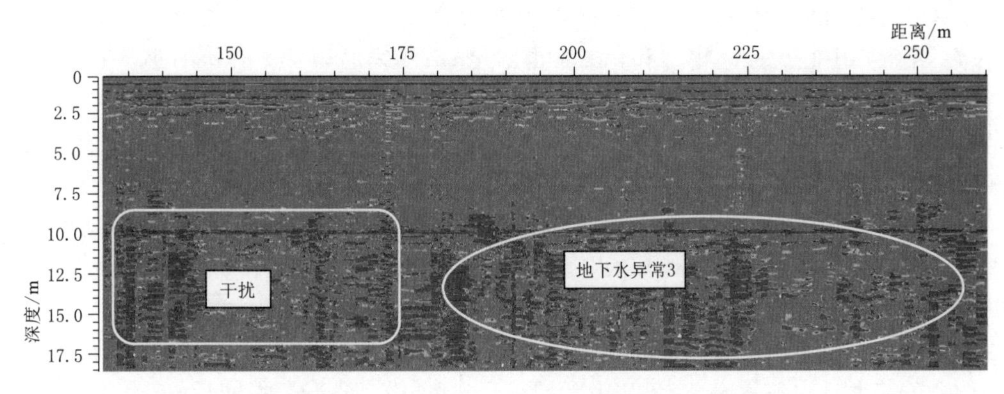

图 11.6－7　D3 测线 100～260m 探地雷达成果图

（3）D4 测线。D4 测线布置于 2 号坑与出水口左挡墙基础左侧之间，探地雷达勘探成果见图 11.6－8。

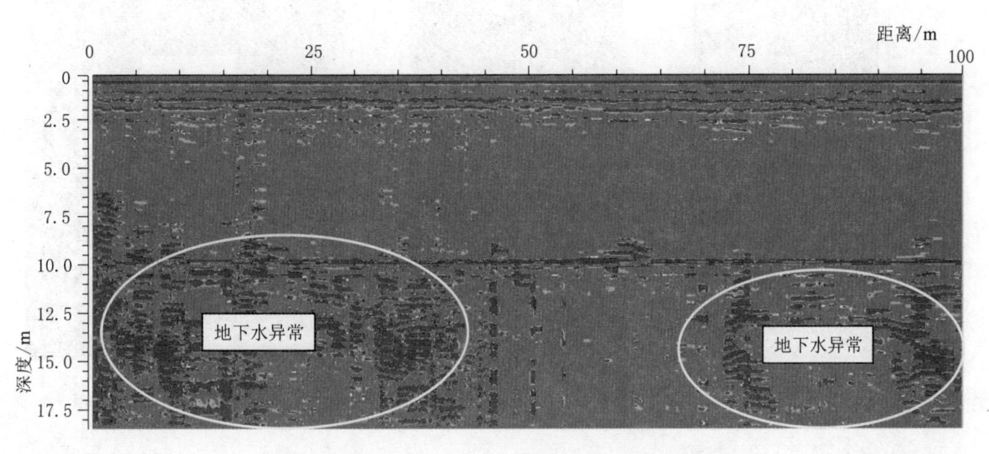

图 11.6－8　D4 测线探地雷达探测成果图

雷达图像显示，在桩号 0～40m 和 75～100m 范围内存在地下水电磁反射信号，由此可知 2 号坑出水流向 D4 测线的 0～40m。

（4）D5 测线。D5 测线布置于出水口左挡墙基础右侧，探地雷达勘探成果见图 11.6－9。成果表明，在 0～25m 范围内有明显的地下水反映，此范围正好包括了 3 号坑和 4 号坑所在位置，超过 25m 后地下水反映信号不再

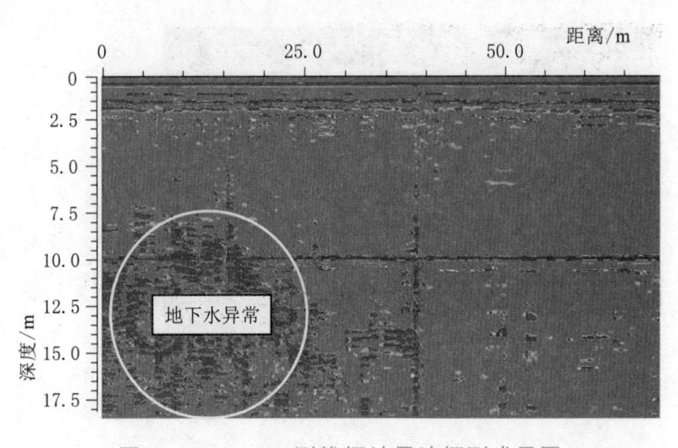

图 11.6－9　D5 测线探地雷达探测成果图

明显，由此可以推断出地下水横穿左挡墙基础靠下游部分水量较小。

联系D2、D4测线中关于集水箱主要积水呈垂直下注的特点，D2测线集水箱处正下方富水区中心高程为3053.2m，比本测线地表高2.6m，同时D2测线与本测线平距39.5m。异常4中心高程3047.6m，异常范围比D2测线的异常1有所缩小，考虑到流水损失因素，由此推测水箱的主要漏水从本测线的异常4处流出的可能性较大。观察异常3，此范围比异常4大得多，其中心高程为3045.0m，测区下游处蓄水区水位线高程为3049.9m，二者形成近5m的高差。综合各种因素分析，异常4主要来水为下游处的地下水。

（5）3号、4号坑探测成果。3号坑与4号坑基本连通，塌陷面积较大，在此处探地雷达测线按网格状布置。雷达勘探成果见图11.6-10。勘探成果表明，3号、4号坑下方及其附近流水迹象明显，影响范围几乎包括了出水口左挡墙基础边坡全部，靠近左岸处影响相对更重。水流通道埋深与地形相吻合，3号坑处略深，约为7～10m，4号坑处略浅，约为5～6m。两坑水通道高程3029～3032m。出水口左挡墙基础边坡施工面积不大，塌陷及其影响区域已占据相当比例，故建议按全面积处理。

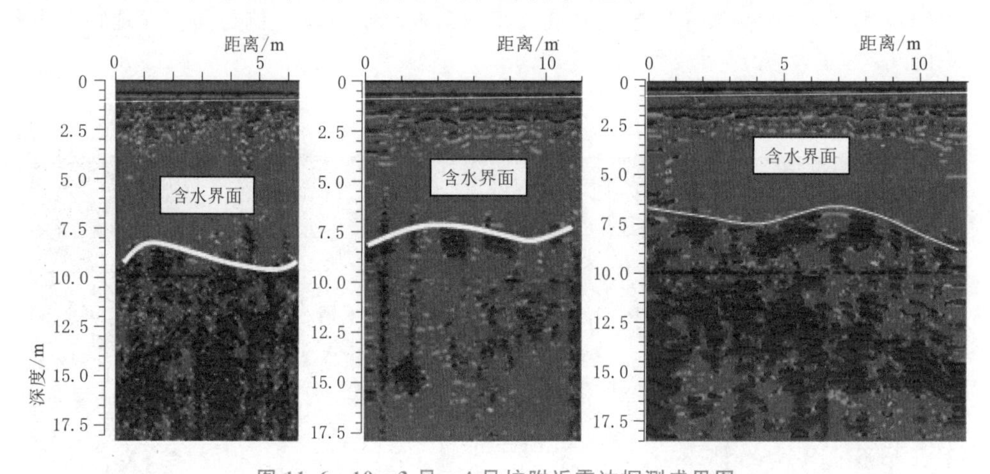

图11.6-10　3号、4号坑附近雷达探测成果图

11.6.6　探测结果

（1）测区地下水主要来源为下游侧左岸边坡、下游侧蓄水坑和河水补给。由于地势原因，地下水向上游倒灌，加上前期强降水影响及集水井下游侧泵坑对地下水的强抽作用，成为2号、3号、4号坑塌陷的主要原因。流水路径为：沿左岸坡脚→穿过2号坑及其附近通道→3号坑→4号坑→集水井，从3号、4号坑流向右岸的水量较小（图11.6-11）。

图11.6-11　地下水路径示意图

（2）上述来水中来自左岸岸坡地下水补给量较少，1号坑与2号坑间距虽小但无连

通关系。

（3）2 号坑处下方存在宽度为 9m、深度为 8～15m、中心深度为 11.5m 的通道；2 号坑朝上游方向 14m 处地下还存在一通道，宽度为 7m，深度为 12～15.5m，中心埋深 13.8m。此二通道可合并视为宽度约 23.4m，埋深 8～15.5m，高程为 3041.1～3048.6m 的一个通道（图 11.6－12）。

（4）架设于 3061.0m 高程的集水箱由于漏水，在其积水处正下方形成深 8.3m、宽 3m 的暗道，该暗道成为引起 2 号坑塌陷的水源之一。集水箱及输水管破损的漏水中少部分朝上游沿地表潜渗，造成 1 号坑处地表塌陷（图 11.6－13）。1 号坑塌陷仅为浅表性，下方未发现大的水流通道，建议处理集水箱勿使漏水，对 1 号坑夯实即可。

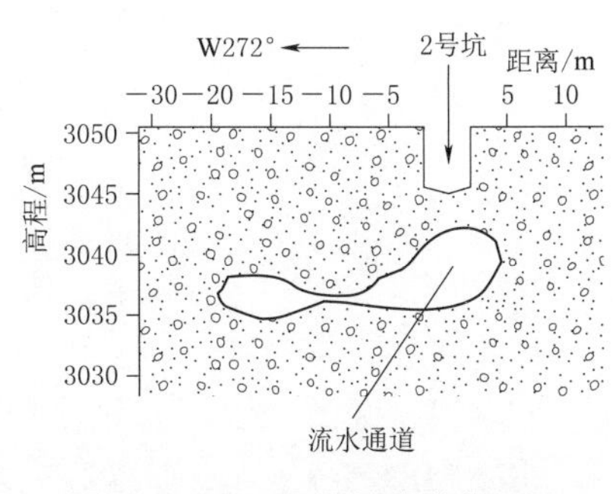

图 11.6－12　2 号坑暗道剖面图

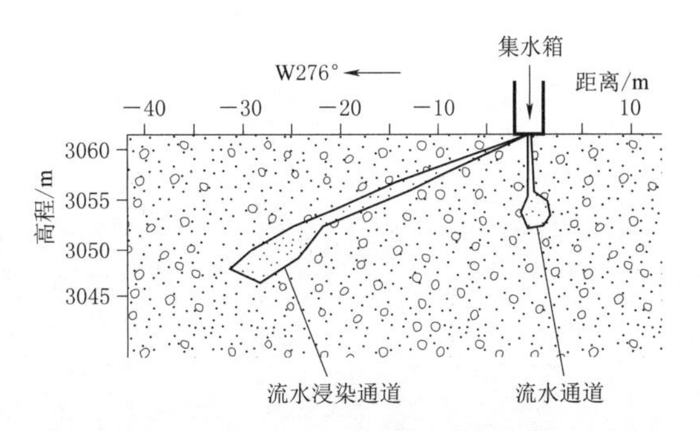

图 11.6－13　集水箱渗流路径示意图

（5）厂房尾水挡墙基础混凝土已浇筑，此次探测未进行，但从 2 号坑通向 3 号坑的流水通道路径斜切的该基础西北角（图 11.6－14）来看，推测该区域下方存在隐患，高程为 3035～3040m。

（6）3 号坑和 4 号坑通道相连通，埋深 5～10m，高程 3029～3032m。该通道影响面积较大，靠近左岸处更重，因尾水挡墙基础施工面积不大，塌陷及其影响区域已占据很多，故建议按全面积处理。

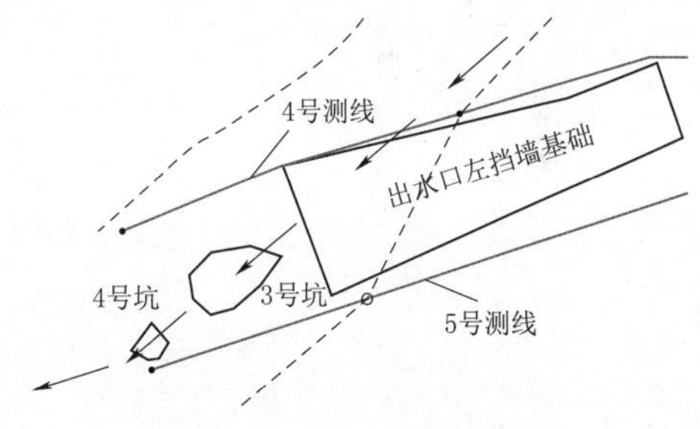

图 11.6－14　斜切挡墙示意图

（7）5 号坑及其周围塌坑也为浅表性塌陷，其下方未见大的流水通道，不存在大的影响。开关站附近发现一细小水流暗道，中心埋深 2.2m，目前未引起地表塌陷，考虑到有重要建筑物，建议施工时应予以注意。

（8）左岸边坡上游防冲墙阻水作用明显，但防冲墙至冲沟部分广大区域仍富含地下水，该区域岩性以砂卵砾石为主，渗透性强于细砂，所以在此处施工设计时予以注意。

（9）集水井下游侧的地连墙缺口区域，现场已开挖成深沟，失去勘测条件。根据 D3－1 测线、D5 测线勘探成果，此处汇集冲沟、左岸岸坡的部分地下水，另外还有来自 3 号坑和 4 号坑通道的来水。

第 12 章

高密度电法

高密度电法是以地层内目标体与周围介质的导电性差异为物质基础，通过观测与研究人工建立的地下稳定电流场的分布规律以达到解决地质问题的一种电法勘探方法。

高密度电法的基本原理与电阻率法相同，实际上是一种阵列式电阻率测量方法，集电剖面和电测深于一体，采用高密度布极，利用程控电极转换开关实现数据的快速和自动采集。高密度电法采集的数据量大，信息量多，实现二维地电断面测量，不仅可揭示地下某一深度范围内水平横向地电特性的变化，又提供垂向电性的变化情况。高密度电法主要用于浅部详细探测不均匀地质体的空间分布，如洞穴、裂隙、墓穴、堤坝隐患等。

12.1 基本原理

高密度电法的原理就是利用流水通道与砂层相比形成的低阻特性从而推断其位置及形态。该方法是根据电阻率法原理而建立的一种新型数据采集方法，采用阵列勘探方法，测量时一次布置多根电极（几十根至上百根），通过仪器的自动测量同时完成电剖面和电测深两种测量方式，高效准确地获得不同深度下的地电信息，经专业软件解释后，展示出地层横向和纵向的电性变化。

12.2 工作方法与探测技术

12.2.1 高密度电法装置类型

所有的电剖面装置大都可以演变成高密度电法装置，在实际工作中，根据场地类型、地形特征、探测目的以及探测深度、探测分辨率等因素综合考虑，采用一种或多种装置类型进行观测，以达到最佳的探测效果。按测量布置方式通常分为一次布极和覆盖式布极（或称滚动式布极）两种。

（1）一次布极方式。一次布极高密度电法通常采用点距等于极距的温纳尔装置，位置分布呈倒置梯形或倒置三角形（图 12.2-1），在靠近电极排列的两端，电阻率测点急剧减少，探测深度变浅，解释误差将明显增大。

（2）覆盖式布极方式。覆盖式高密度电法以二极电位和三极电阻率装置为主，采用单向覆盖测量方式，电缆采用分段结构，便于移动、连接，适用于长测线连续滚动测量（图 12.2-2）。

12.2.2 电极距选择

电极排列的长度和电极间距的大小直接影响采集数据剖面对探测对象的反应能力。基

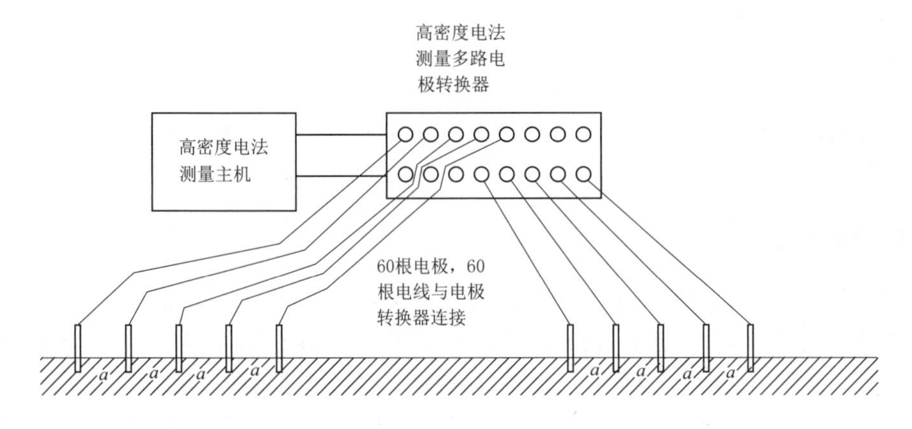

图 12.2－1　一次布极方式高密度电法测量系统示意图

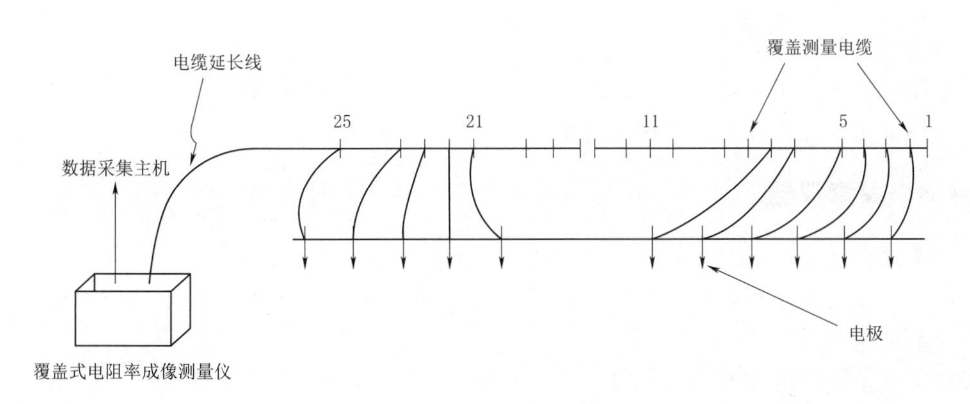

图 12.2－2　覆盖式布极方式高密度电法测量装置示意图

本电极距 a 应根据仪器道数、探测深度和精度综合确定，一般宜选择与点距相等；观测层数对应的深度应超过目的层深度，保持目的层异常在剖面内的相对完整。最小电极距一般应为探测深度的 1/10～1/15。

12.3　资料解释与成果图件

高密度电法数据处理一般使用专用软件完成，具有数据格式转换、数据预处理、等级剖面图、曲线反演拟合、消除畸变点、绘图等功能，形成视电阻率断面图、断面电阻率图像等成果图。

密度电法资料解释一般分为定性分析和定量解释。定性分析主要依据视电阻率断面图，根据断面图中显示的电性分布特征，判断地质体的视电阻率范围，圈定出电性异常点，充分应用已知地形、地质资料分析引起电性异常的原因，判断目标地质体的位置。定量解释主要依据反演拟合生成的断面电阻率图像，通过与地质剖面、钻孔等对比分析，确定目标地质体的位置、规模及埋深。

12.4 工程应用实例

以多布水电站左岸巨厚层砂质开挖边坡塌陷探测为例，共布置了5条高密度电法剖面，测试长度共2376m。

12.4.1 地球物理条件

地层电阻率与含水量密切相关，高密度电法资料表明，测区覆盖层总体上随埋深加大，含水量逐渐增加，电阻率逐渐降低。表层干燥细砂电阻率很高，通常为5000～20000Ω·m，个别能达到十万级别。河边参数测量表明，饱水细砂电阻率为410～590Ω·m，其他含水量的地层则位于其区间内。由于富水的流水通道与围岩有明显的电阻率差别，为开展电法工作带来有利条件。

12.4.2 方法技术参数

本次探测采用高密度电法，110道电极，2m点距，两种装置（α、β），全断面完全扫描，采用浇水等方式降低电极接地电阻。

12.4.3 探查仪器

高密度电法采用国产WDA-1B型数字直流电法仪相关参数如下：

（1）电压通道测量精度：当$V_p \geqslant 5mV$时，±0.2%±1个字；当$0.1mV \leqslant V_p < 5mV$时，±1%±1个字。

（2）电流通道测量精度：当$I_p \geqslant 5mA$时，±0.2%±1个字；当$0.1mA \leqslant I_p < 5mA$时，±1%±1个字。

（3）输入阻抗：大于50MΩ。

（4）视极化率测量范围：±1%±1个字。

（5）S_p补偿范围：±10V。

（6）50Hz工频干扰（共模与差模干扰）压制：优于80dB。

12.4.4 解释方法

高密度电法资料分析，应用二维高密度电法专业软件“2DRES”进行处理，处理成果显示分三个部分：一是视电阻率拟断面图，为初始文件；二是正演视电阻率拟断面图，属中间成果；三是反演电阻率断面图，为最后成果。一般来说，反演图件比初始文件分辨率和精度有所提高，但由于地质电性条件的复杂性，反演图件需与初始图件比对分析、结合其他信息推断出地层电阻率的二维分布。针对本次探测，重点研判低阻异常，从中分析判断划出重点范围。

12.4.5 成果分析

（1）D2测线。

D2 测线顺 3060m 马道布置，139m 经过集水箱（用以从厂房基坑向外抽水的水箱），高密度电法勘探成果见图 12.4－1。

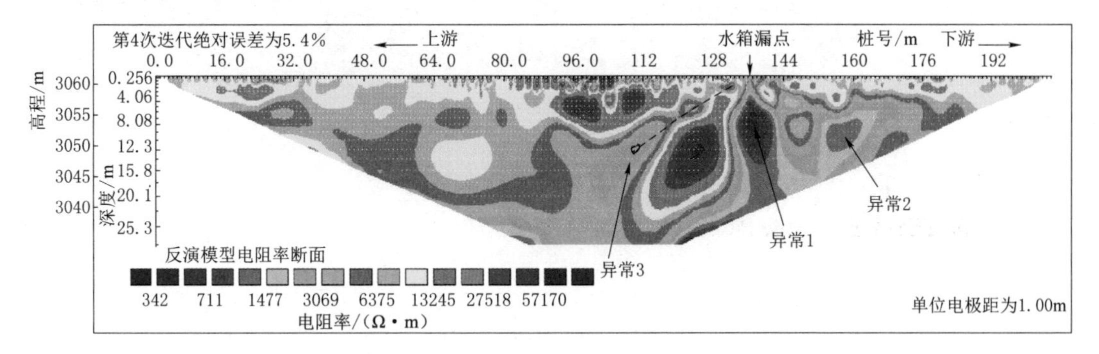

图 12.4－1　D2 测线电法勘探成果图

从图中可以明显看出，在 136～138m 处存在一明显的低阻异常 1，该异常中心位置在桩号 137m 处，深度为 8.3m，宽度约 3m。此异常中心被两侧高阻体约束；在 160m 处存在由地表下渗形成的低阻异常 2，该异常中心位于 158m，宽度相对较大，约 7m，深度约 10m。比较此两处异常，异常 1 的电阻率明显低于异常 2，并且两处异常在深部连通。异常 1 对应的是位于 3061.6m 高程的集水箱，该水箱入水飞溅，在地表有大量积水；异常 2 对应的是输水管破损处的漏水。测量现场见图 12.4－2。

图 12.4－2　集水箱溅水底部积水，输水管破损漏水

水箱处水流量大，由地表垂直下渗 8.3m 时形成低阻水富积区，然后水平状流出，少部分水流则继续下渗；铁管破损处水流较小，在地表呈散漫状汇集下渗，在桩号 168m 深度 10m 处形成富水区下渗，与 137m 处下渗水汇合。

另外，在桩号 100～137m，深度从地表至 12.7m 处存在坡度为 26°的低阻异常 3，此异常的电阻率明显较高，根据已知情况，推测此为集水箱中少量漏水的渗漏通道。

（2）D4 测线。

D4 测线高程约 3056.5m，测线 91～97m 跨 1 号坑。该测线电法成果图见图 12.4－3。

从图中可以看出，D4 测线下伏地层电阻率变化总体均匀，未发现大的电阻率异常，虽然在 91～97m 处有 1 号坑，这只是表层现象，在其深部并不存在较大规模的暗道。在

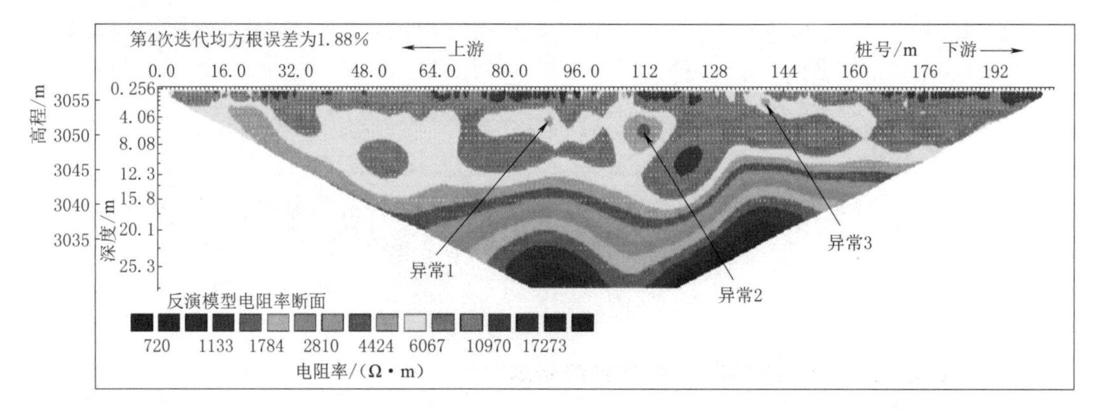

图 12.4-3 D4 测线电法勘探成果图

桩号为 90m，深度为 4.6m 处存在直径为 0.8m 的低阻异常 1；在桩号为 110m，深度为 6m 处存在直径为 2.9m 的低阻异常 2；在桩号为 139m，深度为 1.5m 处存在直径为 1.5m 的低阻异常 3。分析 D2 和 D4 测线的平面位置及 D2 测线成果，可以推断异常 1 和异常 2 是由集水箱朝上游处散流水引起（即 D2 测线中的异常 3），因 110m 处离水箱更近些，水流相对更加丰富，故异常 2 显示稍强于异常 1。异常 3 由集水箱积水垂直下渗引起，其异常表现很不明显，考虑到 D2、D4 测线高差 5m，D2 测线集水箱主要水下渗 8.3m，由此再次证明集水箱积水大部分以垂直下渗为主。

（3）D3 测线。

D3 测线基本沿左岸边坡坡脚布置，地表高程 3050～3051m，102～104m 上方处对应 1 号坑。电法勘探成果见图 12.4-4。

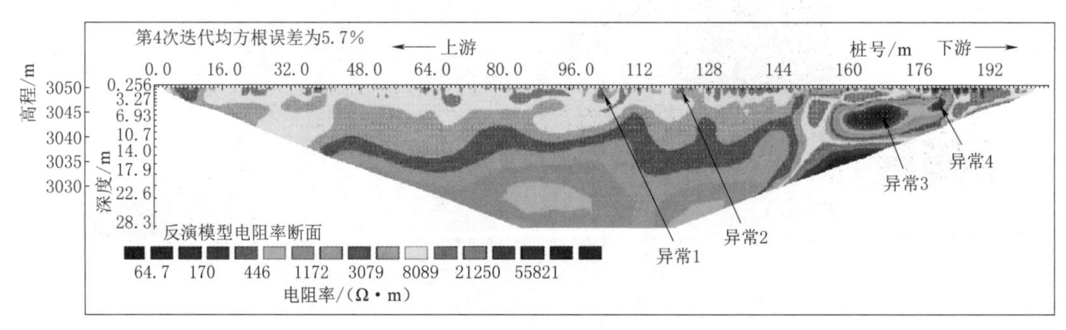

图 12.4-4 D3 测线电法勘探成果图

从图中可以看出，在桩号 103m、深度 1.7m 处存在直径为 0.6m 的低阻异常 1；在桩号 122m、深度 1m 处存在直径为 1.3m 的低阻异常 2。分析 D4 和 D3 测线的平面位置及 D4 测线勘探成果，可以推测出异常 1 和异常 2 是集水箱朝上游散流水的延续。其中异常 1 所在位置恰为 1 号坑的下边缘处，此处地表有半米的塌陷。由此可以得知，由集水箱朝上游的散流水向坡脚流动时埋深越来越浅，到达 103m 处仅为 1.7m，水流带走细砂后致使地表略有下陷，又致使其上方的细砂滑落，形成表面积较大的垮塌 1 号坑。桩号 122m 下方也有水流通道，但由于该处地层略为坚实，未在地表有所表现。总之来看，这两处地下水流小，引起塌陷不大。

在桩号160～172m（中心168m）、深度5.6m处存在一明显的椭圆状低阻异常3；在桩号180～183m（中心182m）、深度3m处存在一明显的半月形低阻异常4。此两个异常之间有很弱的阻隔，从埋深来看，明显地向上游（小桩号方向）倾斜。

联系D2、D4测线中关于集水箱主要积水呈垂直下注的特点，D2测线集水箱处正下方富水区中心高程为3053.2m，比D3测线地表高2.6m，同时D2测线与本测线平距39.5m，异常4中心高程3047.6m，异常范围比D2测线的异常1有所缩小，考虑到流水损失因素，由此推测水箱的主要漏水从D5测线的异常4处流出的可能性较大。

观察异常3，其范围比异常4大得多，其中心高程为3045m，测区下游处蓄水区水位线高程为3049.9m，二者形成近5m的高差。综合各种因素分析，异常4主要来水为来自下游处的地下水。

（4）D5测线。

D5测线90m贴近2号坑下边缘，因地形条件限制，150m后与D3测线基本重合，地表高程3047.4～3051m。电法测试成果见图12.4-5。

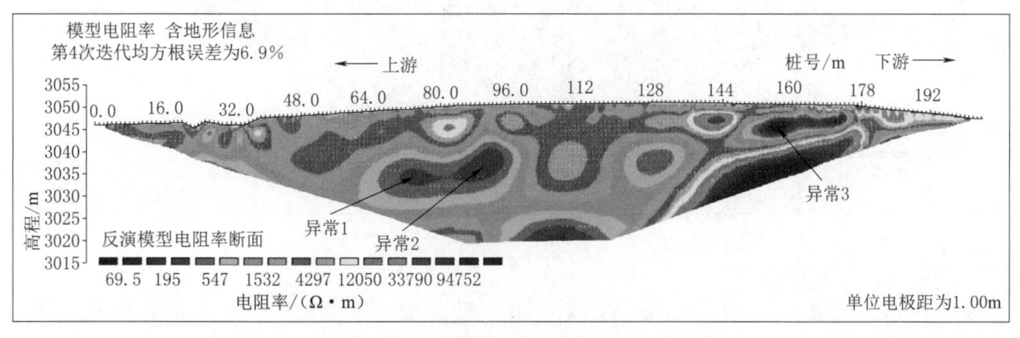

图12.4-5　D5测线高密度电法勘探成果图

由图12.4-5可知，D5测线桩号70.6～77.5m，中心桩号74.5m，深度12～15.5m，中心埋深13.8m处存在一明显的低阻异常区1；在桩号83～94m，中心桩号89m，深度8～15m，中心深度11.5m处存在一明显的低阻异常2。两个异常区间存在微弱的阻隔，底部明显相通，二者可视作同一个异常。异常2正对应2号坑，异常2是由2号坑引起，异常1未在地表引起显著的塌陷，但地表有所凹陷，站在高处俯视此处表现明显。由此可以推知两种异常为水流暗道，宽度约23.4m，埋深高程为3041.1～3048.6m。

D5测线桩号152～172m处存在一明显的低阻异常3，其位置、形态、范围和埋深等与D3测线之异常3、异常4基本吻合。其成因分析相同，此处不再赘述。

从异常3至异常1存在十余米的高差，但中间在110m处存在一高阻体，有所阻隔，故其流水通道具一定的曲折性，但水流大致方向明显，即大桩号流向小桩号，换言之为下游向上游倒灌，D5测线成果的初始图件中此方向表现明显（图12.4-6）。

D2、D4、D3、D5测线间相距十余米，特别是D3、D5测线间距更小，并位于同一高程，然而D3测线在2号坑附近水流流向D5测线的指向或信息很不明显，D2、D4测线同样如此，勘探同时表明这三条测线下方均含有地下水。综合这些信息分析可以得出结论：在2号坑附近，由左岸地下水直接流向2号坑流量较小，主要水流量来自下游渗流倒灌水。

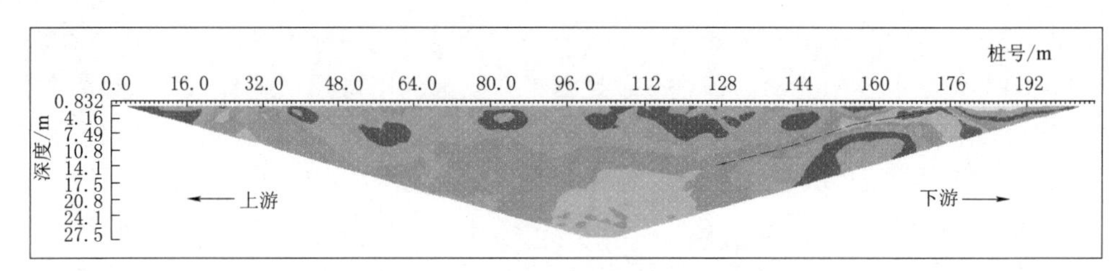

图 12.4-6 D5 测线地下水流动趋势图

(5) D6 测线。

D6 测线沿出水口左挡墙基础右侧的施工便道布置，地表高程 3035～3050m，该测线高密度电法勘探成果见图 12.4-7。

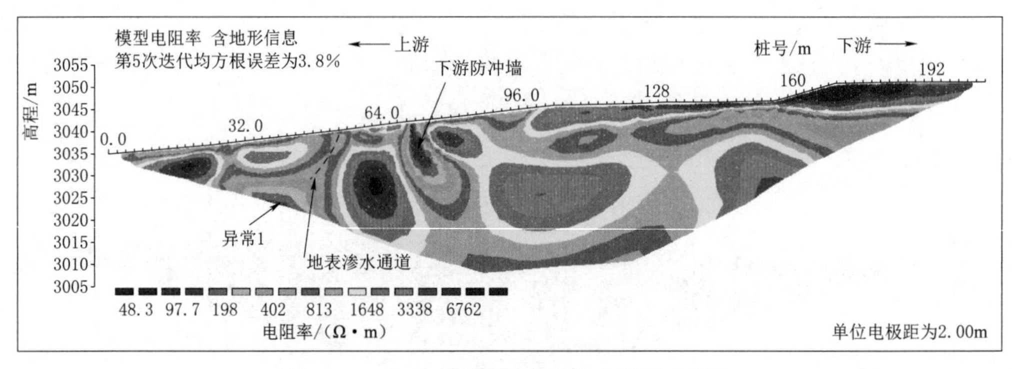

图 12.4-7 D6 测线高密度电法勘探成果图

从图中可以看出，桩号 70m 处存在一明显低阻异常，此处正对应下游防冲墙根基。桩号 38m、中心深度 15m 处存在一低阻异常 1，限于测线长度未能显现完整，同时存在一明显的从地表（54m 处）下渗的通道，经查，地表水源来自便道旁的混凝土搅拌站。

观察桩号 0～70m、高程 3030m 以上部位地层，其电阻率多表现为高阻，表明从左岸边坡的来水横穿 D6 测线（即朝右岸）的流量偏小，左岸边坡来水顺左岸坡脚沿 2 号坑、3 号坑、4 号坑流向集水井方向。

(6) D3-1 测线。

D3-1 测线是 D3 测线的前沿，27m 跨上游挡冲墙，59m 位于沟底，69m 跨 5 号坑，勘探成果见图 12.4-8。

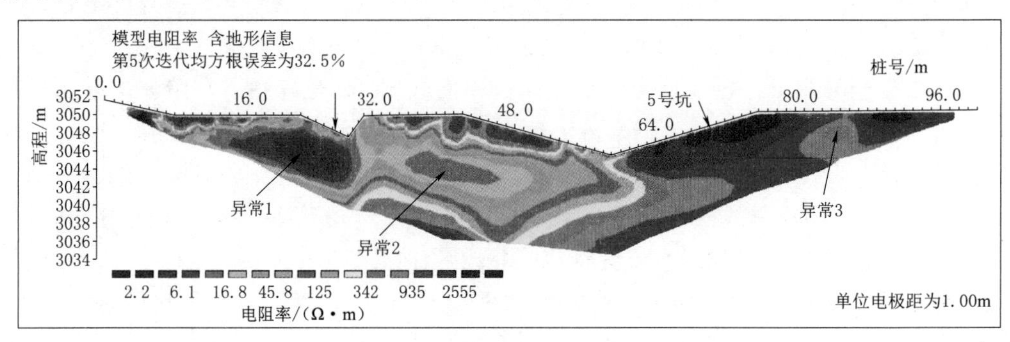

图 12.4-8 D3-1 测线电法勘探成果图

从图中可以看出，上游防冲墙上游大片区域富含水分（异常 1），且埋深较浅，受挡墙阻水作用，挡墙下游部分水量大幅减少，埋深增加，并向冲沟方向倾斜（异常 2）。5 号坑处浅部地层表现为高阻，其下方 6～9m 有流水浸染情况（从电阻率可以判断为非流动水），由此可推知 5 号坑及其周围塌陷仅为地表性砂层塌落。

在桩号 85m、中心埋深 2.2m 处有一低阻异常 3，该处水量细小，综合分析水源来自左岸边坡地下水，因该处为开关站部位，因此需加以注意。

从现场覆盖层岩性变化来看，冲沟成为砂卵砾石与细砂的分界线：冲沟向上游以砂卵砾石为主，向下游以细砂为主。根据勘探成果，挡墙与冲沟间覆盖层地下水较丰富，埋深 4～6m。

第 13 章

瑞利波法

瑞利波法是通过研究瑞利波速度变化（频散现象）规律了解地层的瑞利波速度和厚度分布情况的一种物探方法。按激振方式不同，瑞利波法分为稳态瑞利波法和瞬态瑞利波法，目前使用瞬态瑞利波法居多。

瑞利波法常用于探测浅部砂砾石层厚度及其分层和探测不良地质体，也可用于人工地基分层和力学参数测试及评价。

13.1 基本原理

在半空间介质中，当在地面做竖直向激振时，地下介质中一般产生三种波的传播，即纵波、横波和表面波。表面波即为瑞利波。瑞利波法主要利用基阶瑞利波。

瑞利波沿地表传播时，其穿透深度相当于它的波长。在均匀介质中，瑞利波的传播速度与频率无关；在非均匀介质中，传播速度随频率的改变而变化，称为频散现象。当采用不同振动频率的震源产生不同波长的瑞利波时，可以得到不同穿透深度的瑞利波速度值，根据波速值来评价地质体或进行地质分层，从而达到探测的目的。瑞利波速度（V_R）和横波速度（V_S）具有很好的相关性，略小于横波速度，近似公式如下：

$$V_R=\frac{0.87+1.12\mu}{1+\mu}V_S \tag{13.1-1}$$

式中：μ 为砂砾石泊松比。

13.2 探测技术

13.2.1 计算方法

按激振方式不同，瑞利波法分稳态瑞利波法和瞬态瑞利波法。

（1）稳态瑞利波法。稳态瑞利波法通过改变激振器的激振频率产生不同频率的瑞利波，测量不同频率下的瑞利波传播速度。稳态瑞利波法激发震源主要有两类，即电磁式激振器和机械偏心式激振器。

稳态瑞利波法使用稳态激振器激发不同频率的瑞利波，两道间隔一定距离的拾振器分别接收瑞利波信号，利用互相关原理计算两道信号的时差 Δt 和瑞利波传播的平均速度 $\overline{V}_R$，按半波长原理计算相应的勘探深度：

$$H=\lambda_R/2=\overline{V}_R/(2f) \tag{13.2-1}$$

式中：λ_R 为波长，m；f 为频率，Hz。

由振动器从高到低的频率有序变化，得到各频点对应的深度-波速曲线。通过对该曲线的反演解释，即可得到地下层状结构及相应地质体的分布。

（2）瞬态瑞利波法。在锤击、冲击等脉冲震源作用下，产生包含一定频率范围的瞬态瑞利波。瑞利波以圆柱面波的形式传播，两测点接收到的时域信号分别为 $X(t)$ 和 $Y(t)$，则瑞利波信号 $X(t)$ 和 $Y(t)$ 之间的滞后时间 $t(f)$ 即为各频率瑞利波的旅行时间，滞后时间 t 与瑞利波频率 f 有关。

当已知检波器间的距离时，各种频率的瑞利波速度可由下式计算得到：

$$V(f)=\frac{\Delta l}{t(f)} \tag{13.2-2}$$

上式即为瑞利波频散曲线公式，经过对该曲线的反演分析，计算地层的分层、厚度及瑞利波速。

13.2.2 观测系统

瑞利波激发点和各接收点位于一条直线上，一般采用单端激发两道或多道接收和两端激发两道或多道接收观测方式。

瑞利波观测系统的中点为面波勘探点，两检波器之间的距离 Δx：

稳态法：

$$\Delta x \leqslant \lambda_R=\frac{V_R}{f} \tag{13.2-3}$$

瞬态法：

$$\frac{V_R}{3} \leqslant \Delta x \leqslant \lambda_R \tag{13.2-4}$$

式中：λ_R 为波长，m；f 为频率，Hz。

13.2.3 观测要求

（1）瑞利波法的检波点距宜为1～5m，排列的长度不应小于勘探深度所需波长的1/2。

（2）稳态瑞利波法观测系统采用变频可控震源，应调整两个检波器间距和偏移距进行多次观测，取得多种组合瑞利波记录。

（3）瞬态瑞利波法观测系统通常采用锤击、落重、夯击或爆炸震源，在排列的单端或两端激发，检波点距应小于最小波长，偏移距可等于或大于检波点距。

（4）当场地存在固定噪声源时，应使观测排列的方向指向噪声源，并布置激振点与固定噪声源在排列的同侧。

（5）在地表存在沟坎及在建筑群中进行瑞利波探测时，排列的布置应考虑规避干扰波的影响。

13.3 应用条件与范围

瑞利波法常用于浅部覆盖层厚度探测及其分层和不良地质体的探测，也可进行人工地基分层和力学参数测试及评价，如软弱夹层、地下喀斯特洞穴、掩埋物等探测，饱和砂土液化判定，地基加固效果评价等。瑞利波法应用条件与范围如下：

（1）瑞利波法勘探深度取决于排列长度和所激发的瑞利波波长，一般用于埋深不大于50m的砂砾石层厚度探测与分层，当表层介质松散且有一定的厚度，所激发的瑞利波频率较低时，其勘探深度可较深。

（2）要求被追踪地层应呈层状或似层状分布，被探测各层之间存在一定的波速差异和厚度。

（3）被追踪地层应为横向均匀的层状介质，被追踪的不良地质体具有一定规模。

（4）地面应相对平坦，地层界面起伏不大，场地开阔程度应能满足观测排列布置要求，并避开沟、坎等复杂地形的影响。

13.4 工作方法的优点和局限性

13.4.1 工作方法

（1）瞬态瑞利波法勘探一般采用等道间距观测排列，震源位于排列以外延长线上，一般采用单排列多道观测方式，观测排列长度一般不应小于勘探深度所需波长的1/2。

（2）当地形较平坦、砂砾石层厚度变化不大时，一般选择1～2个不同偏移距进行观测；当地形起伏较大或砂砾石层厚度变化较大时，一般采用排列两端激发、多偏移距观测方式。

（3）当场地条件较开阔时，测线上各勘探点的观测排列方向应与测线方向保持一致；当地形条件或场地开阔程度变化较大时，则可根据场地开阔程度灵活布置，但尽可能使各勘探点的观测排列方向保持一致。当场地存在固定噪声源干扰时，观测排列方向应指向噪声源，其激发点位置应选择与噪声源同侧；当场地存在沟坎或建筑物时，观测排列宜垂直于沟坎或建筑物布置。

（4）激振方式应根据勘探深度和地表激发条件进行选择。当砂砾石层厚度不大于30m时，一般可采用人工锤击或落锤方式激发；当砂砾石层厚度大于30m时，一般可采用小药量爆炸方式激发。当需改变激发频率或激发效果时，可选择不同材质的大锤、落锤或锤击板。

（5）数据采集一般使用多道工程地震仪或瞬态面波勘察仪，仪器放大器的通频带应满足采集瑞利波频率范围的要求。根据勘探深度和分辨率选择频率响应相适合的检波器，检波器振幅和相位的一致性要符合相关要求。

13.4.2 优点

（1）在所激发的地震波中，瑞利波所分配的能量最大，且传播能量较强，衰减相对较慢，不受地层波速倒转和地层饱水程度的影响，具有较好的分层效果。

（2）受地形条件或场地开阔程度影响较小，可用于较详细或场地较狭窄的砂砾石层探测。

13.4.3 局限性

（1）勘探深度受激发条件制约。

（2）在无钻孔资料或其他已知资料时，资料的解析结果具有一定的多解性。

13.5　资料整理

13.5.1　资料整理要求

（1）应选择功能满足要求的处理分析软件进行数据处理、分析和解译。

（2）资料解译时，要正确识别基阶波和高阶波，在时间域和频率域中能正确提取瑞利波，根据实际砂砾石层地质资料建立地质层-物性层的数学模型，对频散曲线进行合理的分层和拟合，合理选取各勘探点频散曲线绘制地层影像图。

（3）利用地层影像图进行砂砾石层与基岩界面划分时，应在有地质钻孔资料或其他勘探资料的前提下进行，但要注意地层物性不均匀对解译成果的影响。

（4）资料解译成果一般需提供地层划分剖面成果图、地层影像图，并给出各层介质剪切波速度的范围值和平均值。

13.5.2　计算方法

瑞利波法数据资料处理借助软件程序完成，具有数据资料预处理、生成面波频散曲线、频散曲线分层、反演瑞利波速度及层厚、绘制地质剖面图等功能。其中瞬态瑞利波法数据处理包括时域提取、频域分析、距离频率、深度速度4个阶段。

（1）求取瑞利波速度。

1）稳态法：

$$V_{R}(f)=\frac{\Delta x}{\Delta t(f)} \tag{13.5-1}$$

式中：Δx 为两检波器间距，m；$\Delta t(f)$ 为两检波点某频率瑞利波的同相位时间差，s；f 为瑞利波频率，Hz。

2）瞬态法：

$$V_{R}(f)=\frac{2\pi f\Delta x}{\Delta\varphi(f)} \tag{13.5-2}$$

式中：$\Delta\varphi(f)$ 为在波的传播方向上两检波器点某频率瑞利波的相位差，rad。

（2）分层并计算层厚度及速度。根据不同频率（波长）的瑞利波速度绘制深度-波速曲线，根据深度-波速曲线使用下列公式计算每层瑞利波速度。

1）当地层的平均速度随深度增加而增大时：

$$V_{Rn}=\frac{H_{n}\overline{V}_{Rn}-H_{n-1}\overline{V}_{Rn-1}}{H_{n}-H_{n-1}} \tag{13.5-3}$$

式中：H_{n}、H_{n-1} 为第 n、$n-1$ 点的深度，m；$\overline{V}_{Rn}$、$\overline{V}_{Rn-1}$ 为第 n、$n-1$ 点的平均速度，m/s；V_{Rn} 为 H_{n} 至 H_{n-1} 深度间隔的层速度，m/s。

2）当地层的平均速度随深度增加而减小时：

$$V_{Rn}=\frac{H_n-H_{n-1}}{\dfrac{H_n}{\overline{V}_n}-\dfrac{H_{n-1}}{\overline{V}_{n-1}}} \tag{13.5-4}$$

3）当不考虑地层平均速度随深度变化时：

$$V_{Rn}^2=\frac{H_n\overline{V}_{Rn}^2-H_{n-1}\overline{V}_{Rn-1}^2}{H_n-H_{n-1}} \tag{13.5-5}$$

13.6 工程应用实例

13.6.1 工作面布置

开都河某工程坝基深厚砂砾石层勘探采用了多道瞬态瑞利波法技术，该工程坝基深厚砂砾石层现场勘察的工作区域为坝址区左岸高漫滩砂砾石层。为了能较全面地了解坝址区深厚砂砾石层坝基的情况，根据研究的目的并结合已有的地质、钻探资料，在测区内顺水流方向由岸边到山脚布置了 3 个剖面：XJ－23 剖面通过 ZK38 钻孔，XJ－18 剖面通过 ZK37 钻孔，XJ－22 剖面通过 ZK36 钻孔，这 3 个剖面平行于图 13.6－1 所示的河流纵剖面。

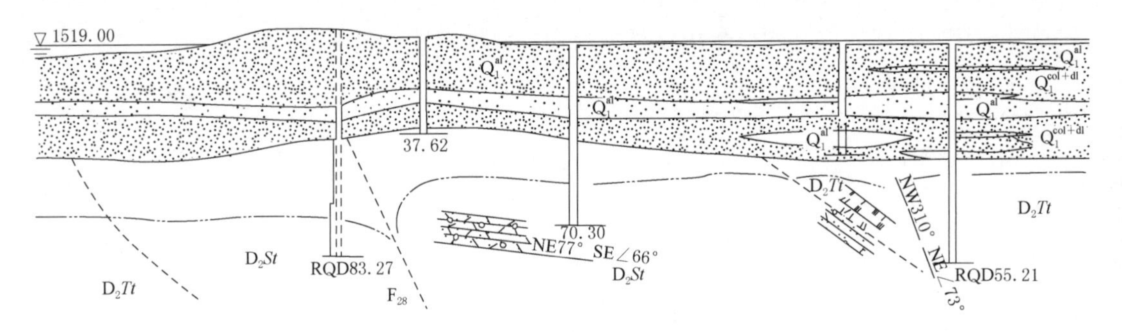

图 13.6－1　钻探剖面（河床纵剖面）

13.6.2 观测系统参数、激发与接收

测点采用多道（24 道）排列固定偏移距的观测系统。采集道数为 24 道，采用全通滤波方式，采样间隔为 1ms，采样点数为 1024 个；道间距 3m，偏移距 10m。测线一侧用炸药震源激振（每孔药量 150g），4Hz 检波器接收信息。

13.6.3 单点瞬态瑞利波法勘探资料的分析处理

对原始资料进行整理，使用瞬态瑞利波数据处理软件 CCSWS 对各测点瞬态瑞利波记录进行频散曲线计算，然后对频散曲线进行正、反演拟合，得出各层的厚度及剪切波速度。

图 13.6－2 给出了 XJ－18 剖面测点 1 对应地层的分层情况及各层剪切波速度沿深度的分层分布情况（图中蓝色曲线为频散曲线，红色曲线为拟合曲线，红色折线为地层结构

分层及各层剪切波速度。左下角红色数字第一列为层号，沿深度递增，第二列为各层厚度，第三列为各层剪切波速值，Fitness 为拟合率）。

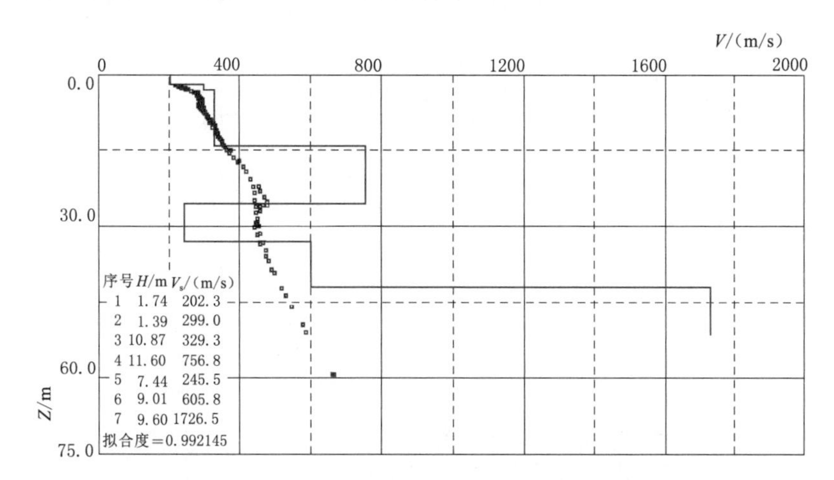

图 13.6-2　XJ-18 剖面测点 1（ZK37 处）砂砾石层分层情况

由 XJ-18 剖面上各个测点的砂砾石层分层情况图可以看出：该剖面各测点处坝基基本上可以分为上、中、下 3 个部分。上部又可细划为多个小层，各小层的剪切波速度由上至下呈增势。中部为一相对软弱层，其剪切波速度较上、下相邻层小，数值一般为 200～300m/s。

图 13.6-3 给出了 XJ-22 剖面上测点 1 对应地层的分层情况及各层剪切波速度沿深度的分层分布情况。可以看出，该剖面坝基的分层与 XJ-18 剖面坝基的分层相对应，规律基本一致。

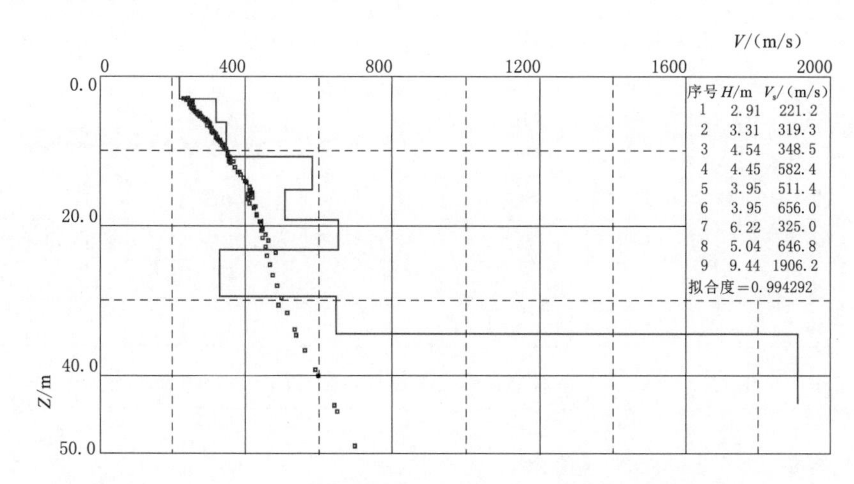

图 13.6-3　XJ-22 剖面测点 1（ZK36 处）坝基砂砾石层分层情况

对于 XJ-23 剖面，共布置了 12 个测点，图 13.6-4 给出了 XJ-23 剖面测点 1 对应地层分层的情况及各层剪切波速度沿深度的分层分布情况，它们可以基本说明该剖面对应坝基的分层规律。

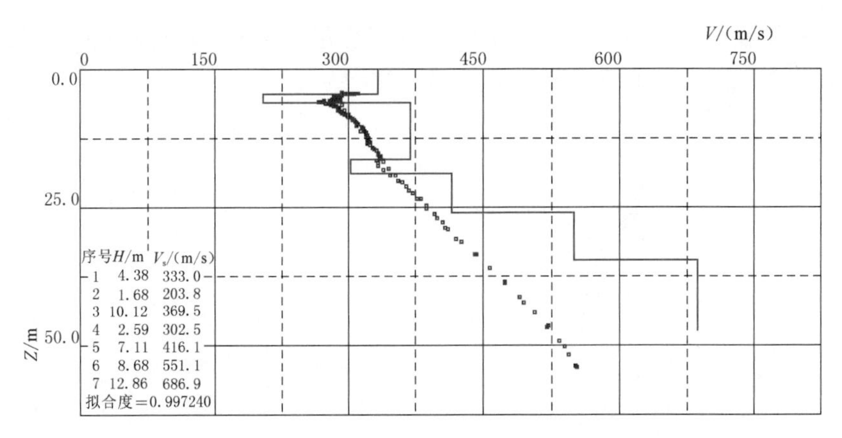

图 13.6-4 XJ-23 剖面测点 1（ZK38 处）坝基分层情况

13.6.4 瞬态瑞利波勘探结果准确性的验证

为了检验瞬态瑞利波法勘探结果的可信度，将面波分析结果与钻孔资料进行了对比。ZK36、ZK37 的钻孔资料见表 13.6-1 和表 13.6-2，是在现场相应位置通过瑞利波测试所得的坝基分层结果。图 13.6-5 和图 13.6-6 给出了相应两钻孔位置的面波分层与钻孔柱状图的对比情况，可以看出 ZK36、ZK37 钻孔位置的瞬态瑞利波法勘探资料与钻孔资料吻合较好。但瞬态瑞利波勘探资料提供的信息更为丰富，在上部漂石砂卵砾石层中，将面波解译结果进行了细划；瑞利波资料所提供的剪切波速度信息与钻孔勘探提供的单孔、跨孔剪切波速度的信息也出入不大。

表 13.6-1 钻探及波速资料

测试方法	孔号	上部漂石、砂卵砾石层			中部含砾中粗砂层			下部漂石、砂卵砾石层		
		钻孔勘测厚度/m	测试深度/m	剪切波速度/(m/s)	钻孔勘测厚度/m	测试深度/m	剪切波速度/(m/s)	钻孔勘测厚度/m	测试深度/m	剪切波速度/(m/s)
单孔法	ZK36	26.22	11～26	560	7.88	26～34	190	2.9	34～36	510
	ZK37	24.96	10～25	550	8.74	25～34	210	10.0	34～42	610
跨孔法	ZK36	26.22	8.3～25	560～580	7.88	27.3～33	330～440	2.9	34.2～36	620
	ZK37	24.96			8.74			10.0		

表 13.6-2 瞬态瑞利波法勘探资料

测试方法	孔号	上部漂石、砂卵砾石层							加权平均	中部含砾中粗砂层	下部漂石、砂卵砾石层
面波法	ZK36	厚度/m	2.91	3.31	4.54	4.45	3.95	3.95		6.22	5.04
		深度/m	2.91	6.22	10.76	15.21	19.16	23.11		29.33	34.37
		剪切波速/(m/s)	221.2	319.3	348.5	582.4	511.4	656.0	453.7	325.0	646.8

续表

测试方法	孔号	上部漂石、砂卵砾石层							加权平均	中部含砾中粗砂层	下部漂石、砂卵砾石层
面波法	ZK37	厚度/m	1.74	1.39	10.87	11.60				7.44	9.01
		深度/m	1.74	3.13	14.0	25.6				33.04	42.05
		剪切波速/(m/s)	202.3	299.0	329.3	756.8			512.7	245.5	605.8

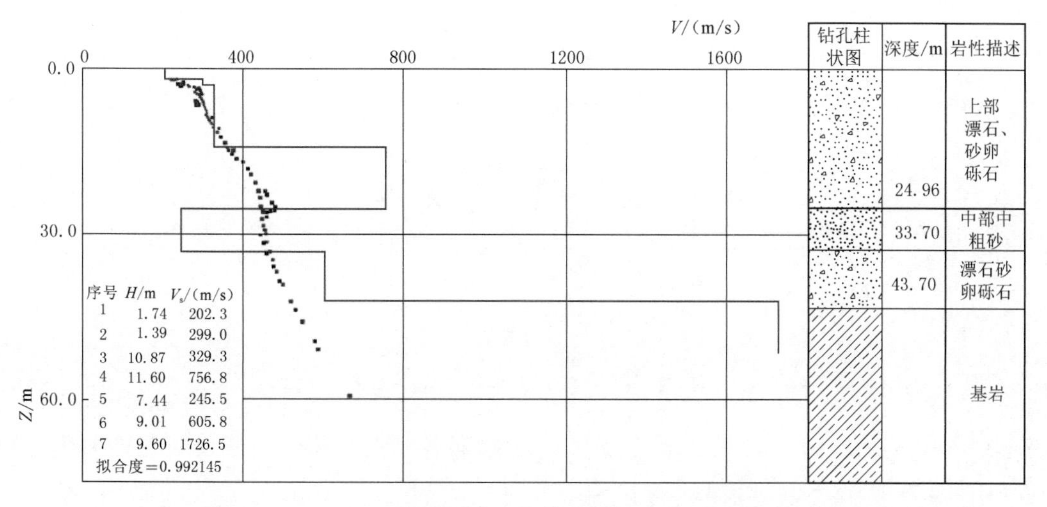

图 13.6-5 XJ-5 剖面测点 1 坝基分层与 ZK37 柱状图的对比

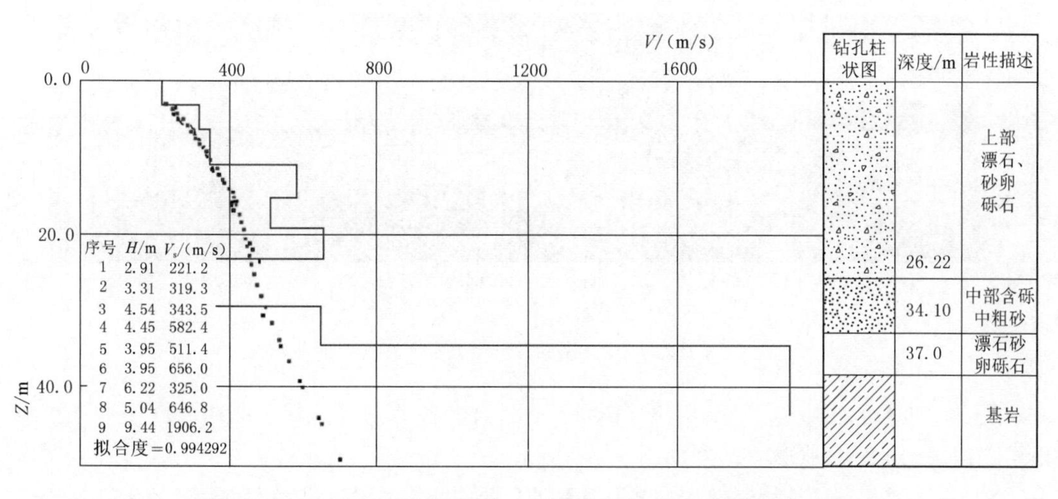

图 13.6-6 XJ-22 剖面测点 1 坝基分层与 ZK36 柱状图的对比

13.6.5 瞬态瑞利波等速度图

使用瞬态瑞利波等速度剖面分析软件 CCMAP，利用各剖面诸测点的频散曲线资料，通过编辑处理，结合拟合后的分层资料，参照地层速度参数，在彩色剖面图上进行取值、分层，并利用高程校正形成地形文件，可绘制出砂砾石层等速度地质剖面图。

CCMAP 软件可以给出两种形式的等速度剖面：一种是直接由测点频散曲线线形成的映象（如图 13.6－7 中的蓝色线条所示）；另一种是由测点拟速度（将频散数据中的波速按周期做了一种提高峰度的计算而得到的速度值）曲线线形成的映象（如图 13.6－7 中的红色线条所示）。常见地层面波频散数据的实验表明：这种拟速度映象的总体轮廓相当接近于频散数据一维反演得到的波速分层，同时还突出了地层分层在频散数据中引起的“扭曲”特征。

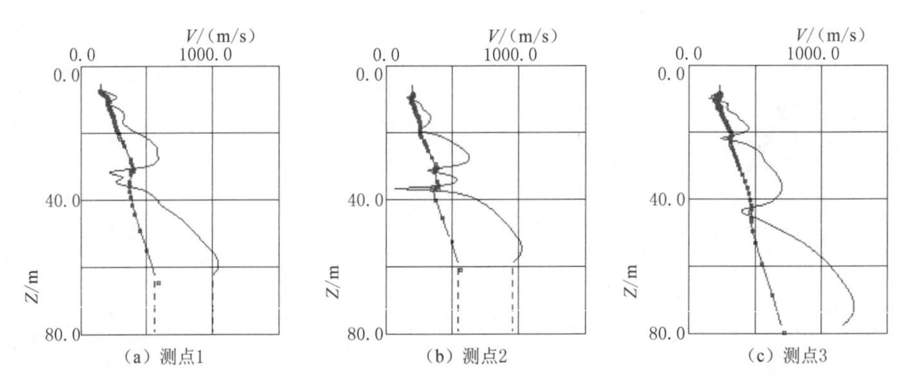

图 13.6－7　XJ－18 剖面测点 1、2、3 频散曲线

XJ－18 剖面：图 13.6－7 给出了 XJ－18 剖面各测点的频散曲线及拟速度曲线，图 13.6－8 给出了 XJ－18 剖面的等速度图。

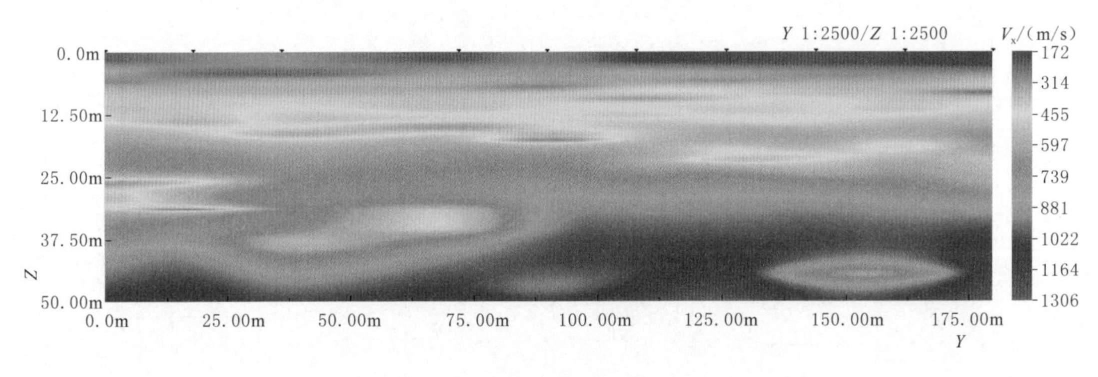

图 13.6－8　XJ－18 剖面等速度图（正弦函数解）

XJ－22 剖面：图 13.6－9 给出了 XJ－22 剖面上各个测点的频散曲线，图 13.6－10 给出了 XJ－22 剖面的地形等速度图。

XJ－23 剖面：图 13.6－11 给出了 XJ－23 剖面上各个测点的频散曲线，图 13.6－12 给出了 XJ－23 剖面的地形的等速度图。

瑞利波资料所生成的等速度剖面与钻探剖面的对比：图 13.6－13、图 13.6－14 给出了由所选三个剖面上钻孔位置附近的三个测点的瞬态瑞利波法勘探资料生成的等速度图，图 13.6－15 为相应位置的钻探剖面。

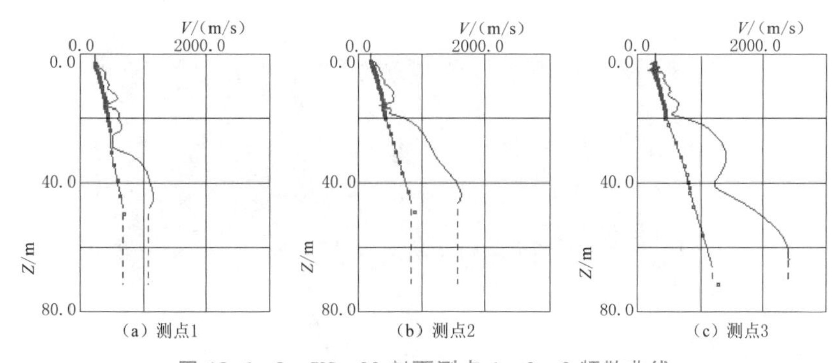

图 13.6-9　XJ-22 剖面测点 1、2、3 频散曲线

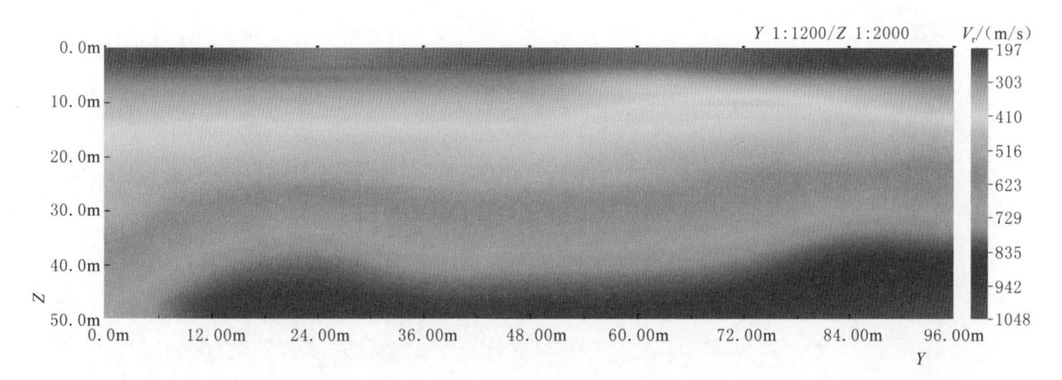

图 13.6-10　XJ-22 剖面等速度图（余弦函数解）

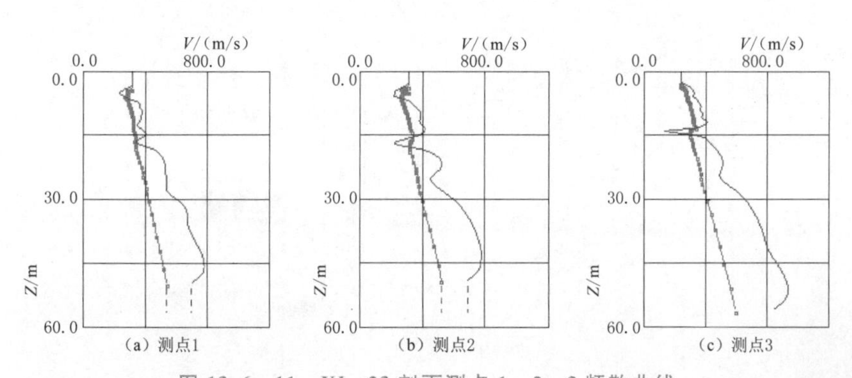

图 13.6-11　XJ-23 剖面测点 1、2、3 频散曲线

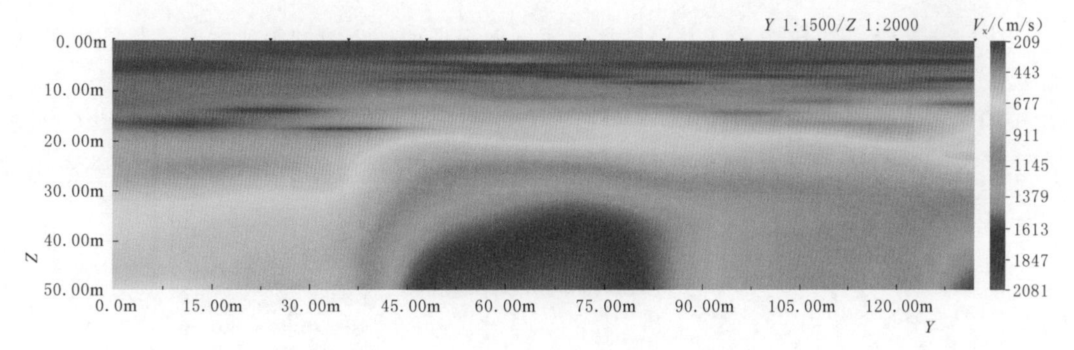

图 13.6-12　XJ-23 剖面等速度图（正弦函数解）

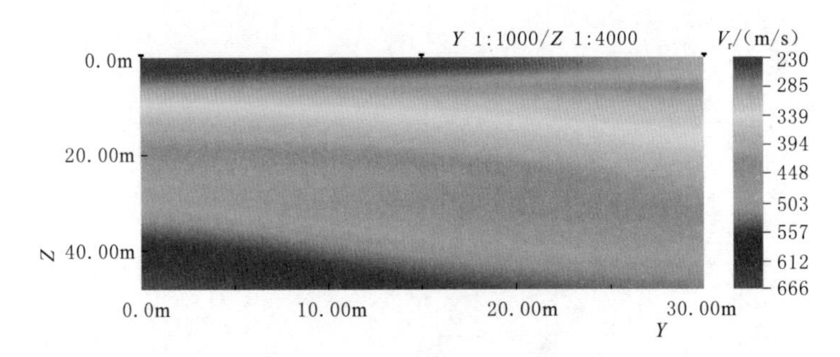

图 13.6－13　ZK36＼ZK37＼ZK38 钻孔剖面等速度图（位移振幅矢量）

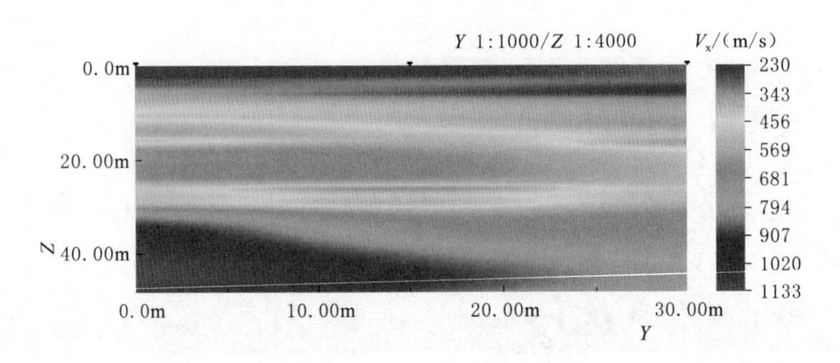

图 13.6－14　ZK36＼ZK37＼ZK38 钻孔剖面等速度图（正弦函数解）

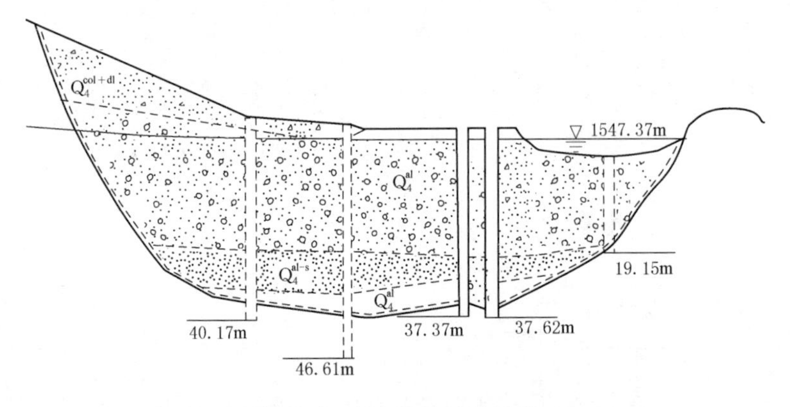

图 13.6－15　钻探地质剖面

图 13.6－13、图 13.6－14 是沿钻探地质剖面根据面波生成的等速度图，从图中可见地层沿这一剖面的分布。在图 13.6－14 中可见测深 25m 左右出现很明显的夹层，与图 13.6－15 钻探地质剖面所反映的情况完全吻合，结合其他勘探资料的分析，可以认为该层即为中粗砂夹层，其上、下为漂石砂卵砾石层，地表为碎石及砂层。

第 14 章

可控音频大地电磁测深法

可控音频大地电磁测深法（EH4）是在大地电磁法和音频大地电磁法的基础上发展起来的一种人工源频率域测深方法。该方法针对大地电磁法的随机性和信号微弱，改用可以控制的人工场源，又因为使用的是音频段频率，所以称作可控音频大地电磁法。

可控音频大地电磁测深法通过研究剖面视电阻率和阻抗相位分布，了解不同深度的地层视电阻率和地电结构，用于探测砂砾石层厚度、基岩面起伏形态、地层层面、地下隐伏构造和地下水埋深等。

14.1 基本原理

EH4 法是通过改变发射源的发射频率达到探测目的，用测量相互正交的电场和磁场分量计算卡尼亚视电阻率和阻抗相位：

$$\rho_s=\frac{1}{5f}\left|\frac{E_x}{E_y}\right|^2 \tag{14.1-1}$$

$$\phi_z=\phi_{E_x}-\phi_{H_y} \tag{14.1-2}$$

式中：ρ_s 为电阻力，Ω·m；f 为频率，Hz；E_x 为电场分量振幅，mV/km；E_y 为水平磁场分量振幅，mV/km；ϕ_{E_x} 为电场分量相位，mrad；ϕ_{H_y} 为水平磁场分量相位，mrad；ϕ_z 为相位差，mrad。

EH4 法采用的人工场源有磁性源和电性源两种。磁性源是在不接地的回线或线框中，供以音频电流，产生相应频率的电磁场。电性源是在有限长（1～3km）的接地导线中供以音频电流，产生相应频率的电磁场，通常称其为电偶极。电性源 CSAMT 法收发距可达十几千米，因而探测深度大（通常可达 2km）。

EH4 法常采用电偶源和旁侧观测装置，一般要求场源和测深点之间的距离要达到 3～5 倍的趋肤深度（$\delta=503\sqrt{\rho/f}$，其中 δ 为趋肤深度，ρ 为测区内预期的平均电阻率，f 为工作频率），在平行于场源中垂线两边张角各 30°的扇形区域内逐点观测电场分量 E_x 和与之正交的水平磁场分量 H_y 振幅和相位，进而计算卡尼亚视电阻率和阻抗相位。在音频范围内逐次改变供电频率，完成频率测深观测。

14.2 探测方式

14.2.1 工作方法

（1）根据探测目的，结合现场物性条件和工作条件选择适合的场源，合理布置测线，测线点距应根据地层厚度变化情况合理选择，一般为 10～30m。

（2）电偶极子和磁偶极子按相关要求进行布置，其方向误差应小于 5°，电偶极子供电电极应布置在砂砾石层潮湿处，磁偶极子应布置在平坦、较干燥的地表处。

（3）工作时，应从高频至低频发射和测量，频率范围应满足探测深度要求。当测量曲线出现异常现象时，应及时进行重复观测，测量结果应满足合格要求。

14.2.2　探测方式

CSAMT 法的测量方式有标量测量、矢量测量和张量测量。由于矢量测量和张量测量现场观测效率较低，生产中一般使用标量测量，当需要详细研究复杂地电结构时采用矢量测量和张量测量。

（1）标量测量。通过沿一定方向（设为 x 方向）布置的接地导线 AB 向地下供入某音频的谐变电流 I，在其一侧或两侧 60°张角的扇形区域内，沿 x 方向布置测线逐点观测沿测线方向相应频率的电场分量 E_x 和与之正交的磁场分量 H，在音频段内（$n\times10^{-1}\sim n\times10^{3}$ Hz）逐次改变供电和测量频率，便可测得地层视电阻率和阻抗相位随频率的变化，完成频率测深观测。

（2）矢量测量。对 X 方向的双极源，在每个测点观测相互正交的两个电场分量 E_x、E_y 和三个磁场分量 H_x、H_y、H_z。

（3）张量测量。分别用相互正交的（X 和 Y）两组双极供电，对每一场源依次观测 E_x、E_y 和三个磁场分量 H_x、H_y、H_z。

14.3　应用条件与范围

（1）勘探深度范围一般为 20～3000m，适用于超深砂砾石层探测。

（2）砂砾石层与基岩及砂砾石层各层介质间有明显的电性差异，且电性稳定。

（3）测区内无高压输电线路或变电站等可产生电磁干扰的场源。

14.4　现场探测与要求

（1）可控源音频大地电磁测深法一般应采用二分量标量或单分量标量装置作标量观测。

（2）当遇到特殊地质课题或特别要求时，可选择单一场源五分量矢量测量、分离场源六分量张量测量、分离场源十分量张量测量、重叠场源十分量张量测量。

（3）测点观测只能在场源（AB）标量测量的数据获得区范围内进行测量。水平方向电场（E_x、E_y）应平行于或垂直于场源（AB），水平磁场（H_y、H_x）应垂直于或平行于场源（AB）布设，误差小于 3°，场源（AB）中心位置与测线中心位置应尽量一致。

（4）场源（AB）一般要求长达数百米，尽量选择土壤潮湿处埋设供电电极，保持接地良好，接地电阻不大于 30Ω。

（5）当使用磁偶极子场源时，场源与距接收点距离应为 300～500m，且期间无电磁障碍。

(6) 接收电极距应根据观测信号强弱、噪声水平及勘探精度综合确定，极距误差应小于±1%。

(7) 测量电极要求使用不极化电极，接地电阻要求小于 2000Ω。

(8) 水平磁棒应放置平稳、水平，方位用罗盘定位，误差小于 1°；垂直磁棒入土深度为磁棒长度的 2/3 以上。

(9) 收发距应根据所在工区的电磁趋肤深度和探测埋深综合确定。

14.5 方法的优点和局限性

(1) 优点：

1) 工作方法较简单，工作效率高。

2) 勘探深度范围大，高阻屏蔽作用小，垂向和水平分辨率较高。

3) 受地形影响小，不受场地开阔程度限制。

(2) 局限性：

1) 受测量频率范围限制，存在探测盲区，不适用于厚度较薄的砂砾石层探测。

2) 受场源效应和静态效应影响，会引起测深曲线产生位移。

3) 定量解译程度低，定量解释需要借助于钻孔资料或其他已知地质资料。

14.6 数据处理和资料解译

14.6.1 数据处理

(1) 对测线各测点电磁测深曲线进行分析，对畸变点按要求进行剔除、平滑、插值和校正处理，并根据已知地质资料和原始断面等值线图及地形起伏情况，确定是否进行静态校正。

(2) 采用软件进行数据处理和反演计算，结合钻孔资料或其他地质资料对电阻率断面图进行定性和定量解译。

(3) 提供的成果图件包括电阻率断面图和物探成果地质解释图。

14.6.2 资料解释

EH4 数据处理包括数据预处理和二维模型反演计算。数据预处理是对野外采集的原始数据进行整理，剔除干扰较大和误存的数据，对数据进行静态位移及近区校正，同一测线不同日期数据的拼接及平均处理，得出下一步数据处理所需的不同输入文件。二维模型反演计算是对经过预处理的 EH4 数据进行拟二维反演，得到不同深度的电阻率断面模型，绘制视电阻率断面图。

EH4 成果的解释分为定性解释和定量解释。定性解释应研究剖面视电阻率和相位断面与钻孔揭示地层和不良地质体的对应关系，进而对剖面内的异常进行定性解释。定量解释应以二维解释为主，异常深度宜通过已知钻孔的目标层深度校正。

EH4 成果一般包括工作布置图、深度-电阻率剖面图和地质成果解释图。

14.7 工程应用实例

青海某水库河床超深砂砾石层勘探采用了大地电磁法地球物理探测。该水库位于都兰县东南部热水乡境内的察汗乌苏河中游段。为了查明深厚砂砾石层的厚度及基岩顶板展布形态，同时查明坝轴线上下游侧河道中隐伏断层的赋存位置，采用了可控音频大地电磁测深法这一新技术进行砂砾石层探测工作。

14.7.1 基本地质条件

坝址区两岸出露的地层为三叠系喷出岩（α_5^1）与印支期侵入岩（γ_5^1），三叠系喷出岩的岩性为安山岩，是组成库岸的主要岩性，印支期侵入岩岩性为灰白色花岗岩，分布于上游库区左岸。

坝址区河谷形态呈 U 形，沿 NW274°方向展布，河谷平坦开阔，现代河床在枯水期水面宽度为 10～20m，河谷宽度为 400m。库区河床总体纵比降约为 7.7‰，两岸发育有Ⅰ级、Ⅱ级阶地，阶地宽度为 20～150m，高出当地河水面 4～20m，阶地均呈二元结构。

根据钻孔资料可知，坝基深厚砂砾石层主要为冰水堆积物，自上而下分为①、②、③层，如图 14.7-1 所示。

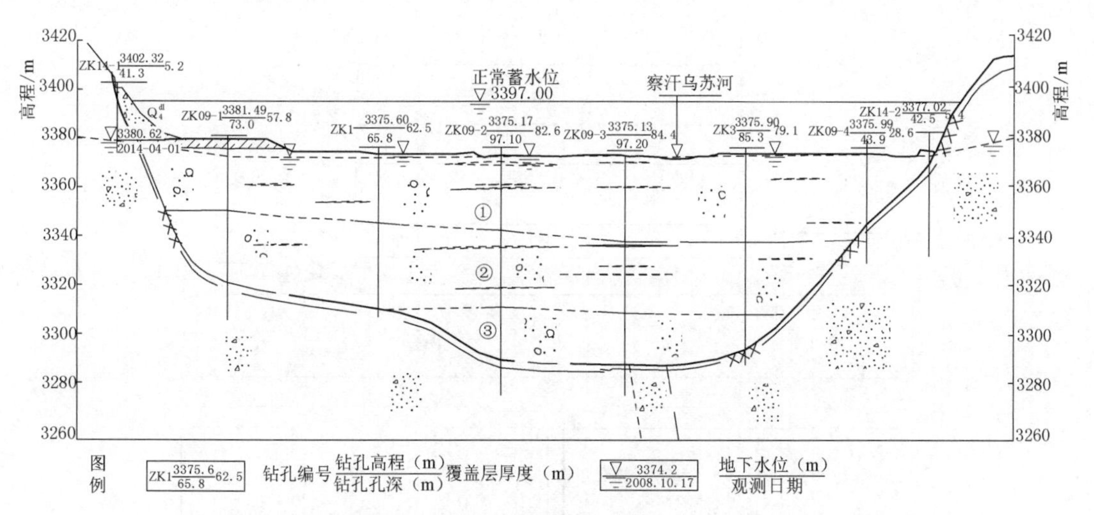

图 14.7-1 某水库坝轴线工程地质剖面图

第①层（Q_4^{al}）：分布于坝基堆积物上部，厚度为 25～35m，地面高程为 3375～3381m，底部分布高程为 3341～3353m，岩性为砂砾石，夹有不连续中粗砂含砾石透镜体，厚度为 10～20cm。卵砾石磨圆多呈次圆～圆状，一般粒径为 3～6cm，最大粒径 20cm，其成分以安山岩、花岗岩为主。

第②层（Q_3^{al}）：分布于堆积物中部，岩性为砂砾石，厚度为 30～35m，底部分布高程为 3310～3313m，夹中粗砂含砾石透镜体（厚度为 10～20cm，砾石呈次棱角～次圆状）。

第③层（Q_3^{fgl}）：分布于堆积物底部，只在ZK09－2、ZK09－3、ZK3中揭露，厚度为15～25m，分布宽度201m，为晚更新世冰积成因，岩性为含卵石砾石层，颗粒较上层粗，卵石含量可达20%左右，夹粗砂透镜体（厚度为10～20m，最大粒径大于40cm）。

14.7.2 物探工作布置

对深厚砂砾石层冰水堆积物进行物探工作布置，主要在坝轴线下游从左至右布设EH4大地电磁测线，测点点距为10m。物探工作布置共完成剖面1条，剖面长度395m，EH4大地电磁测点41个。

EH4大地电磁测深选取的最优电极距为25m，三频段全采集，一频组：10Hz～1kHz；二频组：500Hz～3kHz；三频组：750Hz～100kHz，在数据采集过程中，对3个频组的数据全部采集，且每个频组采集叠加次数不少于8次，根据现场测试结果，对部分频组进行多次叠加。

14.7.3 资料处理

EH4的数据处理多以测线（断面）进行，测量得到的深度-电阻率数据、频率-视电阻率数据和频率-相位数据都是通过IM2AGEM软件的二维分析模块输出。对于输出的数据，单个测点可通过二维曲线进行成图，单条剖面可通过二维等值线进行成图，对于相邻多条剖面则需要对整个区域范围内测点的不同频率或不同深度的电阻率进行描述，通常使用多条剖面图叠加的办法进行成图。EH4数据处理流程如图14.7－2所示。

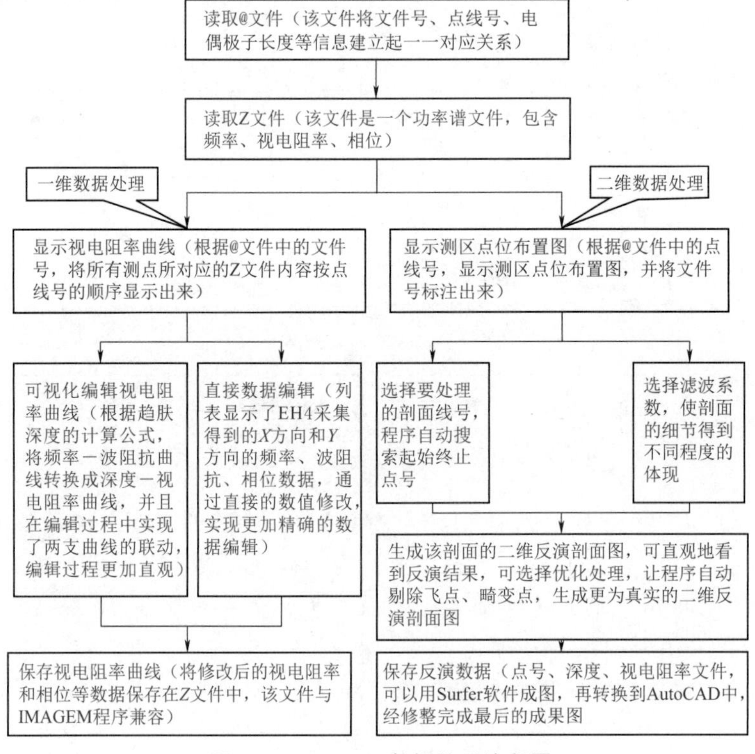

图14.7－2 EH4数据处理流程图

（1）采用在野外实时获得的时间序列 H_y、E_x、H_x、E_y 振幅进行FFT变换，获得电场和磁场虚实分量及相位数据 φ_{H_y}、φ_{E_x}、φ_{H_x}、φ_{E_y}，读取@文件（该文件将文件号点线号电偶极子长度等信息建立起一一对应关系），读取Z文件（该文件是一个功率谱文件，包含频率视电阻率相位）。通过ROBUST处理等，计算出每个频率（f）点相对应的平均电阻率（ρ）与相位差（φ_{EH}），根据趋肤深度的计算公式，将频率-波阻抗曲线转换成深度-视电阻率曲线并进行可视化编辑；在一维反演的基础上，利用EH4系统自带的二维成像软件IMAGEM进行快速自动二维电磁成像，根据区域地质情况进行数据的反复筛查，对病坏数据进行编辑，必要时进行剔除。

（2）对每个频率（f）点相对应的平均电阻率（ρ）与相位差（φ_{EH}）数据，进行初步处理分析后，采用成都理工大学MTsoft2D大地电磁专业处理软件进行二维处理。对测线数据先进行总览再进行预处理，然后执行静态校正和空间滤波；分别以BOSTIC一维反演结果和OCCAM一维反演结果建立初始模型，进行带地形二维非线性共轭梯度法（NLCG）反演，获得深度-视电阻率数据。

（3）对深度-视电阻率数据进行网格化，绘制频率-视电阻率等值线图，综合地质资料及现场调查的情况，在等值线图上划出异常区，做出初步的地质推断。然后根据原始的电阻率单支曲线的类型并结合已知地质资料确定地层划分标准，确定测深点的深度，绘制视电阻率等值线图，结合相关地质资料和现场调查结果进行综合解释和推断。

14.7.4　成果解译

根据数据处理成果，对坝址深厚砂砾石层的厚度及物质结构和区域隐伏断裂进行解译。图14.7-3为坝轴线下游EH4测线成果剖面图。

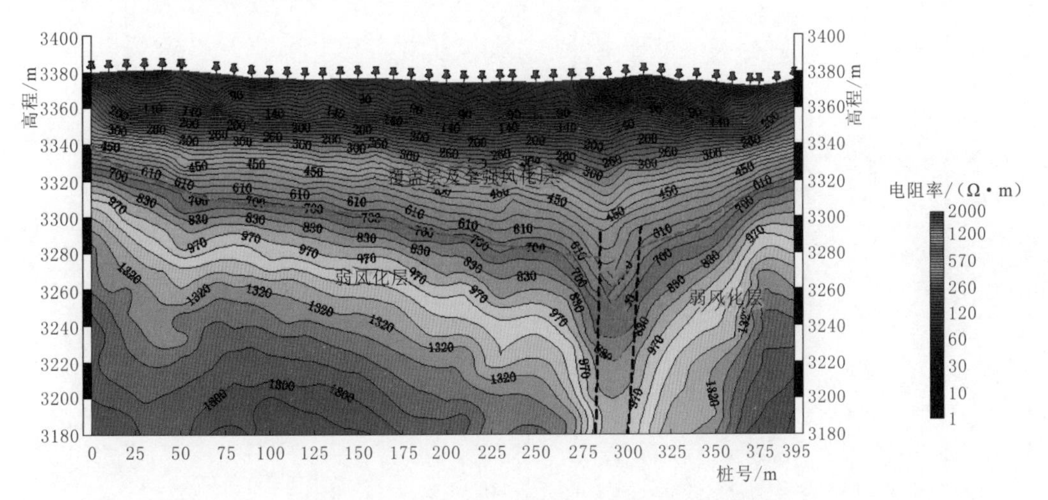

图14.7-3　坝轴线下游EH4测线成果剖面图

（1）砂砾石层厚度。由图可见，测线桩号0～395m段，沿深度增大方向，电阻率由10Ω·m增大至约2000Ω·m，电阻率沿深度方向存在明显的分层现象，结合现场钻孔揭示信息，将电阻率值700Ω·m定量为堆积物与弱风化岩体的分界线，以及电阻率小于700Ω·m是为冰水堆积物，电阻率大700Ω·m时为基岩的弱风化层。

根据分析可知，砂砾石层最大厚度为85.8m左右，基岩顶板形态呈不对称的、左缓右陡的“锅底状”，最低点位于近右岸1/3位置、在断层破碎带出露部位。

（2）堆积物结构性状。堆积物浅部20～35m深度内，电阻率由10Ω·m增大至约300Ω·m，初步分析该层为河流冲积成因的砂砾石层，相对松散，不密实。再往下，电阻率由300Ω·m增大至约700Ω·m，说明堆积物密实度增高，或与冰水堆积成因、且与堆积物具有弱泥质胶结有关，判断其承载、变形性能较高，工程地质条件相对较好。

（3）隐伏断层位置。测线桩号282～300m两侧电阻率等值线斜率发生明显变化，呈低阻状态，推测为隐伏断层F_1的赋存位置，该断层向大桩号方向陡倾，其倾角约86°，宽度约18m，延伸深度较大，根据两侧电阻率的变化趋势，推测该处为深厚砂砾石下的区域断层。

14.7.5 钻孔验证

前期勘探工作中，沿坝轴线布置了5个钻孔，由于断层呈高陡状态，虽推测深厚砂砾石地层下有断层存在，但钻孔内均未发现断层组成物质。施工过程中，根据物探资料在推断的位置重新布孔，在EH4探测的位置、深度一带，钻孔揭示了该断层。

综上所述，EH4技术在深厚砂砾石层堆积物深度和性状探测、断层位置探测等方面有着良好的效果，资料处理方法是合适的，成果可靠。

参 考 文 献

[1] 孟高头. 土体原位测试机理方法及其工程应用 [M]. 北京：地质出版社，1997.

[2] 《工程地质手册》编写委员会. 工程地质手册 [M]. 北京：中国建筑工业出版社，1994.

[3] 林宗元. 岩土工程试验监测手册 [M]. 沈阳：辽宁科学技术出版社，1994.

[4] 《岩土工程手册》编写委员会. 岩土工程手册 [M]. 北京：中国建筑工业出版社，1994.

[5] 彭土标，袁建新，王惠明，等. 水力发电工程地质手册 [M]. 北京：中国水利水电出版社，2011.

[6] 水利水电规划设计院. 水利水电工程地质手册 [M]. 北京：水利电力出版社，1985.

[7] 化建新，王笃礼，张继文，等. 工程地质手册（第五版） [M]. 北京：中国建筑工业出版社，2018.

[8] 赵志祥，李常虎. 深厚覆盖层工程特性与勘察技术研究 [M] //中国水力发电科学技术发展报告. 北京：中国电力出版社，2013.

[9] 万志杰，赵志祥，王有林，等. 西藏波堆水电站右岸冰水堆积物渗漏及渗透稳定性评价 [J]. 工程技术，2019 (5)：90-91.

[10] 赵志祥，王有林，陈楠. 同位素示踪法在深厚覆盖层渗透系数测试中的应用 [C] //第六届地质及勘探专业委员会第三次学术交流会论文集，2019.

[11] 雷宛，肖宏跃，邓一谦. 工程与环境物探教程 [M]. 北京：地质出版社，2006.

[12] HOLLAND J H. Adaptation in Natural and Artificial System [M]. Cambridge：MIT Press，1975.

[13] Goldberg D E. Genetic Algorithms in Search，Optimization and Machine Learning [M]. Boston：Addison-Wesley/Professional，1989.

[14] 石金良. 砂砾石地基工程地质 [M]. 北京：水利电力出版社，1991.

[15] 郭守忠. 水利水电工程勘探与岩土工程施工技术 [M]. 北京：中国水利水电出版社，2003.

[16] 李正顺. 大渡河丹巴水电站坝基深厚覆盖层工程地质研究 [D]. 成都：成都理工大学，2008.

[17] 卢晓仓，王晓朋，李鹏飞. 旁压试验在河床深厚覆盖层勘察中的应用 [J]. 水利水电技术，2013，44 (8)：54-59.

[18] 熊德全，王昆. 其宗水电站深厚覆盖层钻进取芯及孔内原位测试综述 [C] //中国水力发电工程学会地质及勘探专业委员会第二次学术交流会论文集，2010：300-304.

[19] 冯彦东，杨军. 综合物探方法在河床深厚覆盖层勘探中的应用 [J]. 工程地球物理学报，2017，6 (2)：208-211.

[20] 徐文杰，胡瑞林，曾如意. 水下土石混合体的原位大型水平推剪试验研究 [J]. 岩土工程学报，2006，28 (7)：300-311.

[21] 王自高，胡瑞林，张瑞，等. 大型堆积体岩土力学特性研究 [J]. 岩石力学与工程学报，2013，32 (增2)：3836-3843.

[22] 鲁海涛，曹福明，滕文川. 兰州城区卵石工程性质试验研究 [J]. 城市道桥与防洪，2017 (7)：254-258.

[23] 龚辉，张晓健，艾传井，等. 土石混合料填方体原位剪切试验方法探讨 [J]. 长江科学院院报，2018，4 (4)：91-96.

[24] 石林柯，孙文怀，郝小红. 岩土工程原位测试 [M]. 郑州：郑州大学出版社，2003.

[25] 任宏微，刘耀炜，孙小龙，等. 单孔同位素稀释示踪法测定地下水渗流速度、流向的技术发展[J]. 国际地震动态，2013（2）：5－14.
[26] 胡继春. 同位素示踪法在地下水渗流场测定中的应用[J]. 应用技术与管理，2006（6）：25－27.
[27] 刘光尧，陈建生. 同位素示踪测井[M]. 南京：江苏科学技术出版社，1999.
[28] 叶合欣，陈建生. 放射性同位素示踪稀释法测定涌水含水层渗透系数[J]. 核技术，2007，30（9）：739－744.
[29] 高正夏，徐军海，王建平，等. 同位素技术测试地下水流速流向的原理及应用[J]. 河海大学学报（自然科学版），2003，31（6）：655－658.
[30] 陈建生，杨松堂，凡哲超. 孔中测定多含水层渗透流速方法研究[J]. 岩土工程学报，2004，26（3）：327－330.
[31] 韩庆之，陈辉，万凯军. 武汉长江底钻孔同位素单井法地下水流速、流向测试[J]. 水文地质工程地质，2003（2）：74－76.
[32] 马贵生，李少雄. 自振法试验及对比应用研究[J]. 南水北调与水利科技，2008，6（1）：167－169.
[33] 付官厅，王祖国，韩治国，等. 自振法试验在砂卵砾石层中的应用[J]. 水利水电工程设计，2010，29（1）：48－50.
[34] 中国水利水电物探科技信息网. 工程物探手册[M]. 北京：中国水利水电出版社，2011.
[35] 李平宏，薛效斌. 不同物性条件下瞬态瑞波勘探的应用效果[J]. 工程物探，2006（1）：11－16.
[36] 黄衍农. 地质雷达探测成果与分析[J]. 工程物探，2002（1）：7－10.
[37] 王振东. 面波勘探技术要点与最新进展[J]. 物探与化探，2006，30（1）：1－6.
[38] 林万顺. 多道瞬态面波技术在水利及岩土工程勘察中的应用[J]. 工程勘察，2000（4）：1－4.
[39] 皮开荣，张高萍，文豪军. 连续电导率剖面法在探测堆积体的应用效果[J]. 工程地球物理学报，2006，3（4）：261－264.

索　引

《中国水电关键技术丛书》编辑出版人员名单

总 责 任 编 辑：营幼峰
副总责任编辑：黄会明　王志媛　王照瑜
项 目 负 责 人：刘向杰　吴　娟
项 目 执 行 人：冯红春　宋　晓
项 目 组 成 员：王海琴　刘　巍　任书杰　张　晓　邹　静
李丽辉　夏　爽　郝　英　范冬阳　李　哲

《复杂砂砾石地层原位试验与测试技术》

责任编辑：冯红春　王海琴
文字编辑：王海琴
审稿编辑：王艳燕　柯尊斌　冯红春
索引制作：赵志祥
封面设计：芦　博
版式设计：芦　博
责任校对：黄　梅　梁晓静
责任印制：崔志强　焦　岩　冯　强
排　　版：吴建军　孙　静　郭会东　丁英玲　聂彦环

Contents

technology of China.

As same as most developing countries in the world, China is faced with the challenges of the population growth and the unbalanced and inadequate economic and social development on the way of pursuing a better life. The influence of global climate change and extreme weather will further aggravate water shortage, natural disasters and the demand & supply gap. Under such circumstances, the dam and reservoir construction and hydropower development are necessary for both China and the world. It is an indispensable step for economic and social sustainable development.

The hydropower engineering technology is a treasure to both China and the world. I believe the publication of the *Series* will open a door to the experts and professionals of both China and the world to navigate deeper into the hydropower engineering technology of China. With the technology and management achievements shared in the *Series*, emerging countries can learn from the experience, avoid mistakes, and therefore accelerate hydropower development process with fewer risks and realize strategic advancement. The *Series*, hence, provides valuable reference not only to the current and future hydropower development in China but also world developing countries in their exploration of rivers.

As one of the participants in the cause of hydropower development in China, I have witnessed the vigorous development of hydropower industry and the remarkable progress of hydropower technology, and therefore I am truly delighted to see the publication of the *Series*. I hope that the *Series* will play an active role in the international exchanges and cooperation of hydropower engineering technology and contribute to the infrastructure construction of B&R countries. I hope the *Series* will further promote the progress of hydropower engineering and management technology. I would also like to express my sincere gratitude to the professionals dedicated to the development of Chinese hydropower technological development and the writers, reviewers and editors of the *Series*.

Ma Hongqi

Academician of Chinese Academy of Engineering

October, 2019

river cascades and water resources and hydropower potential. 3) To develop complete hydropower investment and construction management system with the aim of speeding up project development. 4) To persist in achieving technological breakthroughs and resolutions to construction challenges and project risks. 5) To involve and listen to the voices of different parties and balance their benefits by adequate resettlement and ecological protection.

With the support of H. E. Mr. Wang Shucheng and H. E. Mr. Zhang Jiyao, the former leaders of the Ministry of Water Resources, China Society for Hydropower Engineering, Chinese National Committee on Large Dams, China Renewable Energy Engineering Institute, and China Water & Power Press in 2016 jointly initiated preparation and publication of *China Hydropower Engineering Technology Series* (hereinafter referred to as "the *Series*"). This work was warmly supported by hundreds of experienced hydropower practitioners, discipline leaders, and directors in charge of technologies, dedicated their precious research and practice experience and completed the mission with great passion and unrelenting efforts. With meticulous topic selection, elaborate compilation, and careful reviews, the volumes of the *Series* was finally published one after another.

Entering 21st century, China continues to lead in world hydropower development. The hydropower engineering technology with Chinese characteristics will hold an outstanding position in the world. This is the reason for the preparation of the *Series*. The *Series* illustrates the achievements of hydropower development in China in the past 30 years and a large number of R&D results and projects practices, covering the latest technological progress. The *Series* has following characteristics. 1) It makes a complete and systematic summary of the technologies, providing not only historical comparisons but also international analysis. 2) It is concrete and practical, incorporating diverse disciplines and rich content from the theories, methods, and technical roadmaps and engineering measures. 3) It focuses on innovations, elaborating the key technological difficulties in an in-depth manner based on the specific project conditions and background and distinguishing the optimal technical options. 4) It lists out a number of hydropower project cases in China and relevant technical parameters, providing a remarkable reference. 5) It has distinctive Chinese characteristics, implementing scientific development outlook and offering most recent up-to-date development concepts and practices of hydropower

General Preface

China has witnessed remarkable development and world-known achievements in hydropower development over the past 70 years, especially the 4 decades after Reform and Opening-up. There were a number of high dams and large reservoirs put into operation, showcasing the new breakthroughs and progress of hydropower engineering technology. Many nations worldwide played important roles in the development of hydropower engineering technology, while China, emerging after Europe, America, and other developed western countries, has risen to become the leader of world hydropower engineering technology in the 21st century.

By the end of 2018, there were about 98,000 reservoirs in China, with a total storage volume of 900 billion m^3 and a total installed hydropower capacity of 350GW. China has the largest number of dams and also of high dams in the world. There are nearly 1000 dams with the height above 60m, 223 high dams above 100m, and 23 ultra high dams above 200m. There are also 4 mega-scale hydropower stations with an individual installed capacity above 10GW, such as Three Gorges Hydropower Station, which has an installed capacity of 22.5 GW, the largest in the world. Hydropower development in China has been endeavoring to support national economic development and social demand. It is guided by strategic planning and technological innovation and aims to promote project construction with the application of R&D achievements. A number of tough challenges have been conquered in project construction and management, realizing safe and green development. Hydropower projects in China have played an irreplaceable role in the governance of major rivers and flood control. They have brought tremendous social benefits and played an important role in energy security and eco-environmental protection.

Referring to the successful hydropower development experience of China, I think the following aspects are particularly worth mentioning. 1) To constantly coordinate the demand and the market with the view to serve the national and regional economic and social development. 2) To make sound planning of the

Informative Abstract

This book is one of *China Hydropower Engineering Technology Series*, which systematically introduces the basic principles, equipments, and methods of in-situ test technique for complex sand-gravel stratum. The physical and mechanical properties tests mainly include load test, in-situ direct shear test, pressuremeter test, dynamic penetration test, and standard penetration test, etc. Hydrogeological parameters are mainly determined by field water injection test, drilling and pumping test, isotopic tracing method, and free oscillation method, etc. Geophysical exploration methods mainly comprise of ground penetrating radar method, high density resistivity method, Rayleigh wave method, controlled audio frequency magnetotelluric sounding method and so on. Moreover, the procedures and data analysis methods for these experiments and test techniques are described in detail, and some examples of typical engineering in-situ tests and experiments are also given.

This book is available for daily works of people engaged in survey, test, design and construction in water conservancy and hydropower engineering, geotechnical engineering, geological engineering and so on, and can also be used as experimental teaching reference book for teachers and students of related majors in universities and colleges.

China Hydropower Engineering Technology Series

n-situ Tests and Measurement Techniques of Complex Sand-Gravel Stratum

Zhou Heng Zhao Zhixiang He Xiaoliang Tang Xinghua et al.

中国水利水电出版社
China Water & Power Press
· BeiJing ·